Wohin steuert die Bundesrepublik?

BEITRÄGE ZUR POLITIKWISSENSCHAFT

Band 90

PETER LANG
Frankfurt am Main · Berlin · Bern · Bruxelles · New York · Oxford · Wien

MATTHIAS BOHNET
HENNING HOPF
KLAUS LOMPE
HERBERT OBERBECK
(Hrsg.)

Wohin steuert die Bundesrepublik?

Einige Entwicklungslinien in Wirtschaft und Gesellschaft

PETER LANG
Europäischer Verlag der Wissenschaften

Bibliografische Information der Deutschen Nationalbibliothek
Die Deutsche Nationalbibliothek verzeichnet diese Publikation in der Deutschen Nationalbibliografie; detaillierte bibliografische Daten sind im Internet über <http://www.d-nb.de> abrufbar.

Gedruckt auf alterungsbeständigem,
säurefreiem Papier.

ISSN 0170-8384
ISBN-10: 3-631-55763-9
ISBN-13: 978-3-631-55763-1

Printed in Germany 1 2 3 4 5 7

www.peterlang.de

Inhaltsverzeichnis

Vorwort

Wohin steuert die Bundesrepublik? Einige Entwicklungslinien in Wirtschaft und Gesellschaft

Zukunftsperspektiven der Bundesrepublik Deutschland werden in der Öffentlichkeit wie unter Wissenschaftlern hoch kontrovers debattiert. Unsicherheiten sind gerade heute in fast allen Politikfeldern und Gesellschaftsbereichen spürbar. Einheitliche Diagnosen und Bewertungen von Herausforderungen und Lösungswegen liegen für kaum eine der zentralen Handlungsebenen in Wirtschaft und Gesellschaft vor. Besonders deutlich wird dies etwa an sehr unterschiedlichen Einschätzungen von Reaktionsmöglichkeiten und -notwendigkeiten auf den demografischen Wandel. Kaum weniger umstritten sind die Sichtweisen zu neuen Entwicklungen in den Natur- und Ingenieurwissenschaften – bspw. in den Themengebieten der Hirnforschung oder des zukünftigen Umgangs mit der Stammzellenforschung – oder zum Stellenwert von hochschulpolitischen Reformen, von Medienmacht und Demokratie sowie zu Gestaltungschancen der Nationalstaaten im Rahmen der Weiterentwicklung Europas.

Im Folgenden möchten wir diese kontrovers geführten Diskussionen für einige Teilbereiche exemplarisch weiterführen. Wir haben Beiträge zusammengestellt, die an der Technischen Universität Braunschweig im Rahmen öffentlicher Ringvorlesungen vorgetragen wurden. Konkret handelt es sich um Vorträge aus den beiden Wintersemestern 2004/05 und 2005/06, die unter den Rahmenthemen 'Demographischer Wandel' und 'Wohin steuert die Bundesrepublik' entstanden sind. Dabei geht es um Vorträge, von denen wir annehmen, dass sie aktuelle und zukünftige Entwicklungsprobleme in der Bundesrepublik Deutschland prononciert und zum Teil auch provokativ auf den Punkt bringen.

Der Volkswirt *Ronald Schettkat* setzt sich in seinem Beitrag mit den Ursachen der seit längerem zu beobachtenden wirtschaftlichen Probleme auseinander. Er sieht diese nicht in den Arbeitsmarktinstitutionen begründet, wie dies in Politikmaßnahmen der Bundesregierungen Schröder/Fischer und Merkel/Müntefering unterstellt wird. Schettkat kritisiert stattdessen die makroökonomischen Institutionen Europas, die – so seine These – zu einer falsch verstandenen Haushaltsdisziplin führen, zementiert im Maastrichtkriterium und einer eindimensionalen geldpolitischen Ausrichtung der Europäischen Zentralbank. Vor allem dadurch komme es zu einer Gefährdung der Innovationsdynamik und der hohen Bildungsstandards, die unseren Wohlstand bisher begründet haben.

Die demografische Entwicklung in der Bundesrepublik Deutschland ist ein zentrales Thema der Zukunftsgestaltung. Auf den sich abzeichnenden nachhaltigen

Rückgang der Bevölkerung und auf die zunehmende Alterung der Gesellschaft haben sich weder Politik noch Wirtschaft und Wissenschaft bisher adäquat eingestellt. Der Bevölkerungsschwund droht z. B. neue Verteilungskämpfe zwischen den Generationen anzufachen. Mit vier Beiträgen soll dieses Thema umrissen werden. Der bereits seit 1972 in Deutschland beobachtbare Rückgang der Bevölkerung wird – so die These des Bevölkerungswissenschaftlers *Herwig Birg* – durch Zuwanderungspolitik nicht zu kompensieren sein. Nötig sei es deshalb, den Folgewirkungen des Bevölkerungsrückgangs für Wirtschaftswachstum und Steueraufkommen, für den Zusammenhalt respektive Entsolidarisierungsprozess zwischen den Generationen sowie für die sozialen Sicherungssysteme im nationalen und internationalen Kontext mit neuen politischen Handlungskonzepten zu begegnen. Der Politikwissenschaftler *Christoph Butterwegge* setzt die Akzente deutlich anders. Er geht davon aus, dass die demografische Entwicklung im öffentlichen Diskurs als Mittel der sozialpolitischen Demagogie missbraucht werde und dass „Generationengerechtigkeit" als politischer Kampfbegriff für eine neoliberale Gesellschaftsausrichtung einzustufen sei. Es drohe kein „Kampf zwischen den Generationen", das Hauptproblem seien eher wachsende Ungleichheiten innerhalb der Generation.

Die Frage des Erwerbspotenzials von älteren Menschen nimmt der Soziologe *Harald Künemund* auf und behandelt Aspekte ihrer gesellschaftlichen (Des-) Integration. Altergrenzen, so eine seiner Thesen, seien eine soziale Konstruktion, somit seien auch die heute gültigen Bestimmungen etwa für das Ausscheiden aus dem Erwerbsleben veränderbar. Mit der zukünftigen Entwicklung von Arbeit und Beschäftigung im Kontext des demografischen Wandels setzt sich der Politikwissenschaftler *Klaus Lompe* auseinander. Er diskutiert die These, dass durch den quantitativen Rückgang des Arbeitskräfteangebots in Deutschland die qualitative Dimension der Innovationsfähigkeit der Wirtschaft nachhaltig gebremst werden könnte. Es sei höchste Zeit, dass die Untenehmen Konzepte zum produktiven Umgang mit „alternden" Belegschaften entwickeln würden.

Mit den Handlungsspielräumen und Machtpotenzialen von Nationalstaaten und der Medienindustrie setzen sich die Politikwissenschaftlerin *Christine Landfried* und der Kommunikationswissenschaftler *Klaus Kocks* auseinander. *Christine Landfried* geht von der These aus, dass der europäische Verfassungsvertrag dazu beitragen könne, die gemeinsame europäische Politik effektiver und legitimer zu gestalten. Insbesondere die nationalen Parlamente würden durch diesen Verfassungsvertrag an Einfluss gewinnen. Leider würden solche neuen Gestaltungspotenziale in Deutschland viel zu wenig gesehen. *Klaus Kocks* zieht in seinem Beitrag alle jene Erwartungen an die Weiterentwicklung der Zivilgesellschaft durch Stärkung der so genannten 'vierten Gewalt' in Zweifel. Auf dem Mediensektor, so seine These, dominieren längst die Gesetze des Marktes und es käme für

Presseorgane, Rundfunkanstalten sowie für ÖffentlichkeitsarbeiterInnen von Unternehmen und Institutionen mehr denn je darauf an, jene Instrumente zu beherrschen, mit denen öffentliche Aufmerksamkeit (und entsprechende Absatzresp. Hörerzahlen) opportunistisch kanalisiert werden könnten.

Unter dem bei Albert Einstein entlehnten Motto – „Es gibt keine vernünftige Erziehung, als Vorbild zu sein, wenn es nicht anders geht, ein abschreckendes" – befasst sich der Hirnforscher *Gerald Hüther* mit der Frage, wie die Erfahrungen der erwachsenen Mitglieder menschlicher Gemeinschaft an die jeweils nachwachsende Generation weitergegeben und verankert werden. Anhand neuer Erkenntnisse aus Hirnforschung und Entwicklungsneurobiologie wird untersucht, wie und unter welchen Umständen Kinder die Vorstellungen und Haltungen, das Wissen, die Fähigkeiten und Fertigkeiten ihrer Eltern, Erzieher und Lehrer übernehmen. Hüthers Argumente liegen zum biologistisch geprägten Diskussionsmainstream insofern quer, als er die sozialen Prägekräfte primär dafür verantwortlich macht, was Kinder lernen oder nicht erfahren. Fast alles, was junge Menschen innerhalb ihres jeweiligen Sozialgefüges und Kulturkreises lernen, „beziehen" sie von anderen Menschen, insofern fungiere das Gehirn in erster Linie nicht als Denk-, sondern als Sozialorgan.

Günter Rolf Fuhr zeigt am Beispiel neuerer Verfahrensentwicklungen in der biomedizinischen Technik Innovationspotenziale für die regenerative Medizin auf. Mit einem klaren Plädoyer für die 'Wiederentdeckung der Langsamkeit' d.h. für den sanften Umgang mit Stammzellen, sieht er Möglichkeiten, dieses für die Weiterentwicklung der regenerativen Medizin zentrale Forschungsfeld jenseits der gesellschaftlich hoch kontrovers geführten Diskussion zum Für und Wider auch der Stammzellenforschung auszubauen. Zugleich steht sein Beitrag für die These, dass Innovationen in den Natur- und Ingenieurwissenschaften mehr denn je durch Überwindung klassischer Disziplingrenzen entstehen.

Abschließend geht es in den beiden letzten Beiträgen um Reformen und Reformstau in den Wissenschaftsinstitutionen. Der so genannte „Bologna-Prozess" sieht vor, dass in 29 europäischen Staaten ein einheitlicher europäischer Hochschulraum geschaffen wird. Voraussetzung dafür ist die Durchsetzung einheitlicher, gestufter Hochschulabschlüsse: der Bachelor und der Master, die europaweit nach denselben Kriterien verliehen werden sollen. Ziel ist die Förderung der internationalen Mobilität von Studierenden und die Effizienzsteigerung des Studiums. Die meisten Universitäten Deutschlands befinden sich mitten im Prozess der Neukonzipierung ihrer Studiengänge. Dabei heißt es häufig, dass sich viele Professoren sowie Teile der Wirtschaft mit dem Bachelor und Master nicht anfreunden könnten. *Ulrich Teichler* und *Barbara M. Kehm* skizzieren mit Rückgriff auf ihre vielfältigen internationalen Erfahrungen im Bereich der Berufs- und Hochschulforschung eine alles in allem eher positive Zwischenbilanz zu den zentralen Umstellungszielen Mobilitätserleichterung, Attraktivitäts- und Effizienzsteigerung.

Jürgen Hesselbach, amtierender Präsident der TU Braunschweig, skizziert beispielhaft einige der aus seiner Sicht notwendigen und machbaren Reformschritte an Universitäten, um diese als forschungsintensive Wissenschaftsinstitutionen, sowie als Kooperationspartner von privaten Forschungseinrichtungen im jeweiligen regionalen Umfeld angebunden nachhaltig zu positionieren. Besonderen Handlungsbedarf sieht er dabei in den norddeutschen Bundesländern, die ihre Universitäten nur durch Spezialisierung und Verstärkung von überörtlichen Kooperationsverbünden im Wettbewerb mit den Spitzenuniversitäten Bayerns und Baden-Württembergs halten könnten.

Bei den Autorinnen und Autoren möchten wir uns für ihre anregenden Beiträge bedanken. Die eingegangenen Manuskripte spiegeln den Vortragscharakter teilweise wider, teilweise wurden die Beiträge über die Vorträge hinaus erweitert. Wir haben hier bewusst auf 'Standardisierung' verzichtet, auch um je individuelle 'Handschriften' für das Ausfechten von Kontroversen sichtbar werden zu lassen. Unser herzlicher Dank gilt darüber hinaus Nicole Holzhauser und Brigitte Windt, die die Manuskripte in teils mühsamer Kleinarbeit in druckreife Form gebracht haben. Schließlich danken wir Michael Rücker vom Peter Lang Verlag für den Anstoß zur Publikation und die damit verbundenen verlegerischen Anregungen.

Die Herausgeber Braunschweig, im Oktober 2006

I. Wirtschaft

Ronald Schettkat

€-Sklerose – Nicht der Arbeitsmarkt, sondern die Geld- und Fiskalpolitik verursachen Stagnation

Einleitung

Die amerikanische Volkswirtschaft wächst mit nahezu 4 % jährlich, Europa verharrt auf einem sehr geringen Wachstumsniveau von weniger als 2 %. Weshalb ist das so? So genannte Arbeitsmarktrigiditäten und Wettbewerbsschwäche sind die Standardbegründungen für die europäische Wachstumsschwäche. Sie veranlassten die Regierungen Europas zu Arbeitsmarktreformen, aber der von den Reformern verheißene Boom stellte sich nicht ein. Den bundesdeutschen Arbeitsmarktreformen Hartz I bis III wird in einem umfangreichen Gutachten im Januar 2006 Wirkungslosigkeit bescheinigt. Dieser Beitrag zeigt, dass die zentralen wirtschaftspolitischen Institutionen der EU, der Stabilitäts- und Wachstumspakt und die Europäische Zentralbank (EZB), das Wirtschaftswachstum verlangsamen. Die Ausgestaltung dieser Institutionen basiert auf radikalen theoretischen Annahmen, deren zentrale Thesen in den 80er Jahren populär waren, die aber nur noch eine Minderheit amerikanischer Ökonomieprofessoren stützt. Statt einer starren Obergrenze für die Neuverschuldung hätte der Stabilitäts- und Wachstumspakt die Neuverschuldung besser von der konjunkturellen Situation abhängig machen sollen. Ein langfristig ausgeglichener Haushalt ist anzustreben, aber Konsolidierungsbestrebungen unabhängig von der konjunkturellen Situation sind kontraproduktiv. Sparen in der Stagnation treibt Volkswirtschaften nur tiefer in die Verschuldung. Volkswirtschaften funktionieren nach anderen Logiken als private Haushalte, weshalb Finanzminister, die sich wie sparsame Familienväter gebärden, ihre Rolle missverstehen.

Fehlende empirische Evidenz für die Rigiditätsthese

Kündigungsschutz, umfangreiche soziale Sicherung mit hohen Transferzahlungen, starke Gewerkschaften, komprimierte Lohnstrukturen, zu hohe Spitzensteuersätze – so genannte Arbeitsmarktrigiditäten – wurden als Ursache hoher, persistenter Arbeitslosigkeit in Deutschland und Europa identifiziert. Nach dieser Analyse waren die Ansprüche zu hoch und die Anreize falsch gesetzt. Generöse Arbeitslosengeldzahlungen verhinderten die rasche Aufnahme von Jobs, Unternehmen stellen angeblich nicht ein, weil Kündigungsschutz Entlassungen erschwert und so weiter und so fort. Im trauten Einklang forderten Sachverständigenrat, EZB, OECD und Internationaler Währungsfond (IWF) Strukturreformen des Arbeitsmarktes als einzige Lösung des deutschen und europäischen Beschäftigungsproblems. Nur ein Abbau des Kündigungsschutzes, niedrigere Transferzahlungen, größere Lohnunterschiede, geringere Steuersätze könnten aus der Krise herausführen. Das Trommelfeuer dieser unendlich oft wiederholten Forderungen fiel letztlich auf fruchtbaren Boden, wie man unschwer an den Hartz-Gesetzen sieht.

Wim Duisenberg, der erste Präsident der Europäischen Zentralbank, wie sein Nachfolger, Claude Trichet, warnten vor einer expansiven Geld- und Fiskalpolitik, denn bei den unterstellten verfestigten Institutionen könnten diese die reale Wirtschaftsaktivität nicht beleben, sondern lediglich zu Preissteigerungen führen. Höheres Wirtschaftswachstum und eine Verringerung der Arbeitslosigkeit verlange das Aufbrechen der institutionell verfestigten Strukturen. Die Regierungen müssten ihre Hausaufgaben machen, sprich die Arbeitsmärkte deregulieren, bevor an eine expansivere Geldpolitik auch nur zu denken ist. Entgegen der modernen Geldtheorie wird von der EZB der Einfluss von Geldpolitik auf die reale Ökonomie abgesprochen.

Die benannten Strukturreformen werden als alternativlos dargestellt. Dennoch wird ihre Notwendigkeit vor allem theoretisch abgeleitet und kaum von internationalen wissenschaftlichen Analysen oder wenigstens durch die Erfahrungen anderer Länder gestützt. Die Rigiditätsthese basiert auf einem logisch konsistenten, aber stark idealisierten theoretischen Modell, dessen Akzeptanz in der Ökonomie dennoch so hoch war, dass offenbar anekdotische Evidenz zu ihrer Unterstützung ausreichte. So wurden beispielsweise die Niederlande als Beleg für die Beschäftigungswirkung von Arbeitsmarktderegulierung angeführt, wo unter anderem das Arbeitslosengeld gekürzt wurde und die Arbeitslosigkeit auf nur 2,5 % sank. Aber selbst nach der Deregulierung war der holländische Arbeitsmarkt viel stärker reglementiert und die Transfers waren auch nach den Kürzungen großzügiger als in der Bundesrepublik. Wie konnte das Land mit den vermeintlich beschäftigungsfeindlicheren Institutionen so geringe Arbeitslosenquoten erzielen? Ausschlaggebend für den niederländischen Beschäftigungserfolg war vor allem die Koordination der Geld-, Fiskal- und Lohnpolitik, die zu einem hohen Nettoexportüberschuss und zu einem rasanten Beschäftigungsaufbau führte (vgl. Schettkat 2003).

In den 1990er Jahren scheiterten zahlreiche Studien in dem Versuch, einen Zusammenhang zwischen Arbeitsmarktinstitutionen und Beschäftigung nachzuweisen.

- So zeigte sich, dass die Arbeitslosigkeit gering qualifizierter Arbeitnehmer unabhängig von der institutionellen Ausgestaltung des Lohnsystems überall überdurchschnittlich hoch ist.

- So zeigte sich, dass es keinen Zusammenhang zwischen den relativen Löhnen der Wirtschaftszweige und wirtschaftszweigspezifischer Beschäftigungsentwicklung gibt.
- So zeigte sich, dass Kündigungsschutz keinesfalls eindeutig negative Beschäftigungseffekte hervorruft, sondern theoretisch wie empirisch beschäftigungspolitisch ambivalent ist.
- So zeigte sich, dass Mindestlöhne keinesfalls eindeutig negativ auf die Beschäftigung wirken.

Empirische Fakten: Abnahme der Beschäftigungsintensität in den USA und ein reformfreudiges Europa

Der markanteste Unterschied zwischen der Wirtschaftsentwicklung in den USA und Europa während der 1970er und 1980er Jahre war die hohe Beschäftigungsintensität des amerikanischen Wirtschaftswachstums. Seit aber die USA wieder Produktivitätsgewinne wie zuletzt in den 1960er Jahren erreichen, hat auch die Beschäftigungsintensität des amerikanischen Wirtschaftswachstums abgenommen. In der letzten konjunkturellen Erholungsphase blieben die Beschäftigungszuwächse weit hinter den historischen Zahlen zurück. Eine Situation, wie sie bis in die 1990er Jahre für Europa kennzeichnend war und mit sklerotischen europäischen Arbeitsmärkten begründet wurde. Wieso ist die Beschäftigungselastizität des amerikanischen Arbeitsmarktes heute geringer? Haben die Amerikaner die vermeintlich beschäftigungsfeindlichen Institutionen der Europäer übernommen? Nein, der institutionelle Rahmen der amerikanischen Ökonomie ist unverändert, lediglich die Produktivitätsgewinne sind höher. Wer die transatlantischen Beschäftigungsunterschiede allein mit Rigiditäten in Europa erklärt, wird intellektuelle Akrobatik betreiben müssen, um die neuere US-Entwicklung argumentativ einzufangen (vgl. Schettkat 2004).

Ruft man sich die Strukturreformen in Erinnerung, die in Deutschland und Europa durchgeführt wurden, erscheint die These des reformunfähigen ‚Old Europe' geradezu absurd. In den vergangenen 15 Jahren wurde

1. der europäische Binnenmarkt verwirklicht,
2. eine gemeinsame Währung eingeführt,
3. der Spitzensteuersatz mehrmals gesenkt,
4. der Arbeitsmarkt umfangreich reformiert,
5. die Privatisierung öffentlicher Unternehmen umgesetzt,
6. der Markt für Kommunikation und Energie dereguliert,
7. die Arbeitszeit flexibilisiert und
8. Deutschland wiedervereinigt.

Eine beeindruckende Liste mit substanziellen Strukturreformen, die alle zu höherer Produktivität oder mehr Wirtschaftswachstum führen sollten. Aber das Gegenteil der Verheißungen ist eingetreten, denn in den 1990er Jahren hatten sich der Produktivitätsanstieg und das Wirtschaftswachstum verlangsamt. Stehen wichtige Reformen noch aus? Welches sind die Strukturreformen, die unbedingt noch angegangen werden müssten, bevor auch nur an eine leichte Belebung des Arbeitsmarktes zu denken ist? Abschaffung der Mitbestimmung? Weitere Liberalisierung der Ladenöffnungszeiten?

Immunisierung gegen Kritik oder Differenzierung der theoretischen Fundamente?

Wenn sich der Zusammenhang zwischen Deregulierung und Beschäftigungswachstum zwar anekdotisch illustrieren, aber nicht systematisch nachweisen lässt, können dreierlei Schlussfolgerungen gezogen werden:

1. Man kann behaupten, die Strukturreformen seien nicht weit genug gegangen. Tiefere Einschnitte seien notwendig bevor sich Erfolge einstellten.
2. Man kann behaupten, dass Strukturreformen erst mit großer Zeitverzögerung ihre erhoffte Wirkung zeigen werden.
3. Man kann sich der Einsicht nähern, dass die Arbeitsmarktrealität komplexer als das idealisierte Marktmodell ist, weshalb Zielbeziehungen und Interaktionen von Regulierungen mit Rahmenbedingungen neu durchdacht werden müssen.

Mit den ersten beiden Positionen immunisieren sich die Politikempfehlungen gegen Falsifikation. Auch nach den Reformen entspricht die Realität selbstverständlich noch immer nicht dem theoretischen Idealmodell. „Die Reformen gehen in die richtige Richtung, sind aber nicht weitgehend genug“, hört man allenthalben. Behauptungen, „tiefere Einschnitte“ seien notwendig oder man müsse Geduld wegen der „Wirkungsverzögerungen“ üben, verlieren im Laufe der Zeit aber progressiv an Plausibilität.

Die internationale Diskussion hat sich deshalb auf eine differenzierte Bewertung von Arbeitsmarktregulierung, den Einflüssen von Produktmärkten auf Arbeitsmärkte, die Berücksichtigung anderer Institutionen sowie auf die Einbeziehung von Rahmenbedingungen orientiert. Aufgrund der praktischen Erfahrungen und zahllosen Forschungsergebnissen hat sich sogar die OECD dieser differenzierten Position angeschlossen. Sie distanziert sich zwar nicht vollkommen von den Empfehlungen ihrer „Jobs Study“, aber die OECD mahnt, Politiken bei konfligierenden Zielen nicht länger partial, sondern umfassend zu evaluieren und verweist auf Wachstum als notwendige Voraussetzung einer Beschäftigungsbelebung.

In Deutschland spricht denn heute auch niemand mehr von den zwei Millionen Arbeitslosen, die die Hartz I bis IV-Reformen in Beschäftigung bringen sollten. Sogar der selbstsichere ehemalige Wirtschafts- und Arbeitsminister Wolfgang Clement gestand schnell ein, dass die Hartz-Reformen für sich genommen ‚natürlich' nicht mehr Beschäftigung bringen, sondern dass es selbstverständlich eines höheren Wirtschaftswachstums und einer gigantischen Ausweitung von „1-Euro-Jobs" bedarf, um die Beschäftigung in Deutschland tatsächlich zu erhöhen. Wie kommt man aber zu mehr Wachstum?

Europäische Institutionen auf dünnem theoretischen Fundament

Die theoretischen Fundamente, auf denen die zentralen wirtschaftspolitischen Institutionen Europas – die EZB und der Stabilitäts- und Wachstumspakt – errichtet wurden, sind radikal. Sie basieren auf extremen Annahmen der neuklassischen Makroökonomie über die Funktionsfähigkeit von Märkten. Danach werden Angebot und Nachfrage schnell in Übereinstimmung gebracht und die Wirtschaftsakteure schätzen expansive wirtschaftspolitische Maßnahmen nach dieser Theorie als Strohfeuer ein. Gibt es Arbeitslosigkeit, so sind die institutionellen Anreize falsch gesetzt. Ein expansiver wirtschaftspolitischer Impuls kann die Wirtschaft in dieser Modellwelt nur aus dem Gleichgewicht werfen, zu dem die Ökonomie aber rasch zurückkehrt. Expansive Wirtschaftspolitik kann nach dieser Theorie allenfalls Strohfeuer erzeugen, aber sie kann Wirtschaftswachstum nicht erhöhen und deshalb die Arbeitslosigkeit nicht vermindern. Aus den Annahmen der Theorie wird im Zirkelschluss auf die Unwirksamkeit expansiver Wirtschaftspolitik geschlossen, wie es Nobelpreisträger Robert Solow und Princeton Professor Alan Blinder schon früh feststellten (Blinder / Sollow 1973). Weicht die Realität aber nur leicht von den idealisierten Modellannahmen ab, kann eine expansivere Wirtschaftspolitik, sehr wohl das Wachstum erhöhen und die Arbeitslosigkeit vermindern.

Keynes ist tot, aber keynesianische Politik ist erfolgreich

Die Grundprämissen der neuklassischen Makroökonomie haben in den USA selbst nie die praktische Politik der Regierung oder Zentralbank beeinflusst, aber in Europa oder besser in der Bundesbank konnte sich diese radikale Theorie durchsetzen. So erklärt die EZB selbstbewusst hohe Preisstabilität zur besten Wirtschaftspolitik und richtet ihre Geldpolitik restriktiv aus. Im Zweifel für niedrige Inflation auf Kosten von Wachstum und Beschäftigung. Keynes ist tot heißt es. Das ist zweifellos richtig, aber die keynesianische Theorie ist lebendiger denn je, weil zwischenzeitlich eine ganze Batterie von Forschungen gezeigt hat, dass die der neuklassischen Wirtschaftstheorie zugrunde liegenden Annahmen perfekt funktionierender Märkte und rationaler Erwartungen keinesfalls die Norm, sondern die extreme Ausnahme sind.

Unter amerikanischen Universitätsprofessoren der Ökonomie finden die theoretischen Positionen der neuklassischen Makroökonomie inzwischen nur noch wenige Anhänger, was eine mit gleichem Fragenkatalog in 1990 und 2000 durchgeführte Erhebung zu Tage brachte. Nur noch ein Fünftel der Ökonomen hält das Modell des perfekt funktionierenden Marktes für die Analyse der amerikanischen Volkswirtschaft als besser geeignet als Modelle unvollkommener Märkte. Auch die These, dass rationale Erwartungen der Marktteilnehmer wesentlich konjunkturelle Schwankungen der Volkswirtschaft vermindern, wird nur noch von 20 % der amerikanischen Professoren gestützt. Dass eine Volkswirtschaft im Unterbeschäftigungsgleichgewicht automatisch zur Vollbeschäftigung zurückkehrt, findet nur die Zustimmung von einem Viertel der Ökonomieprofessoren wie auch die Vorstellung, dass die Ökonomie einer natürlichen Arbeitslosenquote zustrebt. So findet man im Gutachten des vom erzkonservativen Präsidenten Bush berufenen amerikanischen Sachverständigenrates Aussagen, die in Deutschland geradezu tabuisiert werden: „Eine aggressive Geldpolitik kann eine Rezession mildern. Steuererleichterungen können ökonomische Aktivität stimulieren.“ (Economic Report of the President 2004, Washington D.C.) Würde ein solcher Satz als Minderheitsmeinung im deutschen Sachverständigenrat geäußert, die Wogen der Entrüstung würden sich wohl schnell zu einem Tsunami auftürmen.

Nicht Arbeitsmarktrigiditäten, sondern €-Sklerose führen zu geringem Wirtschaftswachstum

Geringes Wirtschaftswachstum und Beschäftigungsschwäche werden in Deutschland nicht durch Arbeitsmarktrigiditäten verursacht, sondern durch die nach neu-klassischer Wirtschaftstheorie gestalteten europäischen Institutionen und die auf Stagnation ausgerichtete Finanzpolitik. Die EZB wurde nach Vorbild der Bundesbank konzipiert und ist nur einer eindimensionalen Zielfunktion verpflichtet. Sie schreibt ihr selbst definiertes Preisstabilitätsziel auf 2 % oder weniger fest. Ein sehr ehrgeiziger Wert, der in den USA seit 1970 nur in zwei Jahren unterschritten wurde; 1998 und im tiefen Rezessionsjahr 2002. In allen anderen Jahren lag die Preissteigerungsrate der USA deutlich über der von der EZB definierten 2 %-Marke für Preisstabilität. Nimmt die EZB an, dass die EU-Ökonomien soviel flexibler als die amerikanische Ökonomie sind und deutlich geringere Preisstabilitätsziele verkraften können? Oder setzt sie die tolerierte Inflationsrate so niedrig, um weit über die Geldpolitik hinaus andere Politikvorstellungen zu beeinflussen?

Natürlich kann sich die für den Euro-Raum zuständige EZB nicht an Sondersituationen einzelner Länder orientieren, sondern muss den gesamten Währungsraum im Auge behalten. Zusammen mit den Konvergenzkriterien von Maastricht zwingt das sehr niedrige Inflationsziel von 2 % die europäische Wirtschaft aber in die Stagnation. Wenn die Geldpolitik nicht auf nationale Besonderheiten eingehen kann, verlangt dieses geradezu eine flexible nationale Fiskalpolitik. Nichts sprach oder spricht gegen einen binnenwirtschaftlich initiierten expansiven Impuls für die deutsche Volkswirtschaft. Deutschland muss die binnenwirtschaftliche Nachfrage ankurbeln und kann nicht weiter auf eine ständige Verbesserung der internationalen Wettbewerbsfähigkeit setzen, deren Beschäftigungswirkung von der expansiven Wirtschaftspolitik anderer Länder abhängt.

Langfristig sind ausgeglichene Staatshaushalte anzustreben, weshalb Europa kein Aufweichen der Haushaltsdisziplin braucht, sondern eine an den konjunkturellen Erfordernissen ausgerichtete Regel für die Finanzpolitik. Im Boom müssen Rückstellungen angelegt werden und dann können Strafen greifen, aber in der Rezession oder Stagnation muss eine expansive Fiskalpolitik unterstützt von der Geld- und Lohnpolitik zum Zuge kommen. Drohende Sanktionen wegen Überschreitung einer willkürlich geschätzten Verschuldungsgrenze in einer Stagnationsphase sind dumm, wie es der frühere Präsident der EU-Kommission, Romano Prodi, treffend formulierte.

Durch Sparen und eine Reduktion der öffentlichen Leistungen lässt sich das öffentliche Defizit in einer Stagnation nicht vermindern, es wird festgeschrieben, wie der ehemalige Finanzminister Hans Eichel schmerzhaft feststellen musste. Stagnation ist extrem kostspielig, sie vernichtet Jobs und Einkommen. Deutschland lebt nicht über seine Verhältnisse, es zehrt von der Substanz. Es bedarf dringend einer Belebung der binnenwirtschaftlichen Nachfrage, die nicht nur den Wohlstand hebt und die öffentlichen Haushalte entlastet, die Belebung der binnenwirtschaftlichen Nachfragen ist auch für Innovationen förderlich, jenem Bereich also, der für die deutsche Wettbewerbsfähigkeit bislang am wichtigsten war.

Literatur

Blinder A. and Sollow, R. (1973): Does Fiscal Policy Matter? *Journal of Public Economics.*

Schettkat, Ronald (2003): Institutional Rigidities at the Root of European Unemployment? The Rigidity Hypothesis evaluated by the Dutch and German Experiences, *Cambridge Journal of Economics*, Vol. 27, No. 6: 771 - 787.

Schettkat, Ronald (2004): US-Sclerosis? What happened to the 'Great American Job Machine?' In: *Challenge*, Vol. 47 No. 2 March/April 2004, 1 – 12; and in Intereconomics, Vol. 39, No. 1, Jan./Febr. 2004, 46 - 50.

II. Demografischer Wandel

Herwig Birg

Dynamik der demografischen Alterung und Bevölkerungsschrumpfung – wirtschaftliche und gesellschaftliche Auswirkungen in Deutschland

Perspektiven und Vorausberechnungen der demografischen Entwicklung für Deutschland insgesamt

In Deutschland ist seit 1972 die Zahl der jährlichen Sterbefälle größer als die der Geburten. Die in den vergangenen drei Jahrzehnten Nichtgeborenen fallen als potenzielle Eltern aus. Deshalb folgt auf den Geburtenrückgang 25 bis 30 Jahre später – also seit Anfang des 21. Jahrhunderts – wie ein Echo ein Rückgang der Zahl potenzieller Eltern. Der Elternrückgang zieht zwangsläufig einen abermaligen Geburtenrückgang nach sich, der wiederum 25 bis 30 Jahre später – also ab 2020 bis 2030 – eine erneute Dezimierung der Elternzahl bedeutet usf. Deutschland hat schon heute zu wenig Kinder und Jugendliche, aber ihre Zahl wird durch die Weichenstellung in Form des massiven Geburtenrückgangs in den 70er Jahren im vor uns liegenden 21. Jahrhundert nie wieder so groß sein wie jetzt.

In den vergangenen drei Jahrzehnten wurde das Geburtendefizit durch Einwanderungsüberschüsse kompensiert und überkompensiert. Die Bevölkerungszahl nahm deshalb nicht nur nicht ab, sondern stieg sogar leicht an, im Jahr 2001 betrug der Zuwachs zum Beispiel noch zwei Promille und im Jahr 2002 noch ein Promille. Die Zahl der jährlichen Zuwanderungen beträgt im langjährigen Mittel rund 800.000, die jährliche Geburtenzahl betrug in den 80er Jahren ebenfalls rund 800.000. Seit den 90er Jahren sank die Zahl der jährlichen Geburten auf 700.000 bis 800.000, sie liegt seitdem unter der jährlichen Zahl der Zuwanderungen (800.000 – 1.000.000). In kommenden Jahrzehnten wird die jährliche Geburtenzahl Deutschlands trotz der Geburtenüberschüsse der zugewanderten Bevölkerung weiter stark abnehmen, und zwar von 715.000 im Jahr 2003 auf 588.000 (2020) bzw. auf 438.000 im Jahr 2050.

In Deutschland werden seit drei Jahrzehnten die durch Tod ausscheidenden Generationen in stärkerem Maße durch Einwanderungen als durch Geburten im Inland erneuert. In den kommenden Jahrzehnten gewinnt die Verschiebung von den Geburten zu den Einwanderungen als Generationenersatz eine immer größere Bedeutung. Die seit 30 Jahren praktizierte Politik der kompensatorischen Zuwanderungen, von denen die meisten aus der Dritten Welt, insbesondere aus der Türkei kommen, lässt sich zwar fortsetzen, aber dazu wären immer höhere

Einwanderungsüberschüsse erforderlich, weil das Geburtendefizit bis 2050 von 143.000 (2003) auf 600.000 bis 750.000 steigen wird und Selbst wenn die Geburtenrate, die seit Jahrzehnten zwischen 1,3 und 1,4 Kindern pro Frau praktisch unverändert ist, zum Beispiel bis 2030 schrittweise auf den Bestand erhaltenden Wert von 2,1 anstiege, würde sich der Bevölkerungsrückgang weit über 2030 hinaus fortsetzen, und zwar bis 2060 (bei einem Einwanderungsüberschuss von jährlich 150.000) bzw. bis 2080 (ohne Kompensation durch Einwanderungen).

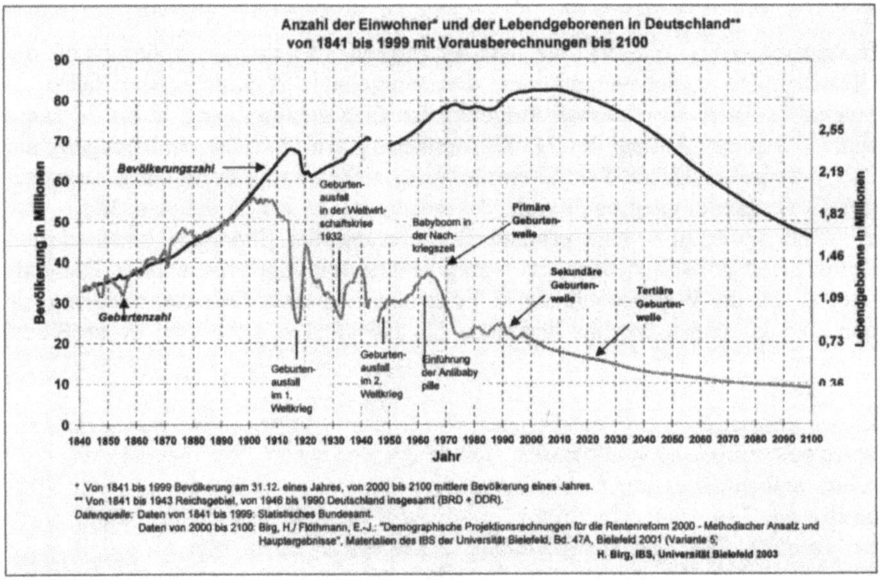

Abbildung 1

Die hier vorgestellten demografischen Vorausberechnungen haben nichts mit Prophetie zu tun, sie sind mathematisch überprüfbare Aussagen in Form von Wenn-Dann-Sätzen. Stimmen die Annahmen annähernd oder genau, dann treffen die Vorausberechnungen näherungsweise bzw. exakt ein. Die Qualität bzw. die Prognosegenauigkeit einer Bevölkerungsvorausberechnung ist stets identisch mit der Qualität bzw. Realitätsnähe der getroffenen Annahmen über die künftige Kinderzahl pro Frau, über die Zahl der Ein- und Auswanderungen und über die Zunahme der Lebenserwartung. Eine Besonderheit der demografischen Vorausberechnungen besteht darin, dass die langfristigen Aussagen unter Umständen eine höhere Genauigkeit haben können als die kurzfristigen. Der Unterschied zwischen kurz- und langfristigen Vorausberechnungen hat Ähnlichkeit mit dem Unterschied zwischen kurzfristigen Wetterprognosen für wenige Tage und langfristigen Aussagen zum Beispiel über die Durchschnittstemperatur in einigen Monaten, wenn auf den Sommer der Herbst und der Winter gefolgt sein werden. Der demografische Winter ist durch den Geburtenrückgang der 70er Jahre, der jetzt einen Elternrückgang bewirkt, programmiert wie der Wechsel der Jahreszeiten durch die Bahnen der Gestirne. Programmierte Entwicklungen lassen sich, so kompliziert sie im Einzelnen sind, mit modernen Rechenanlagen ziemlich genau analysieren und prognostizieren. Deshalb beträgt zum Beispiel der Fehler bei der Bevölkerungsprognose auf der Basis des Jahres 1991 für das Jahr 2000 zum Beispiel für Baden-Württemberg 1 %, für Niedersachsen 3 Promille und für die Gesamtheit der Prognosen aller 16 Bundesländer, für die sich die Fehler teilweise kompensieren – d.h. für das Bundesgebiet insgesamt – nur ein Promille (vgl. Birg u.a. 1997: 113).

Die Ergebnisse der Bevölkerungsvorausberechnungen der verschiedenen Forschungsinstitute und des Statistischen Bundesamtes sind in den vergangenen zehn Jahren immer ähnlicher bzw. immer realistischer geworden. In seiner 1994 publizierten so genannten „8. koordinierten Bevölkerungsvorausberechnung" war das Statistische Bundesamt zum Beispiel noch von der wahrscheinlich politisch motivierten, fachlich völlig unrealistischen Annahme ausgegangen, dass sich die Lebenserwartung in Deutschland (im Gegensatz zum Rest der Welt) ab 1.1.2000 nicht mehr erhöht und konstant bleibt. In der „9. koordinierten Bevölkerungsvorausschätzung" wurde diese unrealistische Annahme revidiert und ein Anstieg der Lebenserwartung bis 2035 um 4 Jahre zugrunde gelegt. In der am 7.6.2003 vorgestellten „10. koordinierten Bevölkerungsvorausberechnung" wurde ein Anstieg um – je nach Variante – 5 bzw. 6 bzw. 7,5 Jahre angenommen. Die Vorausberechnungen des Verfassers liegen ebenfalls in mehreren Varianten vor. Die neuen Varianten des Statistischen Bundesamtes entsprechen weitgehend den vom Verfasser publizierten (vgl. Birg 2000: 175 – 198).

Die mittlere Variante der Bevölkerungsvorausberechnung des Verfassers, deren Ergebnisse im Folgenden zusammengefasst werden, und die 1. bzw. 4. bzw. 7. Variante der 10. koordinierten Bevölkerungsvorausberechnung des Statistischen Bundesamtes kommen einander am nächsten. Die Berechnungen des Verfassers beruhen auf folgenden Annahmen:
(1) Geburtenrate der deutschen Bevölkerung = 1,25 Lebendgeborene pro Frau, Geburtenrate der zugewanderten Bevölkerung = 1,64 Lebendgeborene pro Frau, (2) Anstieg der Lebenserwartung der Männer von 75 auf 81 bzw. der Frauen von 81 auf 87 Jahre. (3) Jährlicher Einwanderungsüberschuss = 170.000, bestehend aus überwiegend jüngeren Menschen.

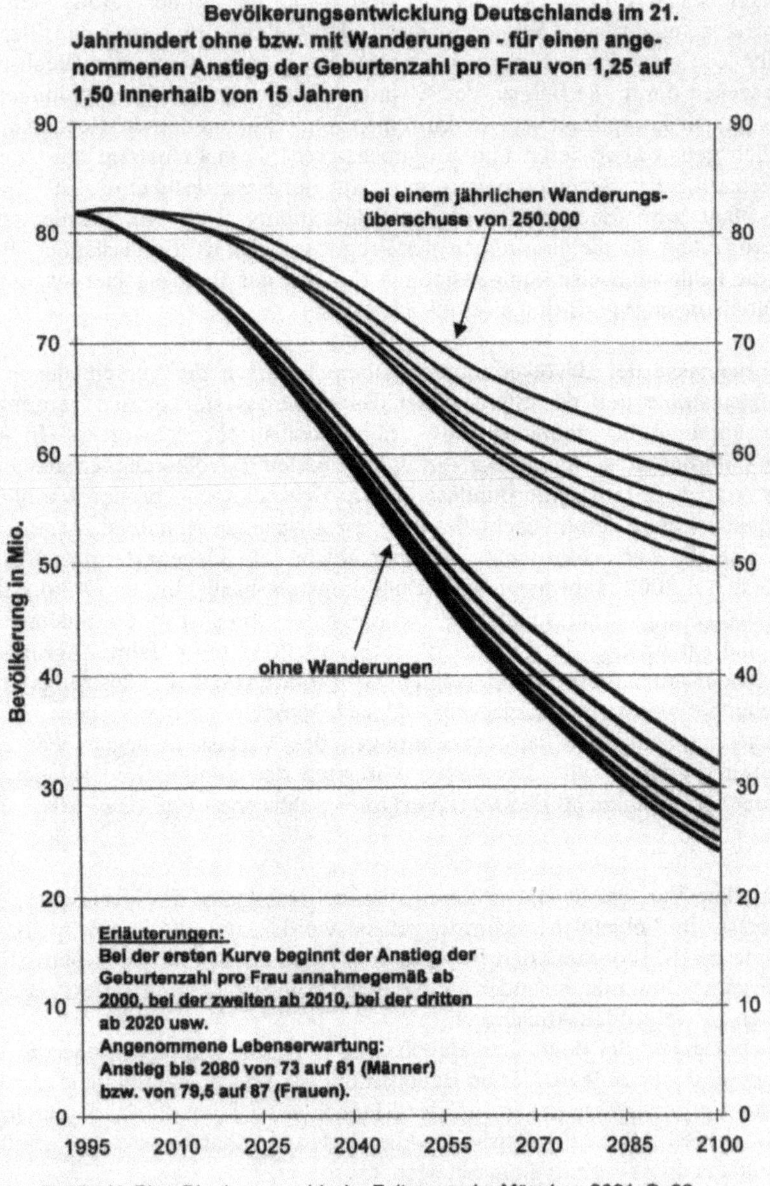

Quelle: H. Birg, Die demographische Zeitenwende, München 2001, S. 99.

Abbildung 2

Die auf diesen Annahmen beruhenden Ergebnisse sind:

a) Die demografische Entwicklung in Deutschland zwischen 1998 (Basisjahr der Berechnungen) und 2050 ist geprägt durch die Gleichzeitigkeit des Bevölkerungswachstums bei den älteren und der Bevölkerungsschrumpfung der jüngeren Altersgruppen: Die Zahl der über 60-jährigen Menschen nimmt von 1998 bis 2050 um rund zehn Millionen zu. Die Zahl der 20 bis 60-jährigen schrumpft gleichzeitig um rund 16 Millionen, die der unter 20-jährigen geht um acht Millionen zurück. Dies ergibt insgesamt einen Rückgang von 82 Millionen auf 68 Millionen, d.h. um rund 14 Millionen.

b) Der Bevölkerungsrückgang ist in den neuen Bundesländern stärker als in den alten (15 % bzw. 28 %). Die Ursache für die stärkere Schrumpfung im Osten ist zum einen die niedrigere Kinderzahl pro Frau (zurzeit 1,3 bis 1,4 im Westen, 1,1 bis 1,2 im Osten) und zum anderen die Ost-West-Wanderung. Die für die wirtschaftliche Leistungsfähigkeit wichtigste Altersgruppe der 20- bis 60-Jährigen nimmt in den alten Bundesländern von 1998 bis 2050 um 40 % ab, in den neuen Bundesländern um 50 %.

c) Das Bevölkerungswachstum der Älteren ist in der Altersgruppe der Hochbetagten (80 und älter) besonders ausgeprägt. Die Zahl der über 80-jährigen steigt von 1998 bis 2050 von rund drei Millionen auf zehn Millionen.

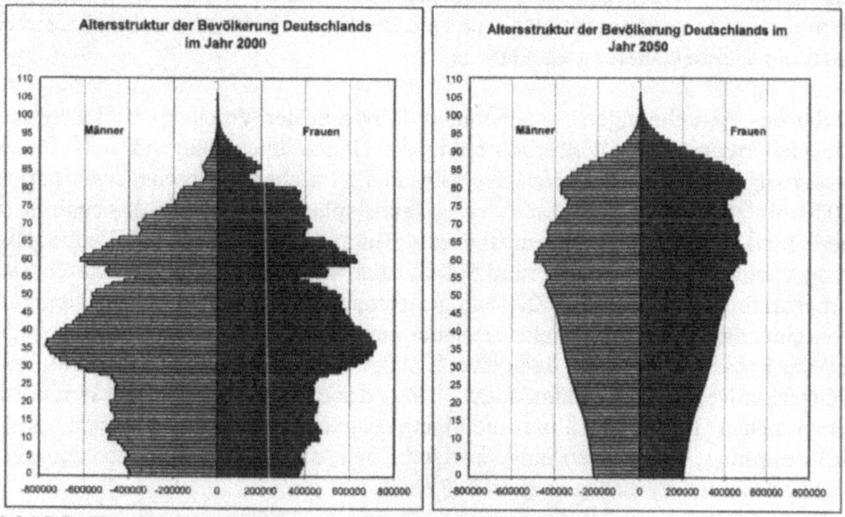

Quelle: H. Birg/E.-J. Flöthmann, Demographische Projektionsrechnungen für die Rentenreform 2000, IBS-Materialien Bd. 47, Bielefeld 2001.

Abbildung 3

d) Die zugewanderte Bevölkerung – definiert als die Zahl der Einwohner, die im Basisjahr der Berechnungen (1998) die ausländische Staatsangehörigkeit hatte –

wächst infolge ihrer Geburtenüberschüsse und infolge des angenommenen Einwanderungsüberschusses (jährlich 170.000) von 1998 bis 2050 von 7,4 Millionen auf 19 Millionen. Ihr Anteil an der Gesamtbevölkerung steigt von 9 % (1998) auf 27,9 % (2050). Dabei ist zu beachten, dass ein großer Teil dieser Bevölkerungsgruppe die deutsche bzw. eine doppelte Staatsangehörigkeit haben wird (ab 1.1.2000 gilt das neue Staatsangehörigkeitsrecht).

Konsequenzen der Bevölkerungsschrumpfung und der demografischen Alterung auf nationaler Ebene

Der prozentuale Rückgang der Geburtenraten war in den zurückliegenden fünfzig Jahren in den Entwicklungsländern intensiver als in den Industrieländern (minus 50 % versus minus 44 %). Der Altenquotient – die Zahl der über 65-jährigen in Prozent der 15- bis 64-jährigen – und das Durchschnittsalter sind und bleiben in den Entwicklungsländern zwar wesentlich niedriger als in den Industrieländern, aber ihr prozentualer Anstieg ist in den Entwicklungsländern wegen des steileren Rückgangs der Geburtenrate und der prozentual stärkeren Zunahme der Lebenserwartung höher als in den Industrieländern. Das Niveau des Altenquotienten wird bis zur Jahrhundertmitte in den Industrieländern um das Doppelte, in den Entwicklungsländern fast um das Dreifache steigen. Die demografische Alterung ist also nicht auf die Industrieländer beschränkt, sie betrifft die Weltbevölkerung als Ganzes.

Nach den Berechnungen der Population Division der Vereinten Nationen sinkt die Geburtenrate der Weltbevölkerung seit Jahrzehnten, sie wird das für die langfristige Konstanz erforderliche Niveau (2,1 Lebendgeborene pro Frau) ab 2030 bis 2035 unterschreiten. Vierzig Jahre später, ab etwa 2070, beginnt die neue Phase der Weltbevölkerungsschrumpfung. Bis dahin wird die Weltbevölkerung noch von rund 6,4 auf rund 9 Milliarden wachsen. Zahlen für runde Zwischenjahre wie 2050 oder 2070 suggerieren, dass es sich um einen Übergang von einem alten Gleichgewicht zu einem neuen handelt. Diese Vorstellung führt jedoch in die Irre. Gerade dann, wenn sich an der niedrigen Geburtenrate zum Beispiel in Deutschland nichts ändert, führt der demografische Prozess nicht zu einem neuen Gleichgewicht auf niedrigerem Niveau, sondern zu einer dauernden Schrumpfung, die sich so lange fortsetzt, wie die Bevölkerung ihre demografisch relevanten Verhaltensweisen beibehält.

Die international vergleichende Analyse zeigt, dass die Abnahme der Geburtenrate umso größer und die Alterung der Gesellschaft umso intensiver sind, je höher das ökonomische Entwicklungsniveau eines Landes ist („demografisch-ökonomisches Paradoxon"). Die ökonomische Prosperität wurde in den Industrieländern mit demografischer Instabilität erkauft, die jetzt die Wachstumsrate des Sozialprodukts um mindestens einen Prozentpunkt verringert. In Deutschland, wo die demografische Alterung neben Japan und Italien am intensivsten ist, gewinnt die Erkenntnis an Boden, dass sich der demografisch bedingte Anstieg der Versorgungslasten pro Kopf eines 15- bis 65-jährigen auf mehr als das Doppelte nicht wegreformieren, sondern nur anders verteilen lässt.

Da jeder fehlende Beitragszahler auch ein fehlender Steuerzahler ist, nimmt die Fähigkeit des Staates ab, die Defizite der sozialen Sicherungssysteme durch steuerfinanzierte Zuschüsse auszugleichen. Die demografische Alterung und Bevölkerungsschrumpfung schafft nicht nur Probleme, sondern reduziert gleichzeitig die Möglichkeiten zu ihrer Lösung – ein sich selbst verstärkender Prozess. In den Entwicklungsländern, die über keine Arbeitslosen-, Renten-, Kranken- und Pflegeversicherung verfügen, erfüllt die Familie die Aufgaben der sozialen Sicherung. Mit der Erosion der Familie durch die Abnahme der Geburtenrate verlieren sie ihren wichtigsten Stabilitätsanker. Sie exportieren die Instabilität in Form von Flüchtlings- und Migrationsströmen, ohne dass sich dadurch die Altersstruktur der Zielländer auf eine relevante Weise verändert. Wollte man beispielsweise den Altenquotienten Deutschlands durch die Einwanderung junger Menschen konstant halten, müssten bis 2050 netto 188 Millionen Menschen einwandern (siehe den Beitrag des Verfassers in der Frankfurter Allgemeinen Zeitung vom 12.4.2000).

In Deutschland steht die Politik vor der doppelten Herausforderung, durch eine Anpassungspolitik die Auswirkungen der demografischen Entwicklung so erträglich wie möglich zu gestalten und gleichzeitig den Entwicklungsprozess durch eine Ursachenpolitik langfristig zur demografischen Stabilität zurückzuführen. Mit der seit drei Jahrzehnten praktizierten Strategie, die durch Tod ausscheidenden Generationen im gleichen oder sogar noch stärkeren Maße durch Einwanderungen zu ersetzen wie durch Geburten im Inland, lässt sich keine gesellschaftlich nachhaltige Entwicklung erreichen. Auch Einwanderer müssen zuerst geboren und ausgebildet werden, um in Deutschland oder in den USA Probleme lösen zu können – vorausgesetzt, sie finden Arbeitsplätze. Wie will man rechtfertigen, dass ein Land im Wettbewerb um die Besten die Früchte der Erziehung und Ausbildung von Menschen erntet und die Mühen und Kosten der Erziehung und Ausbildung anderen überlässt?

Das Hauptproblem der demografischen Entwicklung ist die neue Qualität des Verteilungsproblems mit einem dramatisch zunehmenden Verteilungsstress zwischen den sozialen Gruppen. Selbst wenn sich in Deutschland die Produktivität und das Pro-Kopf-Einkommen der Erwerbstätigen bis 2050 noch einmal verdoppeln, kann das Volkseinkommen wegen der bis dahin um 14 bis 16 Millionen schrumpfenden Zahl der 20- bis 60-jährigen nur um ein Drittel zunehmen. Dieser mäßig wachsende Kuchen muss zwischen vier großen Interessengruppen verteilt werden, wobei allein die stark wachsende Zahl der über 60-jährigen etwa 40 % des Volkseinkommens beanspruchen wird, wenn das Verhältnis der Durchschnittsrente zum Durchschnittseinkommen nicht noch weiter gesenkt wird.

Der demografisch bedingte Verteilungsstress ist das Kernproblem: Es gilt erstens den Interessengegensatz zwischen den alten und jungen Generationen bei der Verteilung der steigenden Versorgungslasten durch Reformen so zu regeln, dass die von der Verfassung garantierten Grundlagen des sozialen Rechtsstaats erhalten bleiben. Zweitens muss der demografische Interessenkonflikt zwischen den alten und neuen Bundesländern bewältigt werden. Die Ost-West-Wanderungen (und die Zuwanderungen aus dem Ausland) führen mittelfristig noch zu einem Bevölkerungswachstum einiger wirtschaftlich prosperierender Regionen im Westen auf Kosten der demografischen Substanz der neuen Bundesländer. Eine dritte Konfliktlinie entsteht durch die wachsende Population der Zugewanderten bei gleichzeitig schrumpfender autochthoner Bevölkerung, wobei die Bevölkerung mit Migrationshintergrund bei den unter 40-jährigen in vielen Großstädten in etwa zehn Jahren die neue Mehrheit bilden wird.

Schließlich ergibt sich ein vierter Konflikt aus dem Auseinanderdriften der Gesellschaft in zwei Populationen mit und ohne Nachkommen. Die beiden Parallelgesellschaften leben nach den Regeln der gleichen Verfassung, aber die Verfassung passt nicht auf beide, sie setzt voraus, dass beide neben dem finanziellen auch den viel wichtigeren „generativen Beitrag" zur sozialen Sicherung (Urteil des Bundesverfassungsgerichts zur Pflegeversicherung) in Form der Erziehung von künftigen Beitragszahlern leisten. Da bei den Deutschen ein Drittel der nach 1965 geborenen Jahrgänge zeitlebens kinderlos bleibt und nur den finanziellen Beitrag entrichtet (bei den Akademikerinnen ist der Prozentsatz höher), hat die Spaltung der Gesellschaft auch eine verfassungsrechtliche Dimension.

Über eine fünfte Konfliktlinie wird noch wenig diskutieret. Sie verläuft zwischen den alternden Industrieländern und einigen ebenfalls alternden, aber wirtschaftlich dynamischeren Entwicklungsländern, darunter vor allem China. Die kapitalgedeckte Versorgung im Alter und bei Krankheit ist auch für diese Länder der einzige Ausweg aus der Versorgungsfalle. Der Altenquotient Chinas ist heute noch wesentlich niedriger als in Deutschland, er wird sich jedoch bis 2050 fast vervierfachen und dann nicht viel niedriger sein als in Deutschland bzw. sogar höher als in den USA. Die internationale Konkurrenz um die renditeträchtigen Kapitalanlagen, die auch in Ländern wie China knapp sind, wird sich verschärfen und die Kurse der Kapitalanlagen in die Höhe treiben.

In Deutschland muss das öffentliche Nachdenken über die Ursachen und Konsequenzen der demografischen Entwicklung besonders hohe, geschichtlich bedingte Hürden überwinden, bevor eine Diskussion über die Ursachen als Voraussetzung einer angemessenen Ursachenpolitik möglich ist. Dazu gehört eine schmerzliche Einsicht: Als die Nationalsozialisten die Macht ergriffen und die millionenfache Tötung von Menschen mit der Rassentheorie begründet wurde, hatte die Wissenschaft den Weg ins Verhängnis bereits durch zahllose Veröffentlichungen biologisch-rassistischer Prägung geebnet. Schon seit Mitte des 19. Jahrhunderts konkurrierten die Geistes- und Sozialwissenschaften mit den Naturwissenschaften und mit der Biologie um die Rolle einer Leitwissenschaft der Moderne. Dies hatte nicht nur in der Bevölkerungswissenschaft und Demografie fatale Fehlentwicklungen zur Folge. So etablierte sich in den Sozialwissenschaften ein gesellschaftlich-soziologisches Konkurrenzprogramm zur Eugenik, das in aller Offenheit unter den Leitbegriffen „Eubiotik", „Sozialbiologie" und „Gesellschaftshygiene" in der schon 1923 erschienenen Ausgabe des „Handwörterbuchs der Staatswissenschaften" Ziele propagiert, die später von den Nationalsozialisten aufgegriffen wurden.

Die Rassentheorien sind jedoch nichts spezifisch deutsches, sie waren im 19. und 20. Jahrhundert international weit verbreitet. In Deutschland galten zum Beispiel die USA in den 20er und 30er Jahren des 20. Jahrhunderts auf dem Gebiet der Rassentheorie und -politik als Vorbild, dem nachgeeifert wurde. Heute ist eine Fehlentwicklung durch rassistische und ethnische Diskriminierungen zumindest in den Industrieländern durch verfassungsrechtliche Vorkehrungen und durch die Rechtsprechung wenig wahrscheinlich. Die Gefahr droht heute vom Ökonomismus, der neuen Leitideologie des 21. Jahrhunderts, die im Zuge der Globalisierung alle Länder der Welt erfasst hat. Die Ökonomie entstand ursprünglich in der griechischen Antike als ein Zweig der Ethik. Daraus wurde seit dem 18. und 19. Jahrhundert eine selbstständige wissenschaftliche Disziplin von großer politischer Relevanz. Die entscheidende Frage ist, ob die Ökonomie in Zukunft in ihrer Beziehung zur Politik eine dienende oder eine herrschende Rolle ausüben wird.

Die Wissenschaft wird die demografische Entwicklung nicht mit überzeugenden Theorien erklären können, so lange ihre Bemühungen sich auf die Analyse der ökonomischen Auswirkungen konzentrieren und so lange bei der Ursachenanalyse biologische Interpretationen und Theorien ohne große Bedenken auf humane Populationen übertragen werden, wie dies seit der von Malthus geschaffenen Bevölkerungstheorie üblich ist und wie es heute wieder in der modernen „Biodemografie" geschieht. Sowohl in den ökonomischen als auch in den biologischen Bevölkerungstheorien spielte der Grundgedanke der Selektion stets eine entscheidende Rolle: Bei Malthus und Darwin war es die Selektion der Tüchtigen durch die „checks“ der Mortalität, bei den Wirtschaftstheoretikern die Selektion durch den Auslesemechanismus des Marktes. Es ist von großer Bedeutung, dass die anthropologischen Grundannahmen der klassischen politischen Ökonomie und die der klassischen Bevölkerungstheorie übereinstimmen. Wenn sie nicht tragfähig sind, hat dies fatale Konsequenzen in beiden Bereichen.

Die wichtige Frage, die bisher weder von der biologischen noch von der ökonomischen Bevölkerungstheorie gestellt wurde und daher unbeantwortet blieb, lautet: Der Fortschritt des Entwicklungs- und Zivilisationsprozesses war im 20. Jahrhundert in den hoch entwickelten Ländern mit einer Abnahme der Geburtenrate bis unter das Bestandserhaltungsniveau und mit einer Zunahme der alterungsbedingten Stabilitätsrisiken in Wirtschaft und Gesellschaft ursächlich verbunden, wobei die weniger entwickelten Länder der Welt den Industrieländern wie Schiffe in einem langen Geleitzug auf dem Kurs zu niedrigen Geburtenraten folgten. – Bedeutet dieser Zusammenhang, dass eine Kursänderung und die Rückkehr zu demografischer und gesellschaftlicher Stabilität nicht möglich sein werden, bevor die negativen wirtschaftlichen und sozialen Auswirkungen dieser Entwicklung ein solches Ausmaß angenommen haben, dass sich eine Art Bewusstseins- und Kulturrevolution Bahn bricht, in deren Verlauf sich auch die demografisch relevanten Verhaltensweisen grundlegend ändern? Haben die Menschen in den USA auch deshalb eine wesentlich höhere Geburtenrate von rund zwei Kindern pro Frau, weil die staatliche Rente dort schon heute nur rund ein Drittel des Niveaus Deutschlands erreicht?

Wie hätte man sich den Weg zurück zu einer höheren Geburtenrate in Deutschland vorzustellen, falls er wirklich den Durchgang durch Phasen der sozialen Unsicherheit und der gesellschaftlichen Instabilität voraussetzen würde, die die jüngeren in diesem Land nie erlebt haben und die sie sich wahrscheinlich nicht einmal vorzustellen vermögen? Die älteren Generationen sind in Deutschland im 20. Jahrhundert durch zwei Weltkriege und zwei Diktaturen gegangen, ihnen könnte man die Bewältigung der demografischen Krise im 21. Jahrhundert durchaus zutrauen, aber gilt das auch für ihre Nachkommen?

Die westeuropäischen Länder haben in den vergangenen 50 Jahren in ihrer wirtschaftlichen Entwicklung gewaltige Fortschritte erzielt. War es Zufall oder Notwendigkeit, dass dieser Erfolg mit einem Verlust ihrer demografischen Stabilität und eines großen Teils ihres Humanvermögens bezahlt wurde? Es ist in Deutschland üblich geworden, ein Land mit einem wirtschaftlichen Großbetrieb zu vergleichen, wie dies zum Beispiel der frühere Bundeskanzler Helmut Schmidt tat, der sich gerne als „Aufsichtsratsvorsitzenden der Aktiengesellschaft Bundesrepublik Deutschland“ bezeichnete. Die tiefe Wahrheit dieses Vergleichs wird nun allmählich deutlich: Es kommt darauf an, den drohenden, demografisch bedingten Konkurs der Deutschland AG abzuwenden. Diese Art von Herausforderung ist neu: Nach Clausewitz ist der geordnete Rückzug bei einer militärischen Niederlage eine viel schwierigere Operation als ein Erfolg durch das Erringen eines Sieges.

Die Bevölkerungsschrumpfung ist nicht eine harmlose Spielart des Wachstums, gleichsam nur in eine andere Richtung nach unten statt nach oben, wie die Ausdrücke „Null-Wachstum" oder „Minus-Wachstum" suggerieren. Sie führt zum Beispiel auf dem Immobiliensektor bereits heute zu Leerständen, zu Preisrückgängen und zur Kapitalvernichtung, die niemand als „Minus-Wachstum des Kapitals" bezeichnet. Die öffentlichen Infrastruktureinrichtungen werden durch die sinkende Auslastung teurer, ohne dass sich ihre hohen Fix-Kosten verringern. Schlimmer als die wirtschaftlichen sind jedoch die mentalen Folgen der Schrumpfung. Wie soll man zum Beispiel den jungen Menschen in den viel zu groß gewordenen Schulgebäuden erklären, dass ein Klassenzug nach dem anderen aufgelöst und ein Flur nach dem anderen stillgelegt werden muss? Wie sollen die jungen Menschen ein Zukunftsvertrauen gewinnen, wenn sich Dörfer, Städte und ganze Landstriche wie die neuen Bundesländer flächendeckend entleeren, ohne dass ein Ende absehbar ist? In Deutschland könnten eine lähmende Tristesse und der Symptomschmerz für das Verlorene zur Grundstimmung der Menschen werden. Mit den wahrscheinlich auch in Zukunft weiter steigenden Pro-Kopf-Einkommen wird sich dagegen nichts Wesentliches ausrichten lassen. In dieser Situation müssen Politiker, Konjunkturforscher und Börsenanalysten Nervenstärke bewahren, damit Panikreaktionen vermieden werden. So gesehen ist es gut, dass Politik und Bevölkerung immer noch in einer Art Stabilitätsillusion leben und sich gar nicht vorzustellen vermögen, was sie in den Bevölkerungsvorausberechnungen des Statistischen Bundesamtes, die bis 2050 reichen, lesen. Es ist vielleicht auch gut, dass immer wieder auf die Geburtenraten in Frankreich und Schweden verwiesen wird, wo durch eine bessere Politik der Vereinbarkeit von Familienarbeit und Erwerbstätigkeit die Demografie angeblich noch fast in Ordnung ist. Aber weder Schweden noch Frankreich taugen als nachahmenswerte Vorbilder. Die Geburtenrate in Schweden ist inzwischen auf den Durchschnitt der EU-15 (1,5 Kinder pro Frau) gesunken, in Frankreich liegt die Geburtenrate der Französinnen bei 1,7 Kindern pro Frau, nur weil die vorwiegend aus Afrika Zugewanderten wesentlich mehr Kinder haben als die Französinnen, liegt der Landesdurchschnitt bei rund zwei Kindern pro Frau.

Lässt sich die mangelnde demografische Stabilität eines Landes durch ökonomische Stärke – durch Produktivitätszuwächse im Inland oder durch Kapitalexport in wachstumsstarke Niedriglohnländer – dauerhaft substituieren? Diese Frage ist von größter Bedeutung, weil eine schnelle Rückkehr zu einer demografisch stabilen Situation unmöglich ist. Durch den Kapitalexport aus den Industrieländern in Niedriglohnländer profitieren in der Regel beide Ländergruppen. Da jedoch beide Ländergruppen und die Welt als Ganzes altern, entsteht durch den Kapitalexport sowohl ein geografisches Verteilungsproblem in Bezug auf die internationale Verteilung der Kapitaleinkommen als auch ein soziales Verteilungsproblem in Bezug auf die sozialen Gruppen als Empfänger der Renditen und als Eigentümer des Kapitals. Die demografisch bedingte soziale Unsicherheit lässt sich durch Kapitalexport nicht vermeiden, sondern nur zwischen den Ländern und Bevölkerungsgruppen verlagern. Bei diesem Prozess wird es Gewinner und Verlierer geben, auch wenn es sich nicht um ein Null-Summen-Spiel handelt und beide Ländergruppen Vorteile daraus ziehen. Ob das Ergebnis dieses Verteilungsprozesses als gerecht empfunden wird, ist und bleibt eine Bewertungsfrage. Das mit der Demografie verbundene Gerechtigkeitsproblem wird in Deutschland auf folgenden Nenner gebracht: „Von Kindern profitiert, wer keine hat". Der Satz gilt auch im Verhältnis der durch Kapitalströme miteinander verbundenen Länder.

Die Vernichtung eines unrentablen Betriebes durch Konkurrenz und Wettbewerb zugunsten einer ökonomisch effizienteren Produktionsweise hat neben den segensreichen, wohlstandserhöhenden Wirkungen auch zerstörerische Nebenwirkungen auf die biografische Planungssicherheit und die Stabilitätsbedingungen der Familien. Wirtschaftliche Dynamik und demografische Stabilität schließen sich in modernen Wirtschaftsgesellschaften gegenseitig aus. Beides auszubalancieren gleicht einem artistischen Drahtseilakt, den die Politik ohne Netz bestehen muss.

Demographische Alterung von 1950 bis 2000 mit Vorausberechnungen bis 2050 im internationalen Vergleich

	Anteil der über 65jährigen in vH der 15-64jährigen						
	1950	2000	2010	2020	2030	2040	2050
USA	12,8	18,7	19,2	24,9	31,3	32,1	32,2
Japan	8,2	25,3	35,0	47,1	52,7	64,9	72,3
Deutschland	14,5	24,0	30,6	34,2	44.3	48,5	49,4
Italien	12,7	26,8	31,1	36,7	46,9	62,6	65,4
China	7,3	10,0	11,3	16,9	23,9	35,2	37,5
Welt	8,6	11,1	11,6	14,4	18,2	22,0	24,8
- Industrieländer	12,2	21,2	23,5	29,5	36,7	41,5	44,4
- Entwicklungsländer	6,7	8,2	9,0	11,5	14,9	19,0	22,0

Quelle: H. Birg, Universität Bielefeld
Berechnet nach Daten aus: UN (Ed.), World Population Prospects, New York 2003.

Abbildung 4

Auswirkungen auf regionaler und kommunaler Ebene

Alle Bundesländer, Regionen und Gemeinden waren vom Rückgang der Geburtenraten seit Anfang der 70er Jahre betroffen, doch gibt es nach wie vor starke räumliche Unterschiede. Vergleicht man die Kinderzahlen pro Frau für ein bestimmtes Kalenderjahr zwischen den Regionen, dann sind die prozentualen Unterschiede größer als bei einem Vergleich der verschiedenen Generationen für eine gegebene Region. Es gibt keinen Stadt- und Landkreis mehr mit einer Geburtenrate von ausreichendem, langfristig Bestand erhaltendem Niveau. Unter allen Stadt- und Landkreisen hatte zum Beispiel 1999 der Kreis Cloppenburg die höchste Kinderzahl pro Frau (1,79) und Suhl (Thüringen) die niedrigste (0,84), bei einem Bundesdurchschnitt von 1,29 und einem Landesdurchschnitt zum Beispiel in Baden-Württemberg von 1,38 und in Niedersachsen von 1,42.

Der Rückgang sowohl der absoluten Geburtenzahl als auch der Geburtenzahl pro Frau seit Anfang der 70er Jahre war zwar in allen Gemeinden und Regionen zu beobachten, aber in Bezug auf den zeitlichen Beginn und das Niveau der Geburtenrate vor und nach dem Rückgang gab es bemerkenswerte Unterschiede, die mit dem Begriff der „regionaldemografischen Phasenverschiebung" bezeichnet werden: Wenn man das hohe Niveau der Geburtenwelle im Nachkriegs-Babyboom Ende der 60 er Jahre betrachtet, dann war der Anstieg der Geburtenwelle in den ländlichen Gemeinden steiler und der Gipfel der Kinderzahl pro Frau wurde zeitlich später auf einem höheren Niveau erreicht, mit der Folge, dass auch das Echo auf diese Welle in den 90er Jahren zeitlich phasenverschoben zu einer im interregionalen Vergleich höheren Geburtenwelle führte, wenn auch das allgemeine Niveau der zweiten Geburtenwelle gegenüber der ersten in den 60er Jahren bedeutend niedriger war. Auch die um das Jahr 2020 zu erwartende dritte Geburtenwelle wird als Echo auf die zweite wiederum wesentlich niedriger sein. Dabei wird auch die dritte Welle regionale Unterschiede aufweisen, die auf die regionale Phasenverschiebung in den 60er Jahren zurückgehen.

Neben der regionaldemografischen Phasenverschiebung verstärkt besonders auch der Faktor Wanderungen die Unterschiede bei den räumlichen Bevölkerungsveränderungen in der Zukunft. Wie bedeutsam dabei das Gewicht der Wanderungen ist, zeigt sich auch auf Länderebene: So hatten zum Beispiel 1999 unter allen 16 Bundesländern nur noch Baden-Württemberg und Bayern eine leicht positive Geburtenbilanz (Baden-Württemberg = 1,1 auf Tausend Einwohner, Bayern 0,3 auf Tausend Einwohner), wobei zu beachten ist, dass die Geburtenbilanz auch in diesen beiden Ausnahmeländern bei den Deutschen negativ und bei den Zugewanderten positiv ist (siehe Tabelle). Weitaus gewichtiger als die Geburtenbilanz war die Wanderungsbilanz: Baden-Württemberg = 3,7 auf Tausend, Bayern = 5,3 auf Tausend, Niedersachsen hatte 1999 ein Geburtendefizit von 0,3 auf Tausend Einwohner sowie einen Abwanderungsüberschuss gegenüber den anderen Bundesländern von 4,4 auf Tausend, aber dem stand ein doppelt so hoher Einwanderungsüberschuss aus dem Ausland in Höhe von 8,8 auf Tausend gegenüber, so dass die Bevölkerungszahl wanderungsbedingt nicht nur nicht abnahm, sondern noch leicht anstieg.

Hessen gehört zusammen mit Baden-Württemberg und Bayern zu der kleinen Ländergruppe mit einer vergleichsweise günstigen Bevölkerungsentwicklung. Allerdings war die natürliche Bevölkerungsbilanz Hessens zum Beispiel 1999 bereits negativ, in Baden-Württemberg und Bayern noch leicht positiv (Tabelle). Die drei Länder sind durch eine hohe räumliche Bevölkerungsdynamik und durch Binnenwanderungsgewinne gegenüber den anderen Bundesländern gekennzeichnet. Der Bevölkerungszuwachs Hessens beruhte dabei im Gegensatz zum Zuwachs in Baden-Württemberg und Bayern besonders stark auf den Wanderungsgewinnen gegenüber dem Ausland, weniger auf den Wanderungsgewinnen gegenüber den anderen Bundesländern. Auf Grund der Wanderungsgewinne werden diese drei Länder noch bis 2020/30 ein leichtes Bevölkerungswachstum verzeichnen, danach beginnt auch in diesen Ländern die Bevölkerungsschrumpfung.

Die demografische Alterung verläuft in sämtlichen Bundesländern in ziemlich ähnlicher Weise, erst unterhalb der Länderebene zeigen sich deutlichere Unterschiede, die sowohl auf der regionalen Differenzierung der Geburtenrate als auch auf der Zu- und Abwanderungsbilanz der verschiedenen Altersgruppen beruhen. Das Statistische Bundesamt geht in seiner im Juni 2003 veröffentlichten so genannten „10. koordinierten Bevölkerungsvorausberechnung“ davon aus, dass Deutschland auf Dauer starke Einwanderungsüberschüsse haben wird, und zwar zwischen 250.000 und 300.000 netto pro Jahr (= mittlere Variante). Wenn diese Annahme eintrifft, wird die Bevölkerungszahl von 82,5 Millionen (2002) bis auf 83,1 Millionen im Jahr 2012 wachsen, ehe die durch das Geburtendefizit bedingte natürliche Bevölkerungsschrumpfung, die seit 1972 im Gange ist, nicht mehr durch Einwanderungsüberschüsse kompensiert wird, so dass sie dann auch in den Bevölkerungszahlen in Erscheinung tritt. Wenn der künftige Einwanderungsüberschuss nicht zwischen 250.000 und 300.000, sondern nur zwischen 150.000 und 200.000 liegt (= untere Variante), tritt die Schrumpfung nicht erst ab 2012, sondern ab 2004 ein.

Unabhängig vom zeitlichen Beginn der Schrumpfung auf Bundesebene ergeben sich erhebliche Unterschiede hinsichtlich des Schrumpfungsbeginns zwischen den Bundesländern, Regionen und Gemeinden, wobei folgende Fakten bereits unumstößlich sind:

a) In den neuen Bundesländern ist die Schrumpfung bereits seit der Wiedervereinigung im Gange, während die westlichen Bundesländer, insbesondere Hessen, Baden-Württemberg und Bayern, noch etwa ein bis zwei Jahrzehnte Bevölkerungszuwächse verzeichnen werden, und zwar sowohl durch Einwanderungsüberschüsse gegenüber dem Ausland als auch gegenüber den anderen Bundesländern.

b) Die Bevölkerungsveränderungen vollziehen sich nicht linear, d.h. die Schrumpfung führt nicht zu einer Abnahme der Bevölkerungszahlen in den Gemeinden, Regionen und Ländern entsprechend einer linearen Maßstabsverkleinerung, vielmehr führt der demografische Wandel stets zu Gewinnern und Verlierern.

c) Nicht nur die Bevölkerungszahl, sondern auch die Verschiebungen der Altersstruktur sind – je nach der Höhe der Geburtenrate und der Wanderungssituation – von extremen regionalen Unterschieden geprägt. So betrug zum Beispiel der Altenquotient (= Prozentanteil der über 65-jährigen an den 15- bis 65-jährigen) 1999 im Bundesgebiet 23,9 % und in Baden-Baden 35,5 % (zum Vergleich: Baden-Württemberg = 22,9 %, Niedersachsen = 24,8 %).

d) Die für die Gemeindefinanzen wichtigen Ausgaben für Sozialhilfe hängen entscheidend von der Zahl der Ausländer bzw. unabhängig von der rechtlichen Staatsangehörigkeit von der Zahl der Menschen mit Migrationshintergrund und damit von der Wanderungsposition jedes Landes und jeder Gemeinde ab. Der Anteil der Ausländer an der Bevölkerung betrug zum Beispiel 1999 in Baden-Württemberg 12,5 % und in Niedersachsen 6,7 %, der Anteil der Ausländer an den Sozialhilfeempfängern war jedoch weit höher als es dem ausländischen Bevölkerungsanteil entspricht, nämlich 26,3 % in Baden-Württemberg bzw. 22,8 % in Niedersachsen. Auf der Ebene der Gemeinden ist die Diskrepanz zwischen dem Anteil der Ausländer an der Bevölkerung und ihrem Anteil an den Sozialhilfeempfängern wesentlich höher als auf der Ebene der Länder oder auf Bundesebene. So lag der Anteil der Ausländer an der Bevölkerung 1999 zum Beispiel in Stuttgart bei 24,5 % und in Hannover bei 15,1 %, aber der Anteil der ausländischen Sozialhilfeempfänger an allen Sozialhilfeempfängern betrug in Stuttgart 40,1 % und in Hannover 40,7 %.

Ebenso wenig wie der demografische Wandel auf der Ebene der Bundesländer zu linearen Maßstabverkleinerungen führt, sind seine Auswirkungen auf regionaler Ebene von gleicher Art, Richtung und Intensität. Die für die wirtschaftliche Entwicklung wichtige Unterscheidung zwischen den Faktoren *Trend* und *Konjunktur* muss in Zukunft durch einen dritten Faktor *Demografie* erweitert werden, der besonders auf regionaler Ebene von großer Bedeutung ist.

Die demografische Schrumpfung und Alterung ist ebenso wie die ökonomische Deflation ein sich selbst tragender negativer Prozess, wobei es wahrscheinlich ist, dass die wirtschaftlichen Stagnations- und Deflationsphänomene heute bereits zum Teil auf den negativen demografischen Rahmenbedingungen der Schrumpfung und Alterung beruhen. Die Gefährlichkeit der ökonomischen Deflation ist unter Ökonomen unstrittig, die Gefahr der demografischen Alterung und Schrumpfung wird aber noch teilweise unterschätzt. Nichtgeborene fallen 20 bis 30 Jahre später als Konsumenten aus, aber Nichtgeborene können nicht nur nichts kaufen, sie können – was viel gravierender ist – auch keine Kinder haben. Die demografische Schrumpfung wirkt wesentlich nachhaltiger und sie ist gefährlicher als die durch politische Maßnahmen eher kompensierbare negative Entwicklung auf wirtschaftlichem Gebiet.

Die Arbeitsplatzverluste durch die Entindustrialisierung wurden in Deutschland jahrzehntelang durch das Wachstum des Dienstleistungssektors ausgeglichen. Aber das Wachstum insbesondere der haushalts- und bevölkerungsbezogenen Dienstleistungen wird in Zukunft in den Regionen mit starker demografischer Schrumpfung durch den Wegfall der entsprechenden Nachfrager gestoppt. In den neuen Bundesländern ist die Deindustrialisierung besonders gravierend, die Kompensation durch Dienstleistungen wäre umso dringlicher. Die Kompensationsmöglichkeiten durch Dienstleistungen sind aber infolge der Bevölkerungsschrumpfung dort wesentlich ungünstiger als in allen anderen Regionen Deutschlands.

Generell hat die Bevölkerungsschrumpfung auf Gemeindeebene folgende Auswirkungen:
1. Die demografischen Entwicklungsbedingungen werden für die wirtschaftliche Entwicklung auf Gemeindeebene immer wichtiger. Hohe Geburtenraten und günstige Altersstrukturen werden sich in der Zukunft als entscheidende Standortfaktoren erweisen.
2. Ungünstige demografische Strukturen wirken sich negativ auf die Steuereinnahmen aus. Eine grundlegende Reform der Gemeindefinanzen ist unumgänglich. Denkbar wäre die Einführung von Steuer-Hebesätzen für die Einkommens- bzw. Lohnsteuer, und zwar als Instrument zur Beeinflussung der Bevölkerungszahl durch die Gemeinden mittels einer Lenkung der Zu- und Abwanderung bzw. der Binnenwanderungen innerhalb Deutschlands.
3. Der immer noch wirksame Prozess der Verkleinerung der durchschnittlichen Haushaltsgrößen führt auf Bundesebene mittelfristig noch zu wachsenden Haushaltszahlen. Aber langfristig – bzw. auf regionaler Ebene auch teilweise schon heute – kommt es zu Wohnungsleerständen, zu Entwertungsprozessen, zu leerstandsbedingten Kostensteigerungen, zum Rückbau und zur Kapitalvernichtung. Dabei wird der Wohnungsmarkt regional inhomogener, Wohlstands-

und Wachstumsinseln stehen regionalen Märkten mit hohen Leerständen und sich selbst verstärkenden Schrumpfungsprozessen gegenüber.
4. Durch die sinkenden Einwohnerzahlen gehen die Nutzerzahlen von öffentlichen Einrichtungen und die Einnahmen aus Gebühren zurück, und zwar bei gleichbleibend hohen Fix-Kosten und hohen Kosten für die Schuldentilgung der Investitionen.
5. Es kommt zu demografisch bedingten Schließungen von Einrichtungen der Verwaltung, von Kindergärten, allgemeinbildenden Schulen und – mit entsprechender zeitlicher Verzögerung - von weiterführenden Schulen sowie von Einrichtungen der haushaltsnahen Infrastruktur, insbesondere bei den Freizeiteinrichtungen.
6. Die Segregation der Bevölkerung auf regionaler Ebene und innerhalb der Gemeinden in eine antochthone Gruppe mit überdurchschnittlicher Ausbildung und überdurchschnittlichem Einkommen und Vermögen auf der einen Seite und in verschiedene Bevölkerungsgruppen mit Migrationshintergrund auf der anderen wird durch die Abwanderung und Schrumpfung der deutschen Bevölkerung und die gleichzeitig wachsende Bevölkerung mit Migrationshintergrund verstärkt. Dabei sind die Konsequenzen für die Sozialhilfeausgaben umso größer, je stärker der Anteil der Bevölkerung mit Migrationshintergrund zunimmt.

Zusammenfassung

Deutschland ist seit 1972 in den Prozess der Bevölkerungsschrumpfung eingetreten, der bisher durch sehr hohe Einwanderungsüberschüsse überkompensiert wurde. Eine Fortsetzung der Praxis der kompensatorischen Zuwanderungspolitik würde in den nächsten 5 Jahrzehnten stark wachsende Einwanderungen erforderlich machen, weil sich das gegenwärtige Geburtendefizit bis 2050 mehr als verfünffacht. Die Einwanderung der letzten zwei Jahrzehnte war zum weitaus überwiegenden Teil eine „Einwanderung in die Sozialsysteme". Eine Fortsetzung dieser Praxis ist schon aus wirtschaftlichen Gründen nicht mehr möglich, deshalb muss eine gewisse Schrumpfung hingenommen werden.

Auswirkungen auf verschiedenen Ebenen

Die Schrumpfung und gleichzeitige Alterung der Gesellschaft hat Wirkungen auf 4 Ebenen:

1. Regionale Ebene
Es entstehen Disfunktionalitäten im Leistungsangebot der Verwaltung, das Wirtschaftswachstum wird geschwächt mit negativen Folgen für die Steuereinnah-

men bei gleichzeitig wachsender Belastung der kommunalen Finanzen durch den Sozialetat.

2. Soziale Ebene
Die wachsenden Interessengegensätze zwischen den Generationen und zwischen den Bevölkerungsgruppen mit und ohne Nachkommen führen zu gesellschaftlichen Entsolidarisierungsprozessen bei gleichzeitig zunehmender sozialer Abhängigkeit. Die Verwandtschaftsnetze als Träger der Primärleistungen im Bereich der Pflege und als letztes Netz im Fall existenzieller Not werden durch die zunehmende Kinderlosigkeit geschwächt.

3. Gesellschaftliche Ebene
Als Folge der massenhaften Einwanderungen nehmen die Integrationsprobleme zu, die Gesellschaft entwickelt sich zu einer Multiminoritätengesellschaft, bei der die deutsche Bevölkerung in Großstädten bei den unter 40-jährigen zu einer Minderheit unter anderen Minoritäten wird.

4. Wirtschaftliche Ebene
Es entwickeln sich Kapitalentwertungs- und Desinvestitionsprozesse als Folge stagnierender Nachfrage und wachsenden Sozialkonsums für die soziale Sicherung mit der Folge niedriger Wachstumsraten des Volks- und Pro-Kopf-Einkommens. Die demografische Alterung führt zu einem dramatisch zunehmenden Verteilungsstress zwischen den Bevölkerungsgruppen.

5. Internationale Ebene
Das Durchschnittsalter der Bevölkerung ist und bleibt in den Entwicklungsländern wesentlich niedriger als in den Industrieländern, aber der Altenquotient nimmt in den meisten Entwicklungsländern prozentual stärker zu als in den Industrieländern. Die Lösung der demografisch bedingten Probleme der sozialen Sicherung durch kapitalgedeckte Zusatzversicherungen und durch Kapitalexport aus den Industrieländern in die Niedriglohnländer bringt für beide Ländergruppen Vorteile. Die internationale Konkurrenz bei der Platzierung des Anlagekapitals an hochrentablen Standorten verschärft jedoch das internationale Verteilungsproblem. Die Weltbevölkerung altert als Ganzes, deshalb lassen sich die demografisch bedingten Probleme der sozialen Sicherung nicht aus der Welt schaffen, sondern nur geografisch anders verteilen.

Literatur

Der Nachdruck dieses Beitrages erfolgt mit der freundlichen Genehmigung der Herbert-Quandt-Stiftung. Die Erstveröffentlichung erschien mit zusätzlichen Schaubildern in: Herbert Quandt-Stiftung (Hrsg.): Sinclair-Hausgespräche 22 – Gesellschaft ohne Zukunft? Bevölkerungsrückgang und Überalterung als politische Herausforderung, Bad Homburg 2004, S. 12ff.

Birg, H. / Filip, D. / Flöthmann E.-J. / Frein, Th. (1997): Zur Eigendynamik der Bevölkerungsentwicklung der 16 Bundesländer im 21. Jahrhundert, Materialien des Instituts für Bevölkerungsforschung und Sozialpolitik, Bd. 42, Bielefeld.

Birg, H. (2000): An Approach for Forecasting Life Expectancy and its Application in Germany. In: Zeitschrift für Bevölkerungswissenschaft, Nr. 1, S. 175 – 198.

Birg, H. (2003): Die demografische Zeitenwende – Der Bevölkerungsrückgang in Deutschland und Europa, C.H. Beck, 3. Aufl., München.

Bundesamt für Bauwesen und Raumordnung (Hrsg.) (2002): Aktuelle Daten zur Entwicklung der Städte, Kreise und Gemeinden, Bd. 14, Bonn.

Statistisches Bundesamt (Hrsg.) (2003): 10. koordinierte Bevölkerungsvorausberechnung, Wiesbaden.

Christoph Butterwegge

Legendenbildung zur Bevölkerungsentwicklung – Wie die Demografie den Um- bzw. Abbau des Wohlfahrtsstaates und die Privatisierung sozialer Risiken rechtfertigt

Einleitung

Über die Demografie und damit verbundene Probleme wie den Geburtenrückgang, abnehmende Fertilitätsraten oder den Bevölkerungsschwund wurde in Deutschland seit dem Zweiten Weltkrieg noch nie ähnlich rege diskutiert wie gegenwärtig. Dabei erscheint die demografische Entwicklung im öffentlichen, Medien- und Fachdiskurs fast ausnahmslos als Krisen- bzw. Katastrophenszenario, das zu einer Anpassung der sozialen Sicherungssysteme (Kürzung von Leistungen, Verschärfung der Anspruchsvoraussetzungen und Privatisierung von Risiken) zwingt. Wie man hierzulande über den demografischen Wandel schreibt und spricht, hat mehr mit dem gegenwärtigen Um- bzw. Abbau des Sozialstaates (Einführung der so genannten Riester-Rente, „Agenda 2010" von Bundeskanzler Gerhard Schröder, Verabschiedung der so genannten Hartz-Gesetze, Umsetzung von Ergebnissen der Rürup-Kommission, Gesundheitsreform 2004 usw.) sowie den dahinterstehenden Interessen mächtiger Gruppen zu tun als mit der realen Entwicklung. Zu klären ist deshalb, wo es sich in Wirklichkeit gar nicht um soziodemografische Veränderungen handelt, auf die Politik und Parteien natürlich mit den richtigen Konzepten reagieren müssen, sondern wo der viel beschworene demografische Wandel zum „demografischen Schwindel" gerät, also missbraucht wird, um bestehende Machtverhältnisse zu zementieren oder sich ökonomische Vorteile zu verschaffen (Kühn 2004: 742 ff.).

Stereotype der Alternativlosigkeit: Argumentationsmuster zur Begründung der angeblichen Notwendigkeit für den Um- bzw. Abbau des Sozialstaates

Politiker rechtfertigen ihre Pläne für einen Um- bzw. Abbau des Sozialstaates fast unisono mit vermeintlichen Sachzwängen. Sie greifen selten auf normative Aussagen oder programmatische Zielsetzungen (ihrer Parteien) zurück, rekurrieren vielmehr im Sinne einer „Konstruktion der Alternativlosigkeit" auf von ihnen nicht oder nur sehr schwer beeinflussbare Entwicklungsprozesse, an die sie vorgeben, den Wohlfahrtsstaat anpassen zu müssen (Nullmeier / Rüb 1993: 49 f.; Bleses u.a.1997: 523 ff.). Als wichtigste Ursachen der Krise, in welcher sich der moderne Sozialstaat zweifellos befindet (Butterwegge 2006), gelten seinen liberalkonservativen Kritikern folgende Schwachstellen bzw. Entwicklungsdeterminanten:

Übertriebene Großzügigkeit/Generosität:
Der deutsche Wohlfahrtsstaat sei, heißt es, in seiner Leistungsgewährung zu freigiebig, was ihn in historisch unbekannter Weise aufgebläht habe, aber finanziell zunehmend überfordere und das Gegenteil des eigentlich Intendierten bewirke. Arbeitslosigkeit und Armut könnten nicht mehr wirksam bekämpft werden, weil es sich für die Betroffenen kaum lohne, noch einer Erwerbstätigkeit nachzugehen, wenn sich die Höhe ihrer Entgeltersatzleistungen auf demselben Niveau bewege.

Massenhafter Leistungsmissbrauch:
Da es keine wirksamen Kontrollen gebe, lasse sich kaum verhindern, dass Menschen von Sozialleistungen profitieren, die gar nicht anspruchsberechtigt seien. Gemäß der „Logik des kalten Büfetts" bediene man sich auch dann, wenn kein ernsthafter Hilfebedarf existiere. So würden zum Beispiel bestimmte medizinische Behandlungen nur deshalb in Anspruch genommen, weil der Arztbesuch für gesetzlich Krankenversicherte (nach Entrichtung der Praxisgebühr in Höhe von 10 EUR pro Quartal) kostenfrei sei.

Globalisierungsprozess und Standortschwäche:
Infolge der scharfen Weltmarktkonkurrenz müsse der kränkelnde „Standort D" entschlackt und der Sozialstaat „verschlankt" werden, wolle man die internationale Konkurrenzfähigkeit der Wirtschaft und das erreichte Wohlstandsniveau halten. Andernfalls lasse die staatliche Bürokratie den Marktkräften immer weniger Raum, um ihre Dynamik zu entfalten, wodurch Deutschland noch weiter zurückfalle.

Demografischer Wandel und mangelnde Generationengerechtigkeit:
Langfristig „vergreise" die Bundesrepublik aufgrund der sinkenden Geburtenrate und der steigenden Lebenserwartung, was das ökonomische Leistungspotenzial des Landes schwäche und die sozialen Sicherungssysteme (Gesetzliche Renten-, Pflege- und Krankenversicherung) überfordere. Dem könne nur durch eine (Teil-)Privatisierung auf der Beitrags- sowie mit einer Leistungsreduzierung auf der Kostenseite begegnet werden. Sonst bleibe, wie es heißt, die Generationensolidarität zwischen Jungen und Alten auf der Strecke.

Diesen größtenteils „interessierten" von erklärten Gegnern des Sozialstaates gezielt verbreiteten Missverständnissen und groben Fehleinschätzungen gegenüber ist Folgendes geltend zu machen:

Die empirische Wohlfahrtsstaatsforschung weist nach, dass die Bundesrepublik – entgegen den hierzulande dominierenden Medienbildern wie dem stark davon geprägten Massenbewusstsein – keineswegs den „großzügigsten“ europäischen Sozialstaat besitzt, sondern hinsichtlich ihrer Leistungsgewährung im direkten Vergleich mit den übrigen 14 „alten“ EU-Staaten seit der kapitalistischen Weltwirtschaftskrise 1974/76, vor allem jedoch nach dem Regierungswechsel Schmidt/Kohl im Herbst 1982 weit zurückgefallen ist und heute höchstens noch im unteren Mittelfeld (Platz 8 oder 9) rangiert. „Bis zum Ende der siebziger Jahre belegte Deutschland im internationalen Vergleich führende bis deutlich überdurchschnittliche Positionen, sank aber im Verlauf der achtziger und neunziger Jahre auf durchschnittliche bis unterdurchschnittliche Plätze ab.“ (Alber 1998: 209). Wie schon Mitte der 1970er-Jahre wird knapp ein Drittel des Bruttoinlandsprodukts für Soziales ausgegeben. Trotz des starken Anwachsens der Arbeitslosigkeit (von damals einer Million im Altbundesgebiet auf heute ca. 4,5 Millionen im vereinten Deutschland) und der immensen Kosten des Vereinigungsprozesses ist die Sozialleistungsquote seither überhaupt nicht gestiegen, was der Behauptung den Boden entzieht, in den vergangenen Jahren habe sich die Sozialbürokratie wie ein Krebsgeschwür ausgebreitet.

Auch der Missbrauch des Wohlfahrtsstaates durch nicht Anspruchsberechtigte hält sich trotz zahlloser Berichte (vor allem der Boulevardpresse) über spektakuläre Einzelfälle, wie etwa der BILD-Zeitung zu „Florida-Rolf“, „Viagra-Kalle“ oder „Mallorca-Karin“, sowie ausgeprägter Vorurteile bezüglich sozialer Randgruppen, die existenziell auf Sozialleistungen angewiesen sind, und des plumpen Stammtischgeredes über „Sozialschmarotzer“ in engen Grenzen. Alle seriösen Studien gelangen zu dem Schluss, dass es sich bei dem beklagten Leistungsmissbrauch weder um ein *Massen*phänomen handelt noch der Sozialstaat dadurch finanziell „ausgezehrt“ wird (Lamnek u.a. 2000; Wogawa 2000). Vielmehr lenkt man von einem vermutlich signifikant höheren Missbrauch in anderen Bereichen (Subventionsschwindel und manipulierte Einkommenssteuererklärungen von Besserverdienenden bzw. Kapitaleigentümern) ab.

Leistungskürzungen sind keine „Sozialreform“, sondern ein Rückfall ins vorletzte Jahrhundert, als die Gesellschaft ihre Mitglieder aufgrund mangelnder Ressourcen noch nicht vor allgemeinen Lebensrisiken zu schützen vermochte. Heute ist sie so reich wie nie und der Wohlfahrtsstaat für die Gesellschaft insgesamt und erst recht für sozial Benachteiligte unverzichtbar (Butterwegge 1999: 497 ff.). Gerade die Bundesrepublik, deren stark exportorientierte Volkswirtschaft zu den Hauptgewinner(inne)n des Globalisierungsprozesses zählt, kann sich einen hoch entwickelten Sozialstaat aufgrund ihres kontinuierlich wachsenden Wohlstandes, der allerdings immer ungleicher verteilt ist, nicht nur weiterhin leisten, sondern darf ihn auch nicht abbauen, wenn sie einerseits die Demokratie und den inneren Frieden bewahren sowie andererseits konkurrenzfähig bleiben will. Denn selbst im Rahmen der neoliberalen Standortlogik gibt es gute Gründe für eine – im Vergleich zu anderen, weniger erfolgreichen „Wirtschaftsstandorten“ – expansive Sozialpolitik. Dass diese auch im viel beschworenen „Zeitalter der Globalisierung“ möglich ist, bestätigen neoliberale Ökonomen wie C. Christian von Weizsäcker, der eine „nationale Autonomie der Sozialpolitik“ konstatiert und daraus die Notwendigkeit einer Vielzahl von unterschiedlichen Konzepten zur Lösung der anstehenden Probleme ableitet: „Es gibt keinen Anpassungs- oder Harmonisierungsdruck in der Sozialpolitik zwischen den verschiedenen Staaten in der globalen Marktwirtschaft.“ (Weizsäcker 1999: 69).

Die demografischen Entwicklungsperspektiven werden in Öffentlichkeit und Medien zu einem wahren Schreckensszenario verdüstert (Bosbach 2006: 59 ff.). Dabei fehlen gar keine Babys, sondern Beitragszahler/innen, die man etwa durch eine konsequente(re) Bekämpfung der Arbeitslosigkeit, die Erhöhung der Frauenerwerbsquote, die Erleichterung der Zuwanderung und/oder die Erweiterung des Kreises der Versicherten gewinnen kann.

Wenn die Bevölkerungswissenschaft zur Scharlatanerie und Demografie zur Ideologie wird

Während die meisten Fachleute mit Blick auf die Entwicklungsländer der so genannten Dritten Welt eine „Bevölkerungsexplosion“ prognostizieren und dort die Anwendung rigidester Maßnahmen der Geburtenkontrolle empfehlen (Hummel 2000), prophezeien sie der Bundesrepublik umgekehrt eine Verschiebung der Altersstruktur hin zu Senior(inn)en und Hochbetagten, die in einen „Bevölkerungsschwund“ mündet. „Überalterung“ und „Schrumpfung“ der hiesigen Bevölkerung gelten als Hauptprobleme, die durch Zuwanderung höchstens abgemildert, jedoch nicht einmal ansatzweise gelöst werden können. So spricht Herwig Birg von einem „demographisch bedingten Desaster“ und bezeichnet die Bundesrepublik als „demographisches Pleiteunternehmen“, dessen Gläubiger „unsere Kinder“ seien (Birg 1997: 70). Birg gehört zu jenen Bevölkerungswissenschaftlern, die den demografischen Wandel seit vielen Jahren dramatisieren und so tun, als handle es sich dabei um ein kaum lösbares Problem. Für ihn hängt die ökonomische auf das Engste mit der demografischen Globalisierung zusammen: „Im Verlauf des Globalisierungsprozesses polarisiert sich die Welt immer mehr in eine kleine Gruppe von wirtschaftlich starken Ländern mit demographischer Stagnation oder Schrumpfung und in eine wesentlich größere Ländergruppe mit Bevölkerungswachstum und niedriger Wirtschaftskraft.“ (Birg 2001: 30). Die (nationalkonservativ bzw. neoliberal ausgerichtete) Bevölkerungswissenschaft ist vor allem über die „altersbedingte Erhöhung der Lohnnebenkosten und die daraus folgende demographisch bedingte Verschlechterung der Wettbewerbsposition des Standorts Deutschland" besorgt (Birg 1997: 66). So sehen Roland und Andrea Tichy die deutsche Volkswirtschaft in einer „Altersfalle", der sie – wenn überhaupt – nur mit Mühe zu entkommen vermag (Tichy 2001).

Zwar altert die Bevölkerung der Bundesrepublik und nimmt nach 2020 zumindest der Tendenz nach deutlich ab, wenn keine weniger restriktive Migrationspolitik gemacht wird, als sie das am 1. Januar 2005 in Kraft getretene Zuwanderungs(begrenzungs)gesetz vorsieht. Allerdings erscheint ein Rückgang von 82,5 Millionen Einwohner(inne)n heute auf 75,1 Millionen Menschen im Jahr 2050, wie ihn das Statistische Bundesamt in der (mittleren) Variante 5 seiner 10. koordinierten Bevölkerungsvorausberechnung erwartet (Statistisches Bundesamt 2003), nicht eben Furcht einflößend. Schließlich wäre die Bundesrepublik damit nach wie vor eines der am dichtesten besiedelten Länder der Welt.

Die demografische Entwicklung kann nur bis zu einem bestimmten Grad wissenschaftlich exakt prognostiziert werden. Manche „bevölkerungswissenschaftliche" Prognose ist eher Prophetie als exakte Berechnung künftiger Entwicklungsprozesse. Mit dieser Form der Mathematik bzw. der Statistik wird Politik gemacht. Prognosen über einen Zeitraum von einem halben Jahrhundert oder mehr sind kaum seriös. 50-Jahres-Prognosen hält der Kölner Statistikprofessor Gerd Bosbach für „moderne Kaffeesatzleserei", was er an Beispielen aus der Vergangenheit illustriert. Hätte jemand 1950 die Bevölkerungszahl der Bundesrepublik im Jahr 2000 schätzen sollen, wären ihm maßgebliche Einflussfaktoren entgangen: die Erfindung und Verbreitung der Antibabypille; die Anwerbung bzw. der Zuzug von Millionen ausländischen Arbeitskräften samt ihren Familien; Individualisierung und Pluralisierung der Lebensstile (Trend zur Kleinfamilie und zum Single-Dasein); der Nieder- und Untergang der DDR; die Öffnung der Grenzen im Osten einschließlich der Zuwanderung von Millionen Aus- und Übersiedlern sowie die Vereinigung Deutschlands am 3. Oktober 1990. „Noch deutlicher wird die Problematik, wenn wir annehmen, im Jahre 1900 sei eine 50-Jahres-Prognose gewagt worden. Es wären schlicht zwei Weltkriege übersehen worden!" (Bosbach 2004: 98). Da grenzt es schon fast an Scharlatanerie, wenn DIE ZEIT (v. 2.1.2003) prophezeit, die Deutschen würden „in 100 Jahren" auf 25 Millionen Menschen schrumpfen[1].

Martin R. Textor referiert Berechnungen, wonach auf 100 potenzielle Beitragszahler/innen im Jahr 2033 ebenso viele Rentner/innen kommen und kommen-

---

[1] Vgl. zu dieser erst in jüngster Vergangenheit revidierten Grundposition der liberalen Wochenzeitung im Demografie-Diskurs: Behrend 2002: 473.

tiert: „Daß diese Entwicklung zu stark ansteigenden Beitragssätzen führen muß, ist offensichtlich.“ (Textor 1997: 23). Der britische Wirtschaftsjournalist Paul Wallace spricht in seinem Buch „Altersbeben“ von einer „Rentenfalle“, welche demografisch bedingt sei und für Staaten wie die Bundesrepublik nur zwei Auswege offen lasse: „Entweder die Beiträge steigen drastisch, oder die Renten müssen radikal gekürzt werden.“ (Wallace 1999: 187). Dass es sich hierbei um eine sozialpolitische Milchmädchenrechnung handelt und die dritte Möglichkeit, bisher überhaupt nicht beitragspflichtige Gruppen (Selbstständige, Freiberufler, Beamte, Abgeordnete und Minister) in die Gesetzliche Rentenversicherung einzubeziehen, die Beitragsbemessungsgrenze anzuheben und/oder den Bundeszuschuss zu erhöhen, ausgeblendet wird, übersieht oder unterschlägt Wallace. Uwe Fachinger und Heinz Rothgang weisen demgegenüber darauf hin, dass die Einnahmen der Gesetzlichen Rentenversicherung vom Beitragssatz, der Anzahl ihrer Mitglieder (Versicherten), den jeweiligen durchschnittlichen Beitragsbemessungsgrundlagen und der Höhe des Bundeszuschusses abhängen: „Die Zahl der Beitragszahler, d.h. die Zahl der versicherungspflichtig Beschäftigten, der registrierten Arbeitslosen, der freiwillig Versicherten und der Krankengeldbezieher sowie deren jeweiliges durchschnittliches beitragspflichtiges Einkommen wiederum werden vor allem von der Arbeitsmarkt- sowie der Lohn- und Gehaltsentwicklung geprägt. Nachgelagert sind dann weitere Determinantengruppen, zu denen neben der gesamtwirtschaftlichen Situation, dem Arbeitsangebotsverhalten und den gesetzlichen Regelungen auch die *Demographie* zu zählen ist.“ (Fachinger 1997: 816). Zwischen demografischer Entwicklung und GRV-Einnahmen besteht also kein unmittelbarer Zusammenhang.

Wer die Renten kürzen will, verweist zur Begründung trotzdem gern auf die wachsende Zahl der älteren Menschen, die von den Erwerbstätigen (wegen ihrer steigenden Lebenserwartung länger als früher) mit ernährt werden müssen. Häufig heißt es dann mit Hinweis auf die Alterspyramide, die Pilzform angenommen habe, bald müsse jeder Arbeitnehmer für einen Rentner aufkommen. Dabei verschlechtert sich diese Relation seit langem ständig, ohne dass dies den kontinuierlichen Ausbau des Sozialstaates bis 1974/75 verhindert hätte, und künftig ist nur noch das letzte Teilstück eines sehr langen Weges dieser demografischen Veränderungen zurückzulegen. „Vor über hundert Jahren kamen auf eine Person über 65 Jahre rund zwölf Erwerbsfähige. 2000 sind es gerade noch vier. (...) Der Lebensstandard ist jedoch in den letzten 100 Jahren deutlich gestiegen.“ (Ver.di-Bundesvorstand 2003: 8). Auch wird der „Verschlechterung des Alten- oder Alterslastquotienten“ (Anteil der von den mittleren Jahrgängen zu versorgenden Menschen, die nicht mehr erwerbstätig sind) keineswegs, wie es die intellektuelle Redlichkeit geböte, die sie aufgrund einer sinkenden Geburtenrate begleitende „Verbesserung des Jugendquotienten“ (Anteil der von den mittleren Jahrgängen zu versorgenden Menschen, die noch nicht erwerbstätig sind) gegenübergestellt.

Sich daraus ergebende Einsparungen bei Kindergärten, Schulen, Hochschulen und in der Jugendhilfe müssten jedoch gleichfalls in Rechnung gestellt werden, will man die Belastung der erwerbstätigen Generation ermitteln. Für mehr Rentner/innen kann diese aufkommen, ohne finanzielle Einbußen zu erleiden, wenn Lohn oder Gehalt stärker als die daraus resultierende Belastung steigen. Entscheidend dafür, ob die Möglichkeit zur Kompensation der „Altenlast" besteht, ist die Höhe der Arbeitsproduktivität. Wenn man bedenkt, dass sich bei einem Produktivitätsanstieg von nur 1,5 % pro Jahr und Erreichen der Vollbeschäftigung ab 2010 das Realeinkommen bis 2050 verdoppeln würde, kann von einer Überforderung der Gesellschaft durch den demografischen Wandel keine Rede sein: „Die Versorgungsleistungen können (...) aus dem Produktivitätswachstum bestritten werden, ohne dass die zu Versorgenden oder die Erwerbstätigen den Gürtel enger schnallen müssen." (Hein u. a. 2004: 296).

Eine „statische Betrachtungsweise", die Veränderungen der Demografie von der wissenschaftlich-technischen Innovation und Wachstumsprozessen der Ökonomie ablöst, ignoriert für das Resultat zentrale Zusammenhänge: „Die Leistungsfähigkeit eines heutigen Beschäftigten wird auch für das Jahr 2050 unterstellt." (Bosbach 2004: 101). Von älteren Menschen spricht man in einer Markt-, Hochleistungs- und Konkurrenzgesellschaft, die nach betriebswirtschaftlichen Effizienzkriterien modernisiert wird, zunehmend als „Kostenfaktor auf zwei Beinen", d.h. als finanzieller Belastung für die jüngeren Bürger/innen. „Begriffe wie Alters*last*, Rentner*berg* oder gar Rentner*schwemme* spiegeln noch deutlicher wider, dass in der öffentlichen Diskussion der Alterungsprozess der Bevölkerung als etwas Negatives dargestellt wird, obgleich aus Sicht des Einzelnen eine steigende Lebenserwartung doch etwas Positives und Erstrebenswertes ist – sicherlich auch für die jetzt Jungen –, vor allem wenn das Altwerden und Altsein zugleich mit einem guten Gesundheitszustand einhergeht." (Schmähl 2001: 180). Der Bremer Sozialforscher Winfried Schmähl zeigt, dass die übliche Gegenüberstellung von Jüngeren bzw. Erwerbstätigen als „ökonomisch Aktiven" und „ökonomisch inaktiven" Älteren ein Klischee ist. (Schmähl 2001: 188 ff.).

Gerd Bosbach fragt ketzerisch, ob mit demografischen Sachzwängen nicht von einem aktuellen Schauplatz der gesellschaftlichen Auseinandersetzungen abgelenkt werden soll, wo die Arbeitgeber mit der Androhung von Werksverlagerungen und Massenentlassungen schmerzhafte Konzessionen seitens der Belegschaften, Betriebsräte und Gewerkschaften im Streit um mehr Öffnungsklauseln in Tarifverträgen, um die Verlängerung der Wochenarbeitszeit sowie um Lohnverzicht erzwingen: „Will man die Löhne und Gehälter der Arbeitnehmer langfristig von der Teilhabe am Produktivitätsfortschritt abkoppeln? Dann wären die Arbeitnehmer tatsächlich nicht so leicht in der Lage, die Versorgung der Jungen und Älteren zu übernehmen. Das hätte allerdings weniger mit den ‚unausweichlichen‘ Folgen des Alterungsprozesses zu tun, sondern wäre eine bewusste politische Entscheidung hinsichtlich der Verteilung des gesellschaftlichen Reichtums.“ (Bosbach 2004: 103).

Abgesehen davon, dass die Prognosen der Bevölkerungswissenschaft über einen längeren Zeitraum selten zutrafen, weil z.B. die Zuwanderungsraten stark stiegen (Hradil 2001: 387), ist ein demografischer Fatalismus bzw. Defätismus schon deshalb unangebracht, weil der Wohlfahrtsstaat im Allgemeinen und die Gesetzliche Rentenversicherung im Besonderen auf einem Grundkonsens darüber beruhen, welcher Teil des Bruttoinlandsprodukts für Soziales ausgegeben wird und welche Gesellschaftsschichten wie viel ihres Primäreinkommens dafür abzweigen müssen. Während die Sozialleistungsquote (Anteil der Sozialausgaben am Bruttoinlandsprodukt) heute genauso hoch oder niedrig ist wie 1975, als die Arbeitslosenzahl im Altbundesgebiet zum ersten Mal die Millionengrenze überschritt, war die Gewinnquote (über 30 % des Bruttoinlandsprodukts) noch nie so hoch und die Reallohnquote (unter 70 %) noch nie so niedrig wie heute.

„Generationengerechtigkeit“ – ein sinnvolles Leitbild der Sozialpolitik?

Der seit 1957 bewährte Generationenvertrag (lohn- und beitragsbezogenes Umlageverfahren in der Gesetzlichen Rentenversicherung) wird unter Hinweis auf den demografischen Wandel zum Auslaufmodell erklärt, das Kapitaldeckungsprinzip als vermeintlich „demografieresistent“ geradezu glorifiziert. Nach der berühmten Mackenroth-These wird aber jeder Sozialaufwand bzw. jede Rente aus der aktuellen Wertschöpfung bestritten. „Bei jedem Finanzierungssystem wird entschieden, welche Belastungen die Jüngeren durch Einbußen im Konsum haben und welche Belastungen auf die Älteren durch Minderung ihrer Rentenansprüche zukommen. Beim Umlageverfahren erfolgt diese Entscheidung über den politisch-demokratischen Prozess, bei kapitalfundierten Systemen über 'anonyme‘ Marktprozesse.“ (Bäcker / Koch 2003: 116). Dabei zeigte das Tief der Aktienkurse nach den Terroranschlägen in New York und Washington am 11. September 2001, wie problematisch es ist, mit der „Riester-Rente“ auf die Börse und private Vorsorge zu setzen, wenn es um die langfristige Stabilität und Verlässlichkeit der Alterssicherung geht. Kaum von der Hand zu weisen ist die Vermutung, dass sich hinter der Forderung nach mehr „Generationengerechtigkeit“ handfeste Interessen verbergen und Finanzmarktakteure gute Chancen für profitable Geschäfte mit ihren Produkten wittern, wenn die Angst weiter um sich greift, dass kollektive Vorsorgemaßnahmen dem/der Einzelnen keinen ausreichenden Schutz mehr bieten.

Am 25. Oktober 1999 bezeichnete der SPIEGEL die „Generationengerechtigkeit" als „Kampfbegriff von morgen". Studien zur materiellen Situation von Rentner(inne)n handelte er unter dem Titel „Reiche Senioren" ab. Als „gierige Generation", meint Bernd W. Klöckner, lebten die Alten auf Kosten der Jungen. Er spricht von „Ruhestandsluxus" und beklagt das Selbstbewusstsein sowie die Reiselust deutscher Rentner/innen: „Ob Mallorca, Gran Canaria oder Costa del Sol: die Masse der heute Alten hat offensichtlich keinerlei Grund zu klagen." (Klöckner 2003: 107/108)[2].

Das in den Massenmedien häufig gezeichnete Bild einer *inter*generationalen Kluft zwischen Arm und Reich hält einer empirischen Überprüfung allerdings nicht stand: Rentnerhaushalte weisen auf der Ebene bedarfsgewichteter Haushaltseinkommen eine viel geringere Wohlstandsposition auf als Arbeitnehmerhaushalte, was die Hypothese mangelnder „Generationengerechtigkeit" jedenfalls zu Lasten der mittleren Jahrgänge widerlegt (Bäcker / Koch 2003: 113). Auch dürfte sich die Struktur der Armutspopulation etwa infolge der starken Zunahme diskontinuierlicher Erwerbsverläufe, der zahlreichen Kürzungen im Sozialbereich (so genannte Riester-Reform, die neuerliche Senkung des Rentenniveaus durch das so genannte Nachhaltigkeitsgesetz, Erhöhung des Kranken- und Pflegeversicherungsbeitrages vor allem der Betriebsrentner sowie die Verringerung des so genannten Schonvermögens von Langzeitarbeitslosen durch Hartz IV und der Beiträge zur Rentenversicherung, welche für sie entrichtet werden), aber auch von Scheidungen und der Anzahl nicht eigenständig gesicherter Frauen künftig wieder in Richtung der Senior(inn)en verschieben (Welzk 2006: 707). Gleichwohl tut man so, als sei der Antagonismus zwischen Kapital und Arbeit durch einen neuen Grundwiderspruch, nämlich zwischen Jung und Alt, abgelöst und Klassenkampf durch einen „Krieg der Generationen" ersetzt worden. Hierbei handelt es sich um eine mediale Dramatisierung des gesellschaftlichen Verteilungskampfes, die – auf dem Rücken von Rentner(inne)n ausgetragen – von den eigentlichen Problemen, etwa der ungerechten Einkommens- und Vermögensverteilung, ablenkt (Schäfer 1999: 63 ff.).

Man versteht jetzt, warum Massenmedien der Armut von Kindern, die es auch in einem so reichen Land wie der Bundesrepublik gibt, große Aufmerksamkeit schenken (Butterwegge u.a. 2005). Da heute die Gruppe der Rentner/innen nicht mehr in so hohem Maße wie etwa Kinder und Jugendliche unter 18 Jahren von Armut betroffen ist, konstruiert man ein Wohlstandsgefälle zwischen Alt und Jung. Kinderarmut wird benutzt, um die Jüngeren gegen die Älteren auszuspielen und letzteren einen Verzicht auf Einkommenszuwächse oder Leistungskür-

---

[2] Nur am Rande sei vermerkt, dass die Lebenshaltungskosten dort zum Teil niedriger sind als in der Bundesrepublik.

zungen abzuverlangen. Die soziale Polarisierung, Folge der Globalisierung bzw. einer Umstrukturierung fast aller Gesellschaftsbereiche nach dem Vorbild des Marktes, wirkt sich jedoch auf jede Altersgruppe gleich aus: Armut geht mit wachsendem Wohlstand und vermehrtem Reichtum einher; wenn man so will, bildet sie dessen Kehrseite. Es gab noch nie so viele Haushalte ohne materielle Sorgen und auch noch nie so viele Kinder mit einem riesigen Vermögen wie heute. Um mehr Freibeträge und damit Steuervorteile für sich bzw. die eigene Familie zu erlangen, übertragen reiche Eltern einen Teil ihres Vermögens kurz nach der Geburt auf ihre Kinder. Die soziale Scheidewand trennt also nicht Jung und Alt, sondern verläuft immer noch, wenn nicht mehr denn je zwischen Arm und Reich – unabhängig vom Lebensalter!

Als vorrangiges Ziel der Sozialreformen wurde in Gerhard Schröders Regierungserklärung vom 14. März 2003 („Agenda 2010“), im Gutachten der so genannten Rürup-Kommission vom 28. August 2003 sowie im Koalitionsvertrag zwischen CDU, CSU und SPD vom 18. November 2005 die „Generationengerechtigkeit“ benannt. Darunter versteht man die Forderung nach einer fairen Aufteilung der Ressourcen und Lasten zwischen den Generationen (beispielsweise im Hinblick auf die Finanzierung der sozialen Sicherungssysteme). Rentenkürzungen sind aber kein Beitrag zur „Generationengerechtigkeit“, sondern verschärfen die soziale Ungleichheit, zumal vor allem viele Frauen mit einer „bedarfsorientierten Grundsicherung im Alter“ auskommen müssen, die auf dem Sozialhilfeniveau liegt. „Nullrunden“ (Aussetzungen der Rentenanpassung) treffen gar nicht in erster Linie jetzige Rentner/innen, sondern Jahrgänge, die heute noch oder noch nicht erwerbstätig sind. Außerdem haben sie eher negative Folgen im Hinblick auf das bürgerschaftliche Engagement und die familialen Unterstützungsleistungen der Betroffenen, worunter die jüngeren Altersgruppen leiden würden (Kohli / Künemund 2003: 25). Die von der Rürup- wie von der Herzog-Kommission vorgeschlagene und am 1. Februar 2006 per Kabinettsbeschluss zeitlich vorgezogene Erhöhung des gesetzlichen Rentenzugangsalters von 65 auf 67 Jahre verschlechtert die Arbeitsmarktchancen der zukünftigen Generationen. Wer in den Ruf nach „Generationengerechtigkeit“ einstimmt, müsste eigentlich darum bemüht sein, dass auch die künftig Heranwachsenden noch einen hoch entwickelten Wohlfahrtsstaat und das bislang gewohnte Maß an sozialer Sicherheit vorfinden, statt diese weiter zu beschneiden und die Menschen einer privaten Daseinsvorsorge zu überantworten.

Bernd Raffelhüschen, seinerzeit Mitglied der Rürup-Kommission, plädiert für eine „Kombination von temporär moderaten Rentenkürzungen und langfristig verstärkter privater Altersvorsorge durch die Erwerbstätigen“, das „Einfrieren der Nominalrenten“ sowie das Absenken des Rentenniveaus auf eine „Grundsicherung“, die mit dem Äquivalenz- bzw. Leistungsprinzip unvereinbar und nur noch eine Basisrente zur Sicherung des Existenzminimums wäre. Gewinner und Verlierer/innen gibt es dabei angeblich nicht. Vielmehr verspricht Raffelhüschen, der die enormen Risiken einer kapitalgedeckten Alterssicherung (in den USA zu besichtigen) ignoriert, allen Beteiligten immense Vorteile eines verharmlosend „Ausgleichsreform" genannten Systemwechsels (Raffelhüschen 2001: 257).

Im Sommer 2003 entspann sich eine besonders perfide Diskussion über die mögliche Rationierung medizinischer Leistungen nach dem Lebensalter von Patient(inn)en. Bereits am 24. Oktober 2002 hatte Frank Drieschner in der ZEIT darüber räsoniert, wie der demografische Wandel auszugleichen sei: „Teure Transplantationen nur noch für junge Menschen, Zahnersatz auf Kassenkosten nur bei Abschluss einer Zusatzversicherung – das wären wirksame Maßnahmen. Aber wer will das hören?" Zwei Monate später verkündete Joachim Wiemeyer, Professor für Christliche Gesellschaftslehre an der Ruhr-Universität Bochum, in der *Herder-Korrespondenz*: „Es ist gerecht, bestimmte teure medizinische Leistungen ab einer bestimmten Altersgrenze nicht mehr vorzusehen, sondern sich in solchen Fällen etwa auf eine Behandlung akuter Schmerzen zu beschränken." In einem am 12. Juni 2003 veröffentlichten Interview sagte Friedrich Breyer, Professor für Volkswirtschaftslehre an der Universität Konstanz sowie Mitglied im Wissenschaftlichen Beirat des Bundesministeriums für Wirtschaft und Arbeit, dem *Rheinischen Merkur*, dass bei der Altersgrenze von 75 Jahren „ein deutlicher Spareffekt" eintrete, eher als bei 85 Jahren. Schließlich forderte Philipp Mißfelder, Vorsitzender der Jungen Union, am 3. August 2003 im Berliner *Tagesspiegel*, 85-Jährigen keine künstlichen Hüftgelenke mehr „auf Kosten der Solidargemeinschaft" einzusetzen, und löste damit eine kontroverse Diskussion auch in CDU und CSU aus.

Eine weitere Zuspitzung erfuhr die Debatte, als Jan Dittrich, Bundesvorsitzender der FDP-Nachwuchsorganisation „Junge Liberale" (JuLis), im Zusammenhang mit ungleichen Wohlstand der Generationen dokumentierenden Ergebnissen des 2. Armuts- und Reichtumsberichts der rot-grünen Bundesregierung am 4. März 2005 von der *Bild*-Zeitung mit der Feststellung „Die Alten leben auf Kosten der Jungen" sowie der Schlussfolgerung „Alte, gebt den Löffel ab!" zitiert und zum Rücktritt gezwungen wurde. Jörg Tremmel, Geschäftsführer der Stiftung für die Rechte zukünftiger Generationen, kam am 31. März 2005 in der ZEIT unter der Überschrift „Die fetten Jahre sind vorbei (...) aber nur für die Jüngeren" zu Wort. Dort beklagte er, dass der Sozialstaat in eine „neue Zweiklassengesellschaft" zerfalle, behauptete „Die Älteren verdienen von Jahr zu Jahr mehr – und leisten weniger" und forderte die Lockerung des Kündigungsschutzes für rentennahe Jahrgänge. Demnach läge eine solche Entrechtung bestimmter Arbeitnehmergruppen in deren eigenem Interesse: „Denn dann sind die arbeitswilligen fitten Senioren von morgen wahrhaft gleichberechtigt und haben bei Bewerbungen auf Neueinstellungen die gleichen Chancen wie die Jungen.“

Albrecht von Lucke spricht von einem „Generations-Darwinismus“, mit dem Jungmanager, smarte Karrieretypen und profilsüchtige Nachwuchspolitiker gegenwärtige und zukünftige Privilegien verteidigen. In dieser Art des Gerechtigkeitsbegriffs sieht er keinen Erkenntnisgewinn: „Die Kategorie der Generationszugehörigkeit liegt offensichtlich quer zu den Gerechtigkeitskriterien Bedürfnis, Bedürftigkeit und Leistung und kann schon deshalb kein hinreichendes Kriterium für Gerechtigkeit sein.“ (Lucke 2003: 1059). Auch unterscheidet sich das Alter von scheinbar ähnlichen Kategorien wie dem Geschlecht oder der Abstammung bzw. Herkunft dadurch, dass man zwar altert, aber in der Regel nicht das Geschlecht wechselt und die Abstammung/Herkunft für immer festliegt. Wenn man also Jüngere rechtlich, ökonomisch und/oder sozialpolitisch gegenüber Älteren schlechter stellt, gleichen sich die Nachteile im Verlauf eines Lebens wieder aus: „Jedes Sicherungssystem, das einen Unterschied aufgrund des Alters des Menschen macht und sie nach moralischen Kriterien scheinbar ungleich behandelt, verfährt im Zeitablauf durchaus moralisch. Denn alle Menschen werden über ihren Lebenszyklus hinweg gleich behandelt.“ (Christen u.a. 2003: 42).

Der deutsche Sozial(versicherungs)staat hat durch seine enge Bindung an die so genannte Normalbiografie, das Normalarbeitsverhältnis und die Normalfamilie insofern einen Altersbias, als die Leistungen im Lebensverlauf (Längsschnitt) ungleich auf die einzelnen Generationen verteilt sind (Butterwegge 2001: 53 ff.). Daraus folgt aber mitnichten, dass die Älteren den Sozialstaat und/oder die Jüngeren ausbeuten. Allerdings lässt eine Querschnittsbetrachtung, welche die Lage unterschiedlicher Altersjahrgänge vergleicht, außer Acht, „dass die jüngeren Generationen über ein wesentlich höheres Nettorealeinkommen als ihre Eltern verfügen und dass dieses Realeinkommen weiter wächst, selbst wenn in begrenztem Umfang eine prozentual erhöhte Abgabenbelastung erfolgt.“ (Oberhauser 2001: 212).

Durch das Schlagwort „Generationengerechtigkeit“ wird die soziale Spaltung unserer Gesellschaft biologisiert, auf ein Verhältnis zwischen unterschiedlichen Alterskohorten reduziert und relativiert. Das verkrampfte Bemühen um mehr „Generationengerechtigkeit“, der noch nie so viel Beachtung zuteil wurde wie heute, überdeckt die in *sämtlichen* Altersgruppen der ganzen Gesellschaft und der übrigen Welt drastisch wachsende soziale Ungleichheit. „Man gewinnt vielfach den Eindruck, dass die Fokussierung der Diskussion auf die Verteilung zwischen Kohorten ablenken soll von Fragen der Verteilung innerhalb von Kohorten.“ (Schmähl 2004: 51).

Auch das Urteil des Bundesverfassungsgerichts vom 3. April 2001 zur Pflegeversicherung, wonach Eltern geringere Sozialbeiträge als Kinderlose zahlen sollen, weil sie „neben dem Geldbeitrag einen generativen Beitrag zur Funktionsfähigkeit eines umlagefinanzierten Sozialversicherungssystems leisten", ging in die falsche Richtung. In dem „Ein Segen für die Familie" betitelten SPIEGEL-Artikel wurde sechs Tage später jedoch besonders gelobt, dass die Richter den Gesetzgeber zu einer passenden Antwort auf das „demografische Desaster" zwängen. „So pathetisch das klingen mag: Es geht um den Bestand des deutschen Volks." (SPIEGEL 2001: 102). Man forderte die Übertragung des Richterspruchs auf die Altersvorsorge und brachte, dem neoliberalen Zeitgeist entsprechend, Rente unmittelbar mit Rendite in Verbindung: „Kinder zu haben ist in der Rentenversicherung ein schlechtes Geschäft." (ebenda).

Mit dem BVerfG-Urteil zur Pflegeversicherung und der Forderung, seine Grundzüge auf die übrigen sozialen Sicherungssysteme zu übertragen, werden alle Menschen – unabhängig davon, welcher (Einkommens-)Schicht sie angehören – in ein benachteiligtes Lager (der Kinderreichen) und ein privilegiertes Lager (der Kinderlosen) eingeteilt. Dabei sind von der „Umverteilung" privat krankenversicherte Selbstständige und Beamte überhaupt nicht betroffen. Obwohl es das Urteil suggeriert, hängt das Fortexistieren der Pflegeversicherung sowenig wie die Funktionsfähigkeit der Gesetzlichen Rentenversicherung von der Biologie ab. Vielmehr handelt es sich in beiden Fällen um eine Frage der Ökonomie und der Politik. Ausschlaggebend ist letztlich, wie viel Reichtum die Volkswirtschaft erzeugt und auf wen er verteilt wird. Bei einer stagnierenden bzw. künftig sogar sinkenden Bevölkerungszahl müsste im Falle eines weiter nicht mehr explosionsartig, aber recht kontinuierlich wachsenden Bruttoinlandsprodukts für alle genug da sein.

Alle seriösen Berechnungen zeigen, dass sich die Folgen des demografischen Wandels für die Gesetzliche Renten-, Kranken- und Pflegeversicherung in Grenzen halten. (Arbeits-)Produktivität, Bruttoinlandsprodukt und Volkseinkommen wachsen parallel zu Veränderungen des Altersaufbaus der Bevölkerung. „Das heute erreichte Niveau sozialstaatlicher Leistungen basiert auf den Produktivitätssteigerungen der Vergangenheit, und die künftig weiter steigende Leistungsfähigkeit der wohlhabenden Volkswirtschaften ermöglicht bei sachgerechter Organisation von Produktion und Verteilung zumindest die Aufrechterhaltung des erreichten Sozialniveaus." (Zinn 1999: 80 f.).

Staatsverschuldung und „finanzpolitische Nachhaltigkeit"

Hans-Olaf Henkel, damals noch Präsident des Bundesverbandes der Deutschen Industrie (BDI), forderte in seinem Buch „Jetzt oder nie" ein „Bündnis für Nachhaltigkeit in der Politik", was er unter Hinweis „auf die Verantwortung für die Interessen unserer Kinder" begründete: „Wenn wir verhindern wollen, daß sich unsere Kinder dieser Generation als einer erinnern, die sich zu ihren Lasten ein bequemes Leben gemacht hat, dann müssen wir jetzt handeln und nicht erst morgen. Unsere Kinder brauchen eine Politik, die sich dem Prinzip der Nachhaltigkeit in allen Bereichen verpflichtet, nicht nur im Umweltschutz." (Henkel 1998: 12).

Nicht nur die Renten, sondern auch die öffentlichen Haushalte sind ins Visier von Experten geraten, die mehr „Generationengerechtigkeit" verlangen. So bemängelte Jörg Tremmel die seiner Ansicht nach unsolide Haushaltspolitik der Bundesregierung mit folgender Begründung: „Um den immer teurer werdenden Sozialstaat zu finanzieren, stellt die herrschende Generation ungedeckte Wechsel auf die Zukunft aus. Die Zeche zahlen eines Tages jene, die heute jung sind." (Tremmel 1996: 26). Neoliberale tun so, als hätten „zukünftige Generationen (...) hohe Schuldenberge" abzutragen, wozu sie weder willens noch in der Lage wären (Raffelhüschen 2001: 256). Dabei lastet dieser Schuldendienst nur auf einem Teil der kommenden Generationen; ein anderer erhält mehr Zinsen aus (geerbten) Schuldverschreibungen des Staates, als er selbst an Steuern zahlt und profitiert dadurch sogar von heutigen Budgetdefiziten.

Trotzdem verfängt die Argumentationsfigur von „Zechprellern zu Lasten unserer eigenen Kinder" (Raffelhüschen). Norbert Reuter weist demgegenüber nach, dass aus der Staatsverschuldung sowohl Forderungen wie Verbindlichkeiten resultieren und dass *beide* Größen an die nächste Generation „vererbt" werden. Blicke man getrennt auf die gegenwärtige oder auf die folgende Generation, liege „ein gesamtwirtschaftliches Nullsummenspiel vor. Mit einem Verweis auf kollektive finanzielle Belastungen künftiger Generationen lässt sich der gegenwärtige Abbau der Staatsverschuldung somit nicht begründen." (Reuter 2003: 85). Auch Richard Hauser hält Staatsverschuldung nur für problematisch, wenn Ausländer einen Großteil der Schuldtitel halten, was in der Bundesrepublik nicht der Fall ist. „Werden die Forderungen gegen den Staat aber ganz überwiegend von Inländern gehalten, dann findet durch die Zinszahlung nur eine intragenerationale Umverteilung von den Steuerzahlern zu den Forderungsbesitzern statt. Dies ist dann akzeptabel, wenn die Staatsschuld zur Finanzierung der Investitionen in die öffentliche Infrastruktur, d.h. zur Sachvermögensbildung des Staates, aufgenommen wurde und wenn die Belastung des Staatshaushalts durch Zinszahlungen nicht bestimmte Grenzen überschreitet." (Hauser 2004: 39).

Mit dem Satz „Wir haben den Staatshaushalt nur von unseren Kindern geborgt" begründet man die Übertragung des Prinzips der Nachhaltigkeit von der Umwelt- auf die Fiskalpolitik, ohne die verheerenden Konsequenzen eines solchen Schritts zu reflektieren. Durch die Instrumentalisierung der nachwachsenden Generationen unter Schlagworten wie „Nachhaltigkeit im finanzpolitischen Bereich" und „Generationengerechtigkeit" wird eine Politik der Haushaltskonsolidierung verklärt, die gerade für Kinder und Jugendliche nur negative Folgen zeitigt. Vorschulen, Schulen und Hochschulen fließen nicht mehr die nötigen Mittel zu, so dass die Qualität der Ausbildung schlechter zu werden droht. Sparmaßnahmen im Sozial-, Bildungs- und Gesundheitssystem verbauen im Namen der künftigen Generation eben jener die Zukunftsperspektiven.

Micha Brumlik macht auf einen wesentlichen Unterschied zwischen ökologischen und finanziellen Ressourcen aufmerksam: „Während zukünftige Generationen von einmal vernutzten fossilen Brennstoffen in der Tat nicht mehr Gebrauch machen können, stehen ihnen für die Beiträge, die sie zur Tilgung von Schulden für öffentliche Aufgaben zu leisten haben, in einer gerecht geordneten Gesellschaft nützliche Infrastrukturangebote gegenüber. Während die Vernutzung natürlicher Ressourcen mithin asymmetrisch zu Gunsten der Gegenwart verläuft, besteht bei Nutzung finanzieller Ressourcen im öffentlichen Rahmen eine gewisse Symmetrie." (Brumlik 1999: 1464). Auch wenn Geld im Jugendjargon „Kohle" heißt, hat es mit dieser wenig gemeinsam: Es wandert zwar von einer Tasche in die andere, verbrennt aber nicht.

Eine nicht nur verbal der „Generationengerechtigkeit" verpflichtete Politik müsste Norbert Reuter zufolge berücksichtigen, dass Schuldenabbau und der damit verbundene Rückzug des Staates aus wichtigen Bereichen unter den gegenwärtigen Bedingungen eine schwere Hypothek für künftige Generationen bedeuten würden, neben der die mittelfristig fortbestehende Staatsverschuldung das vergleichsweise kleinere Problem darstellt. Reuter konstatiert denn auch, „dass die Bekämpfung der Arbeitslosigkeit langfristig die beste Rentenpolitik darstellt." (Reuter 2003: 89).

Bevölkerungspolitik gegen den Geburtenrückgang und die „Vergreisung" der Bundesrepublik?

Ein neues Gespenst geht um in Europa: das Gespenst des Kindermangels, der „Vergreisung" und des „Generationenkrieges". Dabei wird so getan, als verwandle sich die Bundesrepublik Deutschland in ein Altenheim. Teilweise klagen dieselben Kreise, die während der Asyldiskussion zu Beginn der 90er-Jahre noch „Das Boot ist voll!" gerufen hatten, dass wir bald in einem „Land ohne

Leute“ lebten (ZEIT-Serie). Der emeritierte Bielefelder Sozialwissenschaftler Franz-Xaver Kaufmann spricht von einer „schrumpfenden Gesellschaft“, die ohne einen Paradigmenwechsel auf unterschiedlichen Politikfeldern zum Niedergang verurteilt wäre: „Nicht das Altern, sondern der absehbare und sich voraussichtlich beschleunigende Rückgang unserer Bevölkerung ist das zentrale demographische Problem.“ (Kaufmann 2005: 15).

Auf die der Öffentlichkeit am 6. Juni 2003 vom Leiter des Statistischen Bundesamtes präsentierte „10. koordinierte Bevölkerungsvorausberechnung“ reagierte fast die gesamte deutsche Presse tags darauf in einer an Panik grenzenden Weise: Von der *Frankfurter Allgemeinen Zeitung* (FAZ), die im Aufmacher eine „dramatische Alterung“ prophezeite und im Kommentar eine „konzise ‚Bevölkerungspolitik‘“ verlangte, über DIE WELT, deren Leitartikel „Kinder sind die Zukunft“ bei dem von den Nazis diskreditierten Begriff die Anführungszeichen wegließ und eine Halbierung des Rentenniveaus für notwendig erklärte, bis zur *tageszeitung* (taz), die – gewohnt salopp – „Deutsche sehen alt aus“ titelte und dem Thema eine ganze Seite widmete. In all diesen Gazetten kennzeichnete Apokalyptik die Berichterstattung, wie man sie sonst nur aus ultrarechten Publikationen kennt. Dort waren die beiden Überschriften der *Jungen Freiheit* (v. 20.6.2003) zum selben Thema denn auch nur noch ein wenig reißerischer. Sie lauteten: „Volk ohne Kinder“ und „Die Pyramide wird zum Grabstein. Deutschland 2050: Die Bevölkerungsvorausberechnung des Statistischen Bundesamtes bietet düstere Perspektiven“.

In jener Wochenzeitung, die als Sprachrohr der so genannten Neuen Rechten gilt, wird bereits seit Jahren die „demographische Apokalypse“ (*Junge Freiheit* v. 12.10.2001), das „demographische Dilemma“ (*Junge Freiheit* v. 23.5.2003) oder die „demographische Katastrophe“ (*Junge Freiheit* v. 20.6.2003) beschworen (Butterwegge 2002: 167 ff.). Worum es dieser Strömung geht, wenn sie nationale Töne anschlägt und Vorbilder der Vergangenheit rühmt, zeigt folgender Untertitel: „Die Familie als Risiko. In Deutschland fehlt der Mut zu einer aktiven Bevölkerungspolitik“ (*Junge Freiheit* v. 31.10.2003). Man sieht durch die Migration „dramatische demographische Verschiebungen“ heraufkommen und beklagt die zunehmende Überfremdung deutscher Großstädte: „Geburtenfreudige Ausländergruppen ersetzen die vergreisende deutsche Ur-Bevölkerung.“ (*Junge Freiheit* v. 2.7.2004).

In der *Berliner Zeitung* vom 2./3. Februar 2002 schrieb Maritta Tkalec unter der Schlagzeile „Deutschland ohne Kinder“ über „die durchaus effektive ‚Bevölkerungspolitik‘ zwischen 1933 und 1945“ sowie den „Jahrzehnte währenden Gebärstreik“ deutscher Frauen danach und mutmaßte: „Der Grund, warum moderne, individualisierte Gesellschaften offenbar dazu neigen, sich durch Verzicht auf Fortpflanzung binnen weniger Jahrzehnte selbst auszulöschen, liegt keinesfalls in Mangel an Wohlstand, eher im Zuviel davon." Am 28. April 2003 machte WELT-Herausgeber Dieter Stolte in einem „Zeitbombe Demographie" genannten Beitrag ein „Anspruchsdenken, das den Wohlstand und das Glück des Einzelnen über das Gemeinwohl" stelle, für die vielen Gefahren verantwortlich, von denen Deutschland in diesem Jahrhundert bedroht sei: „Sie ergeben sich als Folge eines demographischen Wandels, der unsere bisherigen sozialen Sicherungssysteme infrage stellt und einen Generationenkonflikt zur Folge haben wird." Am 14. August 2003 machte DIE ZEIT mit dem Thema „Wo sind die Kinder? – Im Land der Egoisten: kein Nachwuchs, keine Rente" auf. In einem Heft, das am 4. September 2003 erschien und dessen Titelbild die Überschrift „Die vergreiste Republik" trägt und einen Baum mit verdorrten und aus Gesichtszügen alternder Menschen zusammengesetzten Ästen zeigt, veröffentlichte das Magazin *Stern* einen Artikel „Wir haben ein Problem", an dessen Beginn steht: „Deutschland vergreist. Immer weniger Junge müssen für immer mehr Alte sorgen. Wenn wir nichts ändern, bricht unser ganzer Staat zusammen." James W. Vaupel warnte am 8. April 2004 in der FAZ unter der Überschrift „Deutschlands größte Herausforderung" davor, „schmerzhafte Anpassungen in den Sozial- und Gesundheitssystemen zu vertagen", und forderte über die „Agenda 2010" der Bundesregierung hinausgehende „radikale Veränderungen".

Die konservative Wochenzeitung *Rheinischer Merkur* titelte am 31. Juli 2003 auf Seite 1: „Kinder für das Land. Generationenvertrag: Eine neue Bevölkerungspolitik muss her". Am 5. Januar 2004 erschien der SPIEGEL mit einem Baby in schwarz-rot-goldenen Windeln auf der Titelseite, das eine Hantel voll älterer Menschen stemmt, unter der Überschrift: „Der letzte Deutsche. Auf dem Weg zur Greisenrepublik". In dem dazu gehörenden Artikel „Land ohne Lachen" wird kritisiert, dass Bevölkerungspolitik in Berlin (gemeint: nach 1945) kaum je auf der Tagesordnung stand. Susanne Mayer warb in einem Artikel „Her mit den Kindern!", den DIE ZEIT am 4. März 2004 veröffentlichte, für ein „Projekt Junges Deutschland", das Bevölkerungspolitik zu machen bedeute: „Bevölkerungspolitik heißt, den Menschen offen zu sagen, dass wir mehr Kinder brauchen – und zu diesem Zweck alle Kräfte bündeln müssen."

Fast bis zur Hysterie steigerte sich der Demografie-Diskurs, als die Nachrichtenagentur dpa, gestützt auf die Präsentation einer Studie „Die demografische Lage der Nation. Wie zukunftsfähig sind Deutschlands Regionen?" des Berlin-Instituts für Bevölkerung und Entwicklung, eine später ohne vergleichbare Resonanz korrigierte Meldung verbreitete, die Bundesrepublik verzeichne „seit über 30 Jahren" die niedrigste Geburtenrate der Welt. Da erschien die BILD-Zeitung (v. 15.3.2006) mit der Schlagzeile „Baby-Schock! Die wenigsten Geburten seit 1945: In 12 Generationen sind wir Deutschen ausgestorben". In dem

Artikel wurde Herwig Birg, als „Deutschlands bekanntester Bevölkerungswissenschaftler" vorgestellt, mit den Worten zitiert: „2100 wird die Zahl der Deutschen auf 46 Mio. geschrumpft sein, 2300 liegen wir bei 3 Mio., also kurz vorm Aussterben." Als wüsste jemand heute schon, was bis dahin alles passiert und wie es sich auf die Einwohnerzahl der Bundesrepublik – falls diese dann überhaupt noch existiert – auswirkt! Während die FAZ am selben Tag unter dem Titel „Schwundland. Ab heute ist es amtlich. Wenn wir nicht teilen, sterben wir aus" die Rentner/innen dazu aufrief, für Migrantenkinder zu sorgen, machte der *Kölner Stadt-Anzeiger* am 16. März 2006 mit der Schlagzeile „Deutschland fehlen die Kinder. Niedrigste Geburtenrate weltweit – Ostdeutsche wandern massiv ab" auf.

Gerd Bosbach mokierte sich damals über die von den Massenmedien beinahe im Minutentakt verbreiteten Falschmeldungen: „Zur Zeit scheint es fast einen Wettbewerb um die dramatischste Meldung zu geben, der Wahrheitsgehalt ist Nebensache." (Bosbach 2006: 64). Darüber hinaus hob Bosbach hervor, dass hinter demografischen Horrorszenarien handfeste Interessen, etwa das Gewinnstreben und die Profitgier großer Versicherungskonzerne, stehen (Müller 2006: 291 ff.). So titelte das Nachrichtenmagazin *Stern* am 23. März 2006 „Weniger Kinder, weniger Rente. Wovon sollen wir später leben? Was jeder tun kann" und gab für die Gesellschaft „mehr arbeiten", „mehr Kinder", mehr sparen", „mehr Einwanderer", „mehr Wachstum" und „mehr Bildung" sowie für das einzelne Individuum „gesetzliche Rente", „betriebliche Vorsorge", „Riester-Rente", „Wohneigentum", „Lebensversicherung" und „Wertpapiere" zur Antwort. Am 24. Mai 2006 befasste sich der *Stern* unter dem Titel „Die graue Revolution" erneut mit dem demografischen Wandel und seinen Folgen. An den Artikel schloss sich unmittelbar ein 40-seitiges *Stern*-Journal „Altersvorsorge: Sechs Schritte zur sicheren Rente" an, das mehrere Anzeigen von Banken, Investmentfonds und Versicherungskonzernen für Produkte zur privaten Altersvorsorge enthielt. Zu einer Zeit, wo prominente Moderatoren öffentlich-rechtlicher Rundfunksendungen wie Reinhold Beckmann oder Johannes B. Kerner für Kapitalmarktprodukte werben, schwinden auch die Hemmungen, den Menschen einerseits Angst vor Armut im Alter zu machen und sie andererseits gegen gute Bezahlung in die Hände von Geschäftemachern zu treiben.

Seit die Geburtenrate in der Bundesrepublik gegen Ende der 60er-/Anfang der 70er-Jahre nicht zuletzt wegen einer Verbesserung der Methoden und Einführung neuer Mittel zur Empfängnisverhütung (Antibabypille) sinkt, versucht man, eine pronatalistische Bevölkerungspolitik wieder hoffähig zu machen. Frauen- wird auf Familienpolitik reduziert (Kahlert 2006: 18 ff.), letztere wiederum zur Bevölkerungspolitik umfunktioniert. Neben begrenzter Zuwanderung wird meist aktive Geburtenförderung favorisiert, die eine weitere Schrumpfung der Population aufhalten oder umkehren bzw. für eine ausgeglichene Bevölkerungsbilanz sorgen soll.

Aus neoliberaler Perspektive erscheint die demografische Entwicklung als ökonomisches Problem, das durch Geburtenförderung, Humankapitalbildung sowie die Mobilisierung von Innovationskraft und Beschäftigungspotenzialen gelöst werden muss. Hans-Werner Sinn, Präsident des Instituts für Wirtschaftsforschung (ifo) an der Universität München, setzt auf eine aktive Bevölkerungspolitik zur Problembewältigung: „Wenn es gelänge, die Geburtenraten auf ein Niveau anzuheben, wie es eine stationäre Bevölkerung kennzeichnet, dann ließe sich die Bevölkerung allmählich wieder verjüngen. Das Rentenproblem würde sich lösen, der Arbeitsmarkt würde stabilisiert, und unser Land würde wieder zu der Dynamik bei der Wirtschaft und Wissenschaft zurückkehren, die es einmal besaß.“ (Sinn 2003: 369 f.). Um dieses Ziel zu erreichen, will Sinn die Fertilitätsrate mittels finanzieller Anreize für Familien, aber auch mittels gezielter Sanktionen für Kinderlose steigern. Sinn empfiehlt die Staffelung von Altersrenten (und Pensionen) nach der Kinderzahl und eine Rentenkürzung für Kinderlose auf die Hälfte der „normalen“ Höhe: „Wer keine Kinder hat und insofern zu wenig tut, um seine eigene Rente im Umlagesystem zu sichern, muss die Konsequenzen tragen und selbst auf dem Wege der Ersparnis für Ersatz sorgen.“ (Sinn 2003: 369 f.). Demjenigen, der keine Kinder in die Welt setzt und großzieht, kann man laut Sinn eine drastische Rentenkürzung zumuten. Altersrenten sollten seiner Meinung nach bloß deshalb „nicht auf Null reduziert“ werden, weil dadurch „ihre ökonomische Hauptfunktion als Schutz gegen die ökonomischen Konsequenzen der Kinderlosigkeit“ negiert und unberücksichtigt gelassen würde, dass Kinderlose wenigstens über den Familienlastenausgleich mit zur Finanzierung der Kinder anderer beitrügen: „Doch erscheint beim durchschnittlichen Rentenbezieher eine Kürzung der Rente auf die Hälfte (?!) als angebracht. Nur wer mindestens drei Kinder großzieht und durchschnittliche Beiträge gezahlt hat, dem kann die umlagefinanzierte Rente im bisher erwarteten Umfang erhalten bleiben.“ (Sinn 2003a: 85).

Es handelt sich hier um neoliberalen Unsinn, der allerdings Methode hat. Kinder werden nämlich als Privateigentum bzw. Humankapital ihrer Eltern betrachtet, das (im Hinblick auf die Rente) eine Rendite zu erbringen hat. Sinns Konzeption beruht auf einer „biologischen Produktionstheorie“, die so tut, als sei die menschliche Fortpflanzung der Ursprung eines wachsenden gesellschaftlichen Reichtums, aus dem steigende Altersrenten letztlich stammen, was mit den Verhältnissen einer modernen, auf Kapital- und Wissensakkumulation basierenden Volkswirtschaft jedoch kaum in Einklang steht: „Offensichtlich orientiert sich die ‚biologische Produktionstheorie‘ am Muster der archaischen vorindustriellen Subsistenzwirtschaft, ganz so, als wäre die Familie noch immer auch Produktionsbetrieb und Trägerin der sozialen Sicherung." (Ebert 2003: 103). Moralisch sind die Konsequenzen des Sinn'schen Vorschlags ohnehin kaum vertretbar: Während die Frauen im so genannten Dritten Reich mit dem Mutterkreuz belohnt wurden, wenn sie vier, sechs und acht (oder mehr) Kinder zur Welt gebracht hatten, kann man die „Gebärverweigerung" in einer Demokratie nicht Jahrzehnte später mit Altersarmut bestrafen.

Auch wenn man nicht explizit von „Bevölkerungspolitik" spricht, geht es um die „Überwindung der Geburtenkrise", wie es Max Wingen, im Januar 2005 verstorbener Nestor einer konservativen, von der christlichen Soziallehre inspirierten Familienpolitik nennt (Wingen 2004). In etablierten (Fach-)Kreisen dürfte sich „nachhaltige Familienpolitik" als weniger anstößige Bezeichnung durchsetzen. Diese verwischt die entscheidende Trennlinie: Eine pronatalistische Bevölkerungspolitik ist darauf gerichtet, den Kinderwunsch durch materielle Anreize und/oder geistige Beeinflussung junger Menschen (Frauen) zu stärken bzw. hervorzubringen, während sich Familienpolitik grundsätzlich damit begnügt, die gesellschaftlichen Rahmenbedingungen zu verbessern, sodass der *vorhandene* Kinderwunsch erfüllt werden kann.

Neben dem quantitativen spielt auch der qualitative Pronatalismus wieder eine wachsende Rolle. *Bild am Sonntag* zitierte Daniel Bahr, den Sprecher der FDP-Bundestagsfraktion für demografische Entwicklung und Mitglied des Bundesvorstandes seiner Partei, am 23. Januar 2005 mit den Worten: „In Deutschland kriegen die Falschen die Kinder. Es ist falsch, daß in diesem Land nur die sozial Schwachen die Kinder kriegen." Bahr hatte weiter gesagt: „Wir brauchen mehr Kinder von Frauen mit Hochschulabschluß als von jenen mit Hauptschulabschluß." Auch der SPIEGEL (v. 12.9.2005) klagte in einem Artikel unter dem Titel „Generation Kinderlos", besonders Akademiker/innen blieben oft ohne Nachwuchs: „Die Elite der Republik reproduziert sich nicht." Selbst als besonders seriös geltende Juristen fallen heute wieder in den NS-Jargon zurück. So spricht der Arbeitsrechtler Klaus Adomeit politisch Klartext, wenn er konstatiert: „Deutschland bringt zu wenig Kinder hervor. (...) Auch ist mehr und mehr ein nicht nur quantitatives, sondern qualitatives Baby-Defizit zu befürchten, weil studierte intelligente Frauen am ehesten berufliche Optionen der Mutterschaft vorziehen." (Adomeit 2004: 19 f.).

Dass die öffentlich an den Pranger gestellten Akademikerinnen überhaupt nicht „in den Gebärstreik" getreten waren, sondern zahlreichen Medienberichten unzureichende oder falsche Daten zugrunde lagen (Schmidt / Wagner 2006; Schwentker 2006), ging fast ganz unter. Es blieb jedoch nicht bei fragwürdigen Pressemeldungen; vielmehr reagierte die schwarz-rote Bundesregierung auf Alarmrufe hinsichtlich der mangelnden Fruchtbarkeit von Hochqualifizierten, indem sie das Erziehungsgeld ab 1. Januar 2007 durch das Elterngeld ersetzte. Offenbar war es der Großen Koalition weniger wichtig, die Armut *von* als die Armut *an* Kindern zu bekämpfen (Butterwegge 2006a: 159 ff.). Vor allem hoch qualifizierte Frauen sollten durch finanzielle Anreize zur Familiengründung motiviert werden. „Mit dem Elterngeld will man bewusst auch besser verdienende Eltern anregen, wieder mehr Kinder zu bekommen. Man erhofft sich davon, dass auch die Gruppe mit der vermeintlich besseren genetischen Disposition einen höheren Beitrag zur demografischen Entwicklung leistet." (Reiche 2006: 5).

Der über weite Strecken pseudoaufklärerische, gängige Klischees und Stereotype des Demografie-Diskurses eher zementierende als zerstörende Bestseller „Das Methusalem-Komplott" des FAZ-Mitherausgebers Frank Schirrmacher enthält zahlreiche Biologismen. Da ist beispielsweise von älteren Menschen die Rede, „die ihr biologisches Programm nicht erfüllt haben oder nicht erfüllen konnten." (Schirrmacher 2004: 64). „Hass auf das Alter und die Angst vor ihm" werden als „Urgewalten" bezeichnet, „die uns beherrschen, wie einst die absolutistischen Tyrannen unsere Ahnen beherrschten." (Schirrmacher 2004: 63). Schöne junge Menschen erscheinen Schirrmacher hingegen als „Botschafter des Fortpflanzungsauftrags", die in unseren Augen „besonders intakt" seien (Schirrmacher 2004: 161). Richtig ist, dass die Gesellschaft eine andere Einstellung zum Alter gewinnen und vermitteln muss, falsch wäre es jedoch, den Demografie-Mythos im Stil eines schwülstigen Kulturpessimismus zu reproduzieren, wie dies Schirrmacher tut: „Über der Welt jenseits des Jahres 2010 liegt aus heutiger Sicht etwas von mittelalterlicher Todes- und Verfallsatmosphäre, von Ursünde und Strafe." (Schirrmacher 2004: 56).

Schirrmacher, der auch in seinem Buch „Minimum. Vom Vergehen und Neuentstehen unserer Gemeinschaft" überall „fundamentale biologische Prozesse" am Werk sieht, die das Fortpflanzungsverhalten der Menschen durch „Urinstinkte" steuern (Schirrmacher 2006: 119), führt den angeblichen moralischen Verfall unmittelbar auf Kindermangel zurück: „Je seltener wir Kinder sehen, desto deutlicher sinkt der Wunsch nach ihnen. Und je weniger Kinder wir haben, desto geringer wird der Anteil altruistischer oder moralischer Ökonomie in unserer Gesellschaft." (Schirrmacher 2006: 75). Nachdem er seiner Besorgnis über die Schrumpfung der Bevölkerung wiederholt Ausdruck verliehen hat, glorifiziert Schirrmacher geradezu die Familie – für ihn eine „Urgewalt", „Überlebensfabrik" und „Schutz-" bzw. „Schicksalsgemeinschaft", der er aufgrund ihrer ungebrochenen Vitalität und wegen ihres segensreichen Wirkens nach dem Zweiten Weltkrieg vertraut: „Auch heute muss sich Deutschland um den Wiederaufbau bemühen, aber die Einbruchstelle ist nun die Familie selbst, diejenige Institution, die damals die existenzielle Kraft fand, das Land wieder neu zusammenzusetzen – sollte das, was schon einmal gelang, nicht noch einmal möglich sein?" (Schirrmacher 2006: 26).

Wenn die Familie zum Fetisch, das Kind zum Kultobjekt und die Mutterschaft zum Mythos (gemacht) wird, hört die Gesellschaft auf, freiheitlich-liberal, republikanisch-demokratisch und auf die Selbstverwirklichung der Individuen orientiert zu sein. Nachdem Altbundeskanzler Helmut Schmidt unter dem Titel „Wir brauchen Mut" in der ZEIT (v. 19.6.2005) das „dramatische Absinken der Geburtenrate" als „wichtigste der europäischen Krankheitsursachen" bezeichnet hatte, forderte ein Leserbriefschreiber zwei Wochen später, die Verschreibungspraxis von Kontrazeptiva einschneidend zu verändern: „Die Ausgabe empfängnisverhütender Mittel für Frauen muss an die Bedingung von mindestens zwei vorhandenen Kindern geknüpft werden. (Auf die Ausgabe von Kondomen kann ja angesichts von Aids zurzeit nicht verzichtet werden.)" Eine pronatalistische Bevölkerungspolitik ist nicht nur der falsche Weg, um den Wohlstand des Landes zu mehren, sondern führt, wie man sieht, am Ende auch fast zwangsläufig zur Rücknahme wichtiger Errungenschaften der Frauenemanzipation. Daher gefährdet die Instrumentalisierung der Demografie neben dem Sozialstaat auch die Gleichstellung der Geschlechter und die Demokratie.

Literatur

Adomeit, Klaus (2004): Die Agenda 2010 und das Arbeitsrecht. Eine Reform im Kampf gegen Widerstände, München.

Alber, Jens: Der deutsche Sozialstaat im Licht international vergleichender Daten. In: Leviathan 2/1998, S. 209.

Bäcker, Gerhard / Koch, Angelika (2003): Die Jungen als Verlierer? – Alterssicherung und Generationengerechtigkeit. In: WSI-Mitteilungen 2/2003.

Behrend, Hanna (2002): „Deutschland gehen die Kinder aus". Familie in der ZEIT. In: Das Argument 247.

Birg, Herwig (1997): Bevölkerungsentwicklung, Alterung und Einwanderungen in Deutschland – Entwicklung seit dem Zweiten Weltkrieg und Ausblick auf das 21. Jahrhundert. In: Weber, Albrecht (Hg.): Einwanderungsland Bundesrepublik Deutschland in der Europäischen Union: Gestaltungsauftrag und Regelungsmöglichkeiten, Osnabrück.

Birg, Herwig (2001): Die demographische Zeitenwende. Der Bevölkerungsrückgang in Deutschland und Europa, München.

Bleses, Peter / Offe, Claus / Peter, Edgar (1997): Öffentliche Rechtfertigungen auf dem parlamentarischen „Wissensmarkt“ – Argumentationstypen und Rechtfertigungsstrategien in sozialpolitischen Bundestagsdebatten. In: Politische Vierteljahresschrift 3/1997, S. 523 ff.

Bosbach, Gerd (2004): Demografische Entwicklung – nicht dramatisieren! In: Gewerkschaftliche Monatshefte 2/2004.

Bosbach, Gerd (2006): Demographische Entwicklung – Realität und mediale Aufbereitung. In: Berliner Debatte Initial, 3/2006.

Brumlik, Micha (1999): Freiheit, Gleichheit, Nachhaltigkeit. Zur Kritik eines neuen Grundwerts. In: Blätter für deutsche und internationale Politik, 12/1999.

Butterwegge, Christoph (1999): Globalisierung, Neoliberalismus und Sozialstaat. In: Neue Sammlung 4/1999.

Butterwegge, Christoph (2001): Wohlfahrtsstaat im Wandel. Probleme und Perspektiven der Sozialpolitik, 3. Auflage, Opladen.

Butterwegge, Christoph (2002): Stirbt „das deutsche Volk“ aus? – Wie die politische Mitte im Demografie-Diskurs nach rechts rückt. In: ders. u. a.: Themen der Rechten – Themen der Mitte. Zuwanderung, demografischer Wande und Nationalbewusstsein. Opladen.

Butterwegge, Christoph / Klundt, Michael / Zeng, Matthias (2005): Kinderarmut in Ost- und Westdeutschland. Wiesbaden.

Butterwegge, Christoph (2006): Krise und Zukunft des Sozialstaates. 3. Aufl., Wiesbaden.
Butterwegge, Christoph (2006a): Sozialpolitik paradox: Besserverdienenden werden begünstigt. Elterngeld und bessere Absetzbarkeit von Kinderbetreuungskosten. In: Soziale Sicherheit 5/2006.

Christen, Christian / Michel, Tobias / Rätz, Werner (2003): Sozialstaat. Wie die Sicherungssysteme funktionieren und wer von den „Reformen“ profitiert, Hamburg.

Ebert, Thomas (2003): Beutet der Sozialstaat die Familien aus? – Darstellung und Kritik einer politisch einflussreichen Ideologie, in Butterwegge, Christoph / Klundt, Michael (Hg.): Kinderarmut und Generationengerechtigkeit. Familien- und Sozialpolitik im demografischen Wandel, 2. Auflage, Opladen.

Fachinger, Uwe / Rothgang, Heinz (1997): Zerstört der demographische Wandel die Grundlagen der sozialen Sicherung? Auswirkungen auf die Einnahmen und Ausgaben der gesetzlichen Renten-, Kranken- und Pflegeversicherung. In: Zeitschrift für Sozialreform 11-12/1997.

Hauser, Richard (2004): Generationengerechtigkeit, Volksvermögen und Vererbung. In: Burmeister, Kai / Böhning, Björn (Hg.): Generationen & Gerechtigkeit, Hamburg.

Hein, Eckhard / Mülhaupt, Bernd / Truger, Achim (2004): WSI-Standortbericht 2004: Demographische Entwicklung – ein Standortproblem? In: WSI-Mitteilungen 6/2004.

Henkel, Hans-Olaf (1998): Jetzt oder nie. Ein Bündnis für Nachhaltigkeit in der Politik, Berlin.

Hradil, Stefan (2001): Bevölkerungsentwicklung und Gesellschaftsveränderung in den kommenden Jahrzehnten. In: Gegenwartskunde 3/2001.

Hummel, Diane (2000): Der Bevölkerungsdiskurs. Demographisches Wissen und politische Macht, Opladen.

Kahlert, Heike (2006): Emanzipation in der schrumpfenden Gesellschaft. Der Geburtenrückgang im Fokus der aktuellen Debatten über den demographischen Wandel im deutschen Wohlfahrtsstaat. In: Berliner Debatte Initial 3/2006.

Kaufmann, Franz-Xaver (2005): Schrumpfende Gesellschaft. Vom Bevölkerungsrückgang und (von) seinen Folgen. Frankfurt am Main.

Klöckner, Bernd W. (2003): Die gierige Generation. Wie die Alten auf Kosten der Jungen abkassieren. Frankfurt am Main.

Kohli, Martin / Künemund, Harald (2003): Der Alters-Survey: die zweite Lebenshälfte im Spiegel repräsentativer Daten. In: Aus Politik und Zeitgeschichte 20/2003.

Kühn, Hagen (2004): Demographischer Wandel und demographischer Schwindel. Zur Debatte um die gesetzliche Krankenversicherung. In: Blätter für deutsche und internationale Politik 6/2004, S. 742 ff.

Lamnek, Siegfried / Schäfer, Wolfgang J. (2000): Tatort Sozialstaat: Schwarzarbeit, Leistungsmissbrauch, Steuerhinterziehung und ihre (Hinter-)gründe, Opladen.

Lucke, Albrecht von (2003): Generationengerechtigkeit als Kampfbegriff. In: Blätter für deutsche und internationale Politik 9/2003.

Müller, Albrecht (2006): Machtwahn. Wie eine mittelmäßige Führungselite uns zugrunde richtet. München.

Nullmeier, Frank / Rüb, Friedbert (1993): Die Transformation der Sozialpolitik. Vom Sozialstaat zum Sicherungsstaat. Frankfurt am Main/New York.

Oberhauser, Alois (2001): Die vermeintlich arme jüngere Generation. In: Becker, Irene / Ott, Notburga / Rolf, Gabriele (Hg.): Soziale Sicherung in einer dynamischen Gesellschaft. Festschrift für Richard Hauser zum 65. Geburtstag, Frankfurt am Main/New York.

Raffelhüschen, Bernd (2001): Eine Generationenbilanz der deutschen Wirtschafts- und Sozialpolitik. In: Lambsdorff, Otto Graf (Hg.): Freiheit und soziale Verantwortung. Grundsätze liberaler Sozialpolitik. Frankfurt am Main.

Reiche, Steffen (2006): Bildungsgerechtigkeit statt elitärer Geldgeschenke. Das Elterngeld befördert Mitnahme-Effekte, aber keine Gerechtigkeit. In: spw – Zeitschrift für Sozialistische Politik und Wirtschaft 148.

Reuter, Norbert (2003): Generationengerechtigkeit als Richtschnurz der Wirtschaftspolitik? In: Butterwegge, Christoph / Klundt, Michael (Hg.): Kinderarmut und Generationengerechtigkeit. Familien- und Sozialpolitik im demografischen Wandel, 2. Auflage, Opladen.

Schäfer, Claus (1999): Von massiven Verteilungsproblemen zu echten Wettbewerbsnachteilen? – Daten, Fakten und Argumente zur Entmythologisierung der „Standort"-Debatte. In: Butterwegge, Christoph / Kutscha, Martin / Berghahn, Sabine (Hg.): Herrschaft des Marktes – Abschied vom Staat? Folgen neoliberaler Modernisierung für Gesellschaft, Recht und Politik, Baden-Baden.

Schirrmacher, Frank (2004): Das Methusalem-Komplott, 8. Auflage, München.

Schirrmacher, Frank (2006): Minimum. Vom Vergehen und Neuentstehen unserer Gemeinschaft, München.

Schmähl, Winfried (2001): Generationenkonflikte und „Alterslast". Einige Anmerkungen zu Einseitigkeiten und verengten Perspektiven in der wissenschaftlichen und politischen Diskussion. In: Becker, Irene / Ott, Notburga / Rolf, Gabriele (Hg.): Soziale Sicherung in einer dynamischen Gesellschaft. Festschrift für Richard Hauser zum 65. Geburtstag, Frankfurt am Main/New York.

Schmähl, Winfried (2004): „Generationengerechtigkeit" und Alterssicherung. Oder: Wie ein vieldeutiges Konzept einseitig instrumentalisiert wird. In: Burmeister, Kai / Böhning, Björn (Hg.): Generationen & Gerechtigkeit, Hamburg.

Schmitt, Christian / Wagner, Gert G. (2006): Der Untergang des Abendlands fällt aus. Die Kinderlosigkeit von Akademikerinnen wird überbewertet. In: Frankfurter Rundschau v. 26.5.2006.

Sinn, Hans-Werner (2003): Ist Deutschland noch zu retten? 4. Auflage, München 2003.

Sinn, Hans-Werner (2003a): Das demographische Defizit. Die Fakten, die Folgen, die Ursachen und die Politikimplikationen. In: Leipert, Christian (Hg.): Demographie und Wohlstand. Neuer Stellenwert für Familie in Wirtschaft und Gesellschaft, Opladen.

Spiegel (2001): Ein Segen für die Familie, 9.4.2001, S. 102.

Statistisches Bundesamt (2003): Bevölkerung Deutschlands bis 2050. 10. koordinierte Bevölkerungsvorausberechnung, Pressemitteilung vom 6.6.2003, Wiesbaden, („mittlere") Variante 5.

Schwentker, Björn (2006): Pokerspiele an der Wiege. Akademikerinnen sind im Gebärstreik? Nein. Die Statistik ist fehlerhaft. Und der Bundesrat verhindert exakte Erhebungen. In: Die ZEIT v. 14.6.2006.

Textor, Martin R. (1997): Bevölkerungsentwicklung: Konsequenzen für Gesellschaft und Politik. In: ders. (Koord.): Sozialpolitik, Aktuelle Fragen und Probleme, Opladen.

Tichy, Roland und Andrea (2001): Die Pyramide steht kopf. Die Wirtschaft in der Alterungsfalle und wie sie ihr entkommt, München / Zürich.

Tremmel, Jörg (1996): Der Generationsbetrug. Plädoyer für das Recht der Jugend auf Zukunft, Frankfurt am Main.

Ver.di-Bundesvorstand (Hg.) (2003): Mythos Demografie, Berlin.

Wallace, Paul (1999): Altersbeben. Wie wir die demografische Erschütterung in Wirtschaft und Gesellschaft meistern werden, Frankfurt am Main/New York.

Weizsäcker, C. Christian von (1999): Logik der Globalisierung, Göttingen.

Welzk, Stefan (2006): Die „Alterskatastrophe" und der Absturz der Renten. In: Blätter für deutsche und internationale Politik, 6/2006.

Wingen, Max (2004): Die Geburtenkrise ist überwindbar. Wider die Anreize zum Verzicht auf Nachkommenschaft. Graftschaft.

Wogawa, Diane (2000): Missbrauch im Sozialstaat. Eine Analyse des Missbrauchsarguments im politischen Diskurs, Wiesbaden.

Zinn, Karl Georg (1999): Sozialstaat in der Krise. Zur Rettung eines Jahrhundertprojekts. Berlin.

Harald Künemund

Politische und gesellschaftliche Partizipation der zukünftigen Älteren

Einleitung

Alter hat als Thema Konjunktur. Diese Konjunktur hält nun schon seit über 20 Jahren an (vgl. Kondratowitz 1990), aber sie gewinnt offenbar noch immer an Fahrt. Der hauptsächliche Grund für diese Konjunktur liegt ohne Zweifel in den demografischen Veränderungen, dem Altern der Gesellschaft: Die absolute Zahl älterer Menschen hat zugenommen und ihr Anteil an der Gesamtbevölkerung ist gestiegen. Diese Entwicklung wird noch voranschreiten und in den kommenden Jahrzehnten besondere Probleme aufwerfen. Die gesellschaftlichen und ökonomischen Folgen der demografischen Entwicklung werden besonders deutlich, wenn man die künftige Relation der Altersgruppen zueinander betrachtet. Der „Alterslastquotient", das Verhältnis der Bevölkerung über 64 Jahre zur Bevölkerung im Alter zwischen 18 und 64 Jahren, steigt im Verlauf von nur drei Jahrzehnten von 25 auf knapp 44 %. Kommen heute auf jede Person im Ruhestandsalter noch rund vier Personen im erwerbsfähigen Alter, sind es nach dem Jahr 2030 nur noch zwei.

Die Problematik betrifft aber nicht nur die zumeist im Mittelpunkt der Diskussion stehende Finanzierung der Renten und Pensionen, sondern insbesondere auch den Bereich der Betreuung hilfe- und pflegebedürftiger Personen sowie die Finanzierung der Leistungen des Gesundheitssystems. Wenn Anzahl und Anteil der Älteren an der Gesamtbevölkerung stark zunehmen, werden auch die Anzahl und – bezogen auf die Gesamtbevölkerung – der Anteil der älteren Hilfe- und Pflegebedürftigen steigen. Die gegenwärtig festzustellende Zunahme der Scheidungen und die höheren Quoten von Alleinlebenden und Unverheirateten sowie der Rückgang der durchschnittlichen Kinderzahl und die steigende Kinderlosigkeit können dann zu Engpässen im Unterstützungspotenzial der zukünftigen Älteren führen, denn dies sind in erster Linie (Ehe-)Partner und Kinder. Zugleich könnte – so eine häufig geäußerte Befürchtung – die Bereitschaft und Fähigkeit zur Übernahme von Pflege- und Betreuungsleistungen abnehmen, nämlich durch den Trend zur Individualisierung und Pluralisierung der Lebensformen, durch eine steigende Erwerbsbeteiligung der Frauen, durch ein späteres Ausscheiden aus dem Erwerbsleben oder durch die vielfach geforderte höhere Mobilität und Flexibilität der Erwerbstätigen. Die zukünftigen Älteren könnten also über kleinere und zudem möglicherweise weniger verlässliche Unterstützungsnetzwerke verfügen.

Ausgesprochen beängstigend fallen dann die Prognosen zur Entwicklung der Kosten im Gesundheitssystem aus, die durch die zukünftigen Alten entstehen werden. Beitragssätze von 17 %, 20 %, ja sogar 26 % für die gesetzliche Krankenversicherung werden prognostiziert, allein aufgrund des Alterns der Gesellschaft, also noch ohne Berücksichtigung der kleiner werdenden familiären Unterstützungsnetzwerke. Solche Prognosen zur Kostenentwicklung verführen dann leicht zu der Idee, die Älteren auch für die Kosten aufkommen zu lassen, die sie verursachen oder ihnen bestimmte Leistungen vorzuenthalten. Ein bekanntes Beispiel hierfür gab zum Beispiel der Vorsitzende der Jungen Union, Philipp Missfelder, der vorschlug, für 85-Jährige und Ältere künstliche Hüftgelenke nicht mehr auf Kosten der Solidargemeinschaft bereitzustellen – „Früher sind die Leute auch auf Krücken gelaufen“ (Tagesspiegel 2003: 8).

Man kann einem solchen Schluss von der vermeintlichen Ursache der Kostenexplosion auf deren Eindämmung gemäß dem Verursacherprinzip mit einer ganzen Reihe von Argumenten begegnen, etwa dass die einzelne ältere Person, die mit 85 Jahren ein künstliches Hüftgelenk benötigt, höchstwahrscheinlich nicht dafür verantwortlich ist, dass die sozialen Sicherungssysteme an finanzielle Grenzen stoßen – nicht dafür, dass es von diesem Altersjahrgang so viele und zugleich am Arbeitsmarkt so wenige Personen gibt, die faktisch etwas in das System einzahlen, und genauso wenig besteht ein nennenswerter Einfluss auf die Preisgestaltung des gewünschten Gutes. Oder durch den Verweis auf ethische Prinzipien, die solche Überlegungen kaum akzeptabel erscheinen lassen, auf Einsparmöglichkeiten in anderen gesellschaftlichen Bereichen, auf eine wenigstens solidarische Verteilung der Lasten, ohne dabei Personen allein aufgrund ihres Alters zu diskriminieren, oder auf Möglichkeiten der Verbesserung von Arbeits- und Gesundheitschancen – etwa gesundheitsfördernde Maßnahmen am Arbeitsplatz, die sich in Kombination mit dem lebenslangen Lernen über eine längere Erwerbsphase im Lebenslauf positiv sowohl auf der Einnahmeseite als auch der Ausgabenseite des Sozialversicherungssystems auswirken könnten. Neben solchen Einwänden kann man aber auch darauf hinweisen, dass der Rekurs auf Alter und Altersgrenzen in solchen Überlegungen selbst hochgradig problematisch ist. Dies wird deutlicher, wenn diese Begriffe als soziale Konstruktionen in konkreten historisch-gesellschaftlichen Konstellationen betrachtet werden, also wenn wir zunächst einmal der Frage nachgehen, was denn Alter eigentlich ist.

Alter und Altersgrenzen als soziale Konstruktion

Aus der Sicht der Soziologie ist Alter eine soziale Konstruktion. Oder besser: Es sind viele solcher Konstruktionen auszumachen. Man kann zum Beispiel für den menschlichen Lebenslauf zwischen biologischem, psychischem und sozialem Alter differenzieren (vgl. Kohli 2000; Kohli / Künemund 2000): Biologisches Alter bezeichnet die Entwicklungsstadien des Organismus zwischen Geburt und Tod, zum Beispiel das Wachstum und den Zerfall von Zellen. Psychisches Alter bezeichnet die Entwicklung des personalen Systems, zum Beispiel Stufen moralischer Urteilsfähigkeit oder Weisheit. Soziales Alter schließlich bezeichnet den Ort der Person im gesellschaftlich gegliederten Lebenslauf, d.h. ihre Zugehörigkeit zu einer der gesellschaftlich abgegrenzten Altersphasen und Altersgruppen. Diese Prozesse werden oft in Beziehung zum kalendarischen Alter gesetzt, jedoch ist dieses kein besonders gutes Messinstrument für Prozesse, die nicht immer linear und irreversibel, und auch nicht immer zwangsläufig „ablaufen". Kalendarisch gleichaltrige Personen können zum Beispiel durchaus biologisch mehr oder weniger „gealtert" sein – besonders drastisch macht dies das Hutchinson-Gilford-Syndrom (Progeria infantilis) deutlich. Kalendarisch gleichaltrige Personen können auch unterschiedlich „weise", und in verschiedenen sozialen Kontexten sogar gleichzeitig unterschiedlich „alt" sein – man denke etwa an einen Fußballspieler, der in diesem Zusammenhang mit zum Beispiel 30 Jahren schon zu den Alten zählt, während er in anderen sozialen Kontexten durchaus noch zu den Jungen zählen dürfte.

Die Unangemessenheit des kalendarischen Alters als Messlatte für diese Prozesse wird besonders deutlich, wenn man auf den Entstehungszusammenhang dieser sozialen Konstruktion blickt. Der Kalender und auch das Konzept der Zeit selbst sind über viele Generationen hinweg entwickelt worden, um soziale Interaktionen koordinieren zu können. Dabei hat man sich zunächst an beobachtbaren Veränderungen in der Umwelt – Ebbe und Flut, Wechsel der Jahreszeiten usw. – orientiert. In der Menschheitsgeschichte gelang es erst relativ spät, mit der mechanischen Uhr ein standardisiertes Messinstrument zu entwickeln, das den früheren Wasser-, Sand- und Kerzenuhren usw. im Hinblick auf die präzise Abstimmung der Zeit zum Zweck der Koordination sozialer Vorgänge überlegen war. Bei der Entwicklung dieser Messinstrumente stand nicht die Bestimmung des biologischen, psychologischen oder sozialen Alters von Individuen im Zentrum, und die Anwendung eines für diese Prozesse unzuverlässigen Messinstruments birgt daher einige Risiken – das biologische Alter eines derart komplexen Organismus wie dem des Menschen dürfte nur in sehr engen Grenzen etwas mit der Erdrotation oder den Planetenkonstellationen zu tun haben.

Einige solcher Risiken lassen sich am Beispiel der gegenwärtigen Altersgrenze des Erwerbslebens verdeutlichen. Mit dieser verbindet sich zugleich eine weitere Bedeutung des Begriffs Alter: Das Alter als Lebensphase, welches durch eine Altersgrenze vom Erwerbsleben abgegrenzt ist. Hier ist in den vergangenen Jahrzehnten eine erstaunliche Entwicklung festzuhalten. Zum Zeitpunkt der Einführung der Alters- und Invalidenversicherung im Jahre 1891 erreichten nur knapp 40 % der Frauen und rund ein Drittel der Männer überhaupt das 60. Lebensjahr. Heute sind es mehr als vier Fünftel der Frauen und mehr als neun Zehntel der Männer, die dieses Lebensalter erreichen, welches ungefähr dem derzeitigen durchschnittlichen Rentenzugangsalter entspricht. Und die durchschnittliche Lebenserwartung beträgt dann noch weitere knapp 18 Jahre für die Männer und gut 22 Jahre für die Frauen. Über einen längeren Zeitraum betrachtet lässt sich feststellen: Ein zunehmender Teil der Menschen erreicht das Rentenalter, und der ganz überwiegende Teil derjenigen, die das Rentenalter erreichen, geht dann auch tatsächlich in den Ruhestand, ohne noch hinzuzuverdienen. Wir haben es daher heute mit einer strukturell klar abgrenzbaren Lebensphase von erheblicher Länge für den überwiegenden Teil der Bevölkerung zu tun – also mit Alter als einem selbstverständlichen und eigenständigen Teil der Normalbiographie.

Auch diese Altersgrenze ist eine soziale Konstruktion, die Lebensläufe nach Lebensphasen strukturiert. Dies lässt sich ebenfalls sehr leicht dekonstruieren, indem man verschiedene Gesellschaften oder Epochen hinsichtlich ihrer jeweiligen Altersgliederung vergleicht. Dann zeigt sich eine große Varianz von Altersgrenzen wie auch eine enorme Vielfalt von Regeln, die das Erreichen und Überschreiten der jeweiligen Grenzen betreffen. Daraus folgt aber nicht ohne weiteres, dass man Altersgrenzen beliebig verändern könnte, da sie – wie auch die Konstruktionen der Zeit und des Alters – in verschiedener Hinsicht fest in die sozialen Strukturen der Gesellschaft eingewoben sind. Dies zeigt sich in besonders ausgeprägter Weise bei der Altersgrenze zwischen Erwerbsleben und Ruhestand, die den Zu- und Abgang zum Arbeitsmarkt mit Hilfe von Institutionen reguliert, die in Abhängigkeit von der Position der Individuen zu den jeweiligen Altersgrenzen verschiedene Leistungssysteme und Funktionen bereitstellen.

Die starre Altersgrenze zwischen Erwerbsleben und Ruhestand steht heute jedoch zunehmend in der Kritik, vor allem aus folgenden Gründen:

- Eine feste Altersgrenze kann als eine Form der Diskriminierung nach Alter betrachtet werden.
- Sie stellt zugleich eine fragwürdige Einschränkung der individuellen Handlungsautonomie dar.
- Ihre Anwendung führt zum Verlust von Humankapital – Kompetenzen und Ressourcen älterer Menschen werden nicht genutzt.
- Sie verschärft die Finanzierungsprobleme des Rentensystems, wenn das Rentenzugangsalter nicht drastisch angehoben wird.
- Sie ignoriert den Wandel der modernen Erwerbsbiographien in Richtung zunehmender Flexibilisierung und Mobilität.

Die Altergrenze zwischen Erwerbsleben und Ruhestand hat in diesem Kontext aber auch eine Reihe von Funktionen, die dafür sprechen, dass sie sich nicht ohne weiteres abschaffen oder auch nur modifizieren lassen wird:

- Sie regelt den Austritt aus dem Erwerbsleben, also die Beendigung des Arbeitsvertrages, und ermöglicht damit eine längerfristige innerbetriebliche Planung der Nachfolge für einzelne Positionen, entlastet von der individuellen Überprüfung der Kompetenzen bzw. dem Nachweis individueller Defizite, und gibt den Betrieben zugleich eine weitgehend akzeptierte Möglichkeit zur Lösung von Personalanpassungsproblemen an die Hand.
- Die Altersgrenze regelt den Zugang zu bestimmten Leistungen des Systems sozialer Sicherung, zum Beispiel in Form einer Altersrente als Lohnersatz. Hier war eine starre Altersgrenze lange Zeit insofern vorteilhaft, als sie von einer aufwendigen individuellen Überprüfung des Gesundheitszustandes befreit. Zugleich macht sie den Übergangsprozess längerfristig überhaupt erst plan- und berechenbar.
- Schließlich gibt sie auf der individuellen Ebene einen Orientierungspunkt für die subjektive Gliederung und Planung des Lebenslaufs (mit entsprechenden Konsequenzen hinsichtlich des Sparverhaltens oder der Abstimmung mit dem Partner).

In den zurückliegenden Jahrzehnten waren verschiedene Akteure an der Ausgestaltung der Altersgrenze zwischen Erwerbsleben und Ruhestand beteiligt, ebenso an den Regelungen, die das Erreichen und Überschreiten dieser Grenze betreffen – vor allem Arbeitgeber, Gewerkschaften und die Sozialpolitik. Hier bestand eine gewisse Interessenkoalition hinsichtlich eines möglichst frühen Übergangs in den Ruhestand. Bei hinreichender materieller Absicherung wünschte bislang offenbar ein großer Teil der Arbeitnehmer eine möglichst frühe Beendigung der Erwerbsphase. Die Arbeitgeber fanden mit der Frühverrentung eine weitgehend sozial akzeptierte und betriebswirtschaftlich häufig vorteilhafte Möglichkeit zur Personalanpassung. Die Gewerkschaften versprachen sich vom frühen Ruhestand eine Verbesserung der Lebensqualität für die Arbeitnehmer. Und die Politik, die zahlreiche Frühausgliederungspfade geschaffen und dafür teilweise die Sozialversicherungen instrumentalisiert hat, hoffte auf eine Entlastung des Arbeitsmarkts, auch im Interesse der Beschäftigungsmöglichkeiten der jüngeren Generationen.

Trotz zum Teil deutlicher Unterschiede in den Systemen der sozialen Sicherung in den modernen Industriegesellschaften und trotz unterschiedlichem Ausmaß der finanziellen Absicherung im Alter, welches heute insbesondere von Seiten der Ökonomie als individueller Anreiz für einen möglichst frühen Übergang in den Ruhestand maßgeblich für den Trend zum immer früheren Ruhestand verantwortlich gemacht wird, hat sich in fast allen westlichen Industrienationen ein ähnliches Bild ergeben: Männer über 64 Jahre sind in fast allen hier betrachteten Ländern zu über 90 % aus dem Erwerbsleben ausgeschieden. Ausnahmen sind die skandinavischen Länder mit einer hohen Quote von Teilzeitarbeit oder die USA, ohne feste Altersgrenze, wo dieser Anteil „nur" bei 85 und 80 % liegt.

Bei den über 64-jährigen Frauen gilt das erstgenannte, aber auch für Schweden und die USA. Jenseits des 65. Lebensjahres ist die Beteiligung am Erwerbsleben eine absolute Ausnahme. Betrachtet man die Erwerbsquoten der 60- bis 64-jährigen Männer im Zeitverlauf, kann man aber vermuten, dass der Trend zum immer früheren Ruhestand Ende der 90er Jahre gestoppt, vielleicht sogar umgekehrt wurde. Dennoch ist im EU-Durchschnitt nur ungefähr jeder Dritte 60- bis 64-jährige Mann erwerbstätig. Bei den Frauen vollzieht sich der Übergang zumeist bereits früher, so dass ihre Quoten wiederum weit geringer ausfallen. Aber auch hier scheinen sich die Quoten zumindest auf niedrigem Niveau stabilisiert zu haben.

Die Gleichförmigkeit in verschiedenen Ländern bei durchaus unterschiedlicher Ausgestaltung der Alterssicherungssysteme lässt bereits erahnen, wie eng der Spielraum für Veränderungen der faktischen Altersgrenzen beim Ausscheiden aus dem Erwerbsleben ist. Die Schärfe der Altersgrenze lässt sich aber in einer anderen Perspektive deutlicher machen, nämlich bei einem Blick auf individuelle Übergänge. Hier kann man erkennen, dass der Prozess des Ausscheidens aus dem Erwerbsleben zwar nicht abrupt zu einem Zeitpunkt für alle, wohl aber in einer relativ engen Zeitspanne abläuft: Zwischen dem 55. und dem 65. Lebensjahr sinkt die Erwerbstätigenquote der Männer von knapp 100 % auf fast 0 %. In den jüngeren Altersgruppen wurde zumindest 1996 – aus diesem Jahr stammen diese Daten – der Übergang sogar immer früher vollzogen.[1] Diese Altersgrenzen schlagen sich auch in den Planungen und Erwartungen der Individuen nieder.

Die überwiegende Mehrheit derer, die noch erwerbstätig sind, plant einen Übergang in die Lebensphase Alter mit 60 oder mit 65 Jahren, länger arbeiten möchte fast niemand. Ähnliches gilt für die Frauen, nur ist die Altersgrenze hier – von geringerem Niveau ausgehend – noch schärfer an der Marke von 60 Jahren konturiert. Wiederum entsprechen die Pläne der Jüngeren weitgehend diesem Muster.

Bislang hat sich die Altersgrenze zwischen Erwerbsleben und Ruhestand als sehr resistent gegenüber Flexibiliserungsoptionen erwiesen – auch der gleitende

---

1 Bei den 60- bis 64-jährigen war dieser Prozess freilich noch nicht abgeschlossen, so dass diese Linie etwas zu markant von den anderen abweicht. (Zum Alters-Survey 1996 vgl. Kohli / Künemund 2003).

Übergang in den Ruhestand wird nur selten praktiziert. Allerdings markiert diese Altersgrenze heute nicht mehr den Beginn der Lebensphase, in der man alt ist. Dieser Beginn wird mit hoher Übereinstimmung später angesetzt, nämlich auf etwa 70 bis 75 Jahre.

Die Altersdefinition der Gesellschaftsmitglieder entspricht damit in den Grundzügen den gängigen Gliederungsvorschlägen in Wissenschaft und Öffentlichkeit, die in der Phase bis etwa 75 Jahren eine neue Lebensphase des „jungen Alters" sehen. Man könnte hierin einen Prozess erkennen, in dem sich eine neue Altersgrenze konstituiert. Allerdings entspricht die individuelle Einordnung als alt auch dieser Altergrenze nicht: Im Durchschnitt fühlen sich die über 40-jährigen rund 10 Jahre jünger, als sie ihrem chronologischen Alter nach sind. Diese „Verjüngung" spräche dann vielleicht dafür, den Beginn des vierten Lebensaltersabschnitts erst mit 85 anzusetzen.

Eine solche Differenzierung in ein drittes und viertes Lebensalter macht im Hinblick auf Lebensphasen durchaus Sinn. Deren Kopplung an das kalendarische Alter ist jedoch – wie bereits dargelegt – keinesfalls sinnvoll. Allenfalls gibt es eine historisch veränderliche statistische Korrelation von gesundheitlichen Beeinträchtigungen und kognitiven Verlusten mit dem kalendarischen Alter; aber die interindividuelle Varianz ist erheblich, bei gleichzeitig erheblichen Kohorten- und Periodendifferenzen. Würde man hierfür die Bezeichnung Altersgrenze wählen, nähme man implizit die genannten Nachteile solcher Festlegungen in Kauf, ohne in größerem Maße auf dem gegenüberstehende Vorteile bauen zu können. Zumindest bislang gibt es keine gesellschaftlich institutionalisierte Altersgrenze zwischen diesen Altersstufen. Eine solche scheint meines Erachtens auch nicht wünschbar – Diskriminierungen und Stigmatisierungen der Ältesten wären die Folge. Das so genannte Vierte Alter beginnt eben nicht mit 85, sondern manchmal früher, oftmals später, und manchmal überhaupt nie.

Zur Diskussion über die drohende Altenmacht

Die politische Brisanz der anstehenden Veränderungen erschöpft sich aber nicht in der Diskussion um die Altersgrenzen der sozialen Sicherungssysteme. Sie zeigt sich vielmehr insbesondere darin, dass die über 60-jährigen nach den letzten Bevölkerungsvorausschätzungen im Jahre 2040 rund 40 % der Wahlberechtigten stellen werden (vgl. Mai 2003: 270). Schon jetzt wird mit Verweis auf die dann drohende Altenmacht, gegen die Veränderungen zu Ungunsten der Älteren angeblich nur noch schwer durchsetzbar sein würden, Eile bei der Umgestaltung der sozialen Sicherungssysteme angemahnt.

Zudem sind qualitative Veränderungen erwartbar. Die Älteren erreichen im Durchschnitt den Ruhestand in immer besserer gesundheitlicher Verfassung, mit besseren Qualifikationen und – zumindest bislang – mit einer besseren materiellen Absicherung als frühere Generationen, d.h. die individuellen Ressourcen und Kompetenzen für eine aktive Gestaltung der Lebensphase Alter nehmen zu. Spätestens im Jahre 2040 werden dann auch die geburtenstarken 60er Jahrgänge im Ruhestandsalter sein, bei denen biographische Benachteiligungen aufgrund ihrer Kohortengröße kumulieren (Wolf 1990): Sie mussten sich in den Schulen und auf dem Arbeitsmarkt „drängeln", sie sehen sich ungünstigeren Rentenregelungen gegenüber und haben aufgrund ungünstigerer Erwerbsverläufe im Durchschnitt zugleich geringere Rentenanwartschaften. Man könnte also vermuten, dass sie sich mit größerer Schärfe im politischen Verteilungskampf engagieren werden. Und sie haben durchaus andere biographische Erfahrungen mit politischer Partizipation als die derzeit Ältesten, deren Kindheit und Jugend von Diktatur, Krieg und den Entbehrungen der Nachkriegszeit geprägt waren. Und ihnen weht schon heut ein schärferer Wind entgegen.

Etwa seit Ende der 80er Jahre wird die Position der Älteren in der öffentlichen Diskussion zunehmend schlechter. Jörg Tremmel – Mitbegründer der „Stiftung für die Rechte zukünftiger Generationen" – sieht zum Beispiel eine Altenlobby am Werk, die die Zukunftschancen der Jüngeren ruiniert, malt das Schreckensbild einer „Diktatur der Senioren und Senilen" an die Wand und fordert deshalb die Abschaffung der Seniorenbeiräte, Kürzung der Renten und generell den Rückzug der Alten aus der Politik (Tremmel 1996: 60). Den Hintergrund für diesen Aufruhr bildet ein Diskurs über intergenerationelle Gerechtigkeit, der seit Mitte der 80er Jahre zunächst vor allem in den USA geführt worden ist. Dort wird behauptet, die Älteren hätten sich auf Kosten der nachfolgenden Generationen unrechtmäßig bereichert und würden heute vom Wohlfahrtsstaat unverhältnismäßig begünstigt. Der Wohlstand der heutigen Rentner und Pensionäre gehe zu Lasten enormer ökonomischer Folgekosten für die jüngeren Generationen (Stichworte Arbeitslosigkeit durch zu hohe Lohnnebenkosten, Kinderarmut) und zu Lasten ökologischer Schäden (Stichworte hemmungslose Ausbeutung der Ressourcen, Umweltzerstörung), wovon die heute Älteren verschont bleiben, ja profitiert haben. Letztere würden sich derweil geruhsam in eine sozial abgefederte Konsumentenrolle zurückziehen und „in schmucken Ferienhäusern am Mittelmeer" überwintern (Schreiber 1996: 93). Die „Wohlfahrtsbilanz über den gesamten Lebenslauf" (Conrad 1988: 219) sei somit ungerecht zwischen den Generationen verteilt. Oft wird dahinter im Sinne einer Verschwörungstheorie ein organisierter kollektiver Egoismus der Älteren vermutet – schließlich sei es genau diese Generation, die den Ausbau des Sozialstaats durchgesetzt und sich kürzlich mit der Pflegeversicherung auch noch eine „Erbschafts-Erhaltungsversicherung" bewilligt habe, ohne dafür je eingezahlt zu haben.

In der Bundesrepublik sind solche Argumentationslinien zuerst von der Lifestyle- und Meinungspresse aufgegriffen worden. Seither wird der aufkommende Verteilungskonflikt dort immer wieder beschworen. Auch in der Politik finden solche Argumente zunehmend Gehör, etwa wenn ein vollständiger Ausstieg aus dem Generationenvertrag in Erwägung gezogen wird. Überhaupt stehen nun offenbar statt Vorruhestand und beschaulichem Rückzug in die Altenrolle Anhebungen des Rentenzugangsalters und freiwilliges nachberufliches Engagement sowie statt Bekämpfung der Altersarmut allgemeine Senkungen des Rentenniveaus auf dem Programm.

Allerdings sind die Argumente in der Debatte um die Generationengerechtigkeit zumeist recht undifferenziert aneinandergereiht und die Rahmung als Generationenkonflikt oder Altersklassenkampf verdeckt tendenziell die Relevanz „traditioneller" sozialer Ungleichheiten. Beispielsweise können nicht alle Älteren im sonnigen Süden überwintern, nicht alle haben die Umwelt gleichermaßen vernachlässigt. Im Gegenteil sind es nicht nur Rentner, die Zweitwohnungen im Ausland besitzen, und es sind nicht sie, die heute zum Beispiel Giftmüll in die Dritte Welt exportieren. Zudem wird die Leistungsbilanz zwischen den Generationen in diesem Zusammenhang meist einseitig – nämlich mit alleinigem Blick auf die öffentlichen Transferleistungen an die Älteren – dargestellt. Weitgehend unberücksichtigt aber bleiben die aktuellen Leistungen der Älteren selbst. Die wohlfahrtsstaatliche Umverteilung von den Erwerbstätigen zu den Rentnern und Pensionären schafft Freiräume und stellt Ressourcen bereit, die u.a. durch ehrenamtliche Tätigkeiten, Pflege, (Enkel-)Kinderbetreuung, informelle Unterstützungsleistungen und finanzielle Transfers in der Familie auch den Jüngeren wieder zugute kommen.

Zwar zeigt sich bei den meisten Tätigkeiten im Alter ein mehr oder weniger deutlicher Rückgang der Partizipationsquoten – die einzigen Ausnahmen, in denen eine klare Zunahme zu verzeichnen ist, sind das Fernsehen sowie das Lösen von Kreuzworträtseln bzw. Denksportaufgaben (ausführlich hierzu: Künemund 2001). Ausgesprochen gering sind auch die Beteiligungsquoten an neueren Formen der gesellschaftlichen Partizipation, die in den letzten Jahren so häufig im Zentrum der Aufmerksamkeit standen, wie zum Beispiel die Beteiligung an politischen Interessenvertretungen Älterer, an Seniorenakademien und Weiterbildungsgruppen oder an Seniorengenossenschaften und -selbsthilfegruppen.

Fassen wir diese Kategorien zusammen, so liegt der Anteil der Mitglieder bei 3,5 % der über 60-jährigen, der Anteil der Aktiven bei 0,8 %. Selbst wenn diesen Gruppen eine gewisse Symbolfunktion und ein Modellcharakter für künftige Entwicklungen zugesprochen werden kann, so handelt es sich doch empirisch heute (noch) um ausgesprochene Randphänomene.

Richtet man den Blick jedoch auf weniger spektakuläre Tätigkeitsfelder, werden andere Schlussfolgerungen möglich. An dieser Stelle kann ich nur einen kleinen Ausschnitt in den Blick nehmen. Ich beschränke mich im Folgenden auf Ehrenamt, Enkelkinderbetreuung und Pflege, also wichtige unbezahlte, produktive Tätigkeiten, die ohne entsprechendes Entgelt ökonomisch fassbare Werte für andere Personen schaffen.

Produktive und gesellschaftlich nützliche Tätigkeiten von Menschen im Ruhestand

Zwar zeigt sich auch hier ein Rückgang der Beteiligung über die Altersgruppen. Fassen wir diese Tätigkeiten zusammen, so wird jedoch deutlich, dass die Älteren noch in erstaunlich hohem Maße aktiv sind: 27 % der 70 bis 85-jährigen gehen mindestens einer dieser drei Tätigkeiten nach. Selbst bei dieser Altersgruppe handelt es sich also nicht nur um passive Empfänger von familiären oder sozialstaatlichen Hilfen und Transfers, sondern sie tragen selbst in beträchtlichem Maße produktiv etwas zur Gesellschaft bei. Es handelt sich um Tätigkeiten, mit denen sie erhebliche wirtschaftliche Leistungen erbringen.

Dies wird anschaulicher, wenn wir ein überschlagsmäßiges Rechenexempel durchführen. Zählen wir jene Stunden zusammen, die die über 59-jährigen in den drei primär unentgeltlichen Bereichen Ehrenamt (in Vereinen und Verbänden), Betreuung von (Enkel-)Kindern und Pflege monatlich tätig sind, so ergibt sich für die Gesamtbevölkerung zwischen 60 und 85 Jahren die beeindruckende Zahl von 3,5 Milliarden Stunden pro Jahr. Setzen wir schließlich einen durchschnittlichen Wert von 11,80 Euro pro Stunde an – dem durchschnittlichen Netto-Stundenlohn eines Beschäftigten in Organisationen ohne Erwerbscharakter, also der Wohlfahrtsverbände, Parteien usw. zum Zeitpunkt der Erhebung der Daten, auf die ich mich hier stütze – so ergibt sich ein Wert von 41,3 Milliarden Euro, den die 60- bis 85-jährigen in der Bundesrepublik jährlich freiwillig und weitestgehend unentgeltlich erbringen. Das entspricht etwa 21 % der gesamten jährlichen Zahlungen der gesetzlichen Rentenversicherungen und der Beamtenversorgung. Die Älteren dürfen also keineswegs pauschal als unproduktive Kostgänger des Sozialstaats oder gar als „gierige Grufties" diffamiert werden.

Ebenfalls unberücksichtig bleibt zumeist, dass die Älteren erhebliche materielle Werte an die jüngeren Generationen weitergeben, und zwar nicht nur über Erbschaften. Jede vierte 70 bis 85-jährige Person leistet materielle Transfers an mindestens eines ihrer Kinder, jede siebte (auch) an die Enkel. Aber nur 3 % erhalten materielle Transfers von den Kindern und praktisch niemand von den Enkelkindern. Der Sozialstaat ist insofern sehr erfolgreich: die Altersarmut wurde weitgehend zurückgedrängt, die erwachsenen Kinder müssen nur in Ausnahmefällen ihre Eltern finanziell unterstützen und die Älteren können im Gegenteil aus ihren laufenden Einkünften oder mit Erspartem den Kindern aushelfen. Dabei übernehmen oder ergänzen sie die sozialstaatliche Absicherungsfunktion – sie federn Notsituationen ihrer Kinder ab, sofern ihnen entsprechende Ressourcen zur Verfügung stehen.

Ob diese Erfolgsgeschichte mit dem Altern der Gesellschaft fortgeschrieben werden kann, ist derzeit eine offene Frage. Die anstehenden finanziellen Belastungen des Sozialstaats führen allerorten zu Überlegungen, die primär auf die Kürzung von Sozialleistungen abzielen. Rentenkürzungen können jedoch auch über die direkt betroffenen Älteren hinaus negative Folgen haben, indem sie deren Ressourcen für gesellschaftliches Engagement und familiäre Unterstützungsleistungen zerstören. Rentenkürzungen würden dann nicht nur die Rentner selbst – im Falle linearer Kürzungen insbesondere die sozial Schwächeren – treffen, sondern auch die jüngeren Altersgruppen.

Politische Partizipation

Wie aber werden sich die Älteren selbst in die Politik einbringen, wie werden ihre Parteipräferenzen und ihre politische Partizipation aussehen? Was das politische Interesse betrifft, wurde wiederholt konstatiert, dass dieses in der Bundesrepublik mit dem Alter abnehme. Allerdings scheint dies nur so, solange man zum Beispiel die über 60-jährigen mit den Jüngeren vergleicht. Jedoch liegt hier kein Trend einer Altersabnahme vor; diese Abnahme ist vor allem durch Veränderungen der Geschlechterproportion in den höheren Altersgruppen – ältere Frauen haben im Durchschnitt ein deutlich geringeres Interesse an Politik, ihr Anteil an den Älteren steigt aber mit ihrer höheren Lebenserwartung – und durch kohortenspezifische Veränderungen im Bildungsniveau verursacht (vgl. Künemund 1994). Insofern wäre für die Zukunft eher mit einer Zunahme des politischen Interesses bei den Älteren zu rechnen. Es wäre auch gut denkbar, dass sich dies nicht nur in der Wahlbeteiligung – hier hatten die Älteren schon immer vergleichsweise hohe Quoten vorzuweisen –, sondern auch in der aktiven politischen Partizipation in Parteien, Gewerkschaften oder zum Beispiel in dem Besuch politischer Veranstaltungen niederschlägt. Die wahrscheinlich interessanteste Frage wäre dann sicher, für welche Parteien sie sich dann engagieren bzw. engagieren lassen. Überwiegend wird davon ausgegangen, dass die Unionsparteien zu den Gewinnern der demografischen Veränderungen zählen werden. Eines der wesentlichen Argumente in diesem Zusammenhang ist die These des Alterskonservatismus. Diese geht davon aus, dass konservative politische Orientierungen mit steigendem Alter generell zunehmen (man spricht dann von einem Alterseffekt bzw. der Lebenszyklushypothese). Dem steht als Alternative die Generationsthese gegenüber, nach der für den wiederholt festgestellten hohen Anteil konservativer Orientierungen bei den Älteren spezifische historische Erfahrungen ausschlaggebend seien; man spricht in einem solchen Fall von einem Kohorteneffekt. In der Bundesrepublik haben die meisten Autoren bislang für die Gültigkeit der Lebenszyklusthese votiert. Für diese spricht zunächst, dass die CDU in den älteren Wählergruppen über die letzten Jahrzehnte hinweg immer höhere Stimmenanteile hatte, die SPD hingegen in den jüngeren Wählergruppen. Auch der internationale Vergleich spricht eher für die Lebenszyklushypothese, da sich in anderen Ländern ein ganz ähnliches Muster zeigt. Es scheint, als hätten die Älteren schon immer zu einem höheren Prozentsatz konservativ gewählt, und zwar in fast allen Ländern. Viele Autoren deuten dies als Bestätigung der These des Alterskonservatismus, etwa mit Verweis darauf, dass man mit zunehmendem Alter mehr zu konservieren habe (Alber 1994).

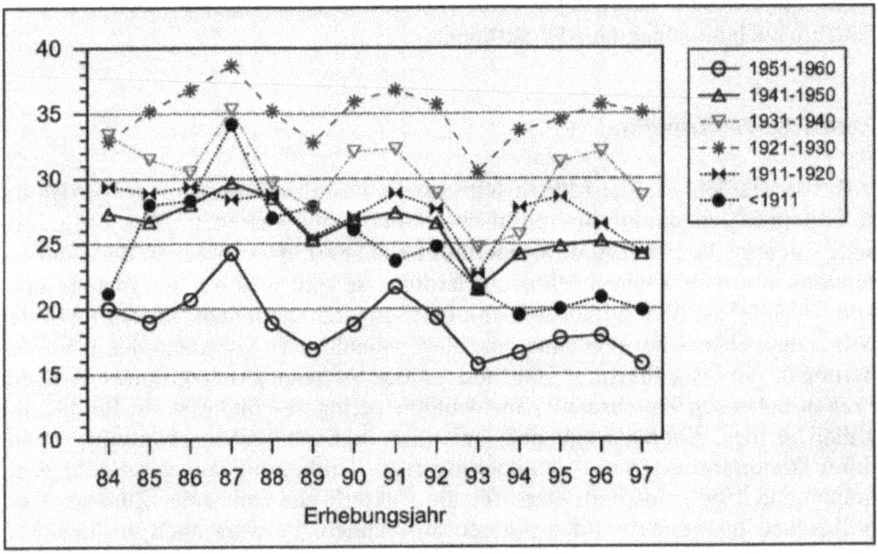

Abbildung 1: Quelle: Sozio-ökonomisches Panel 1984-1997.

Zweifel am Konzept des Alterskonservatismus können jedoch auch angemeldet werden. Abbildung 1 zeigt die Parteizuneigung für die Unionsparteien für den Zeitraum 1984 bis 1997 für sechs Zehnjahres-Geburtskohorten, die durch die Linien repräsentiert werden. Einbezogen wurden nur Befragte, die zwischen 1984 und 1997 durchgängig an dieser Befragung teilgenommen haben, so dass sich die Zusammensetzung dieser Kohorten nach Geschlecht oder Bildung nicht verändert – es sind zu jedem Befragungszeitpunkt exakt dieselben Befragten.

Somit sollte ein genereller Alterseffekt im Sinne der Lebenszyklushypothese als Anstieg der Zuneigung zu den Unionsparteien sichtbar werden.

In Abbildung 1 wird zum einen deutlich, dass nicht die Ältesten am häufigsten die Unionsparteien präferieren, sondern die zwischen 1921 und 1930 Geborenen. Bei den Älteren liegt dieser Anteil darunter, was bereits gegen die Annahme eines generellen Alterseffekts spricht. Auch ist keine generelle Zunahme des Anteils der CDU/CSU-Anhänger in diesen Kohorten feststellbar. Im Gegenteil: Die Anteile gehen bei den Ältesten sogar deutlicher als bei den Jüngeren zurück. Kohortendifferenzen – in der Abbildung erkennbar als Abstände zwischen den Linien – und Periodeneffekte – die parallelen Auf- und Abbewegungen wie zum Beispiel nach der Vereinigung – sind offenbar stärker als die Alterseffekte.

Dieses Bild ändert sich nicht grundsätzlich bei Betrachtung der Parteizuneigung zu den Republikanern, und es zeigt sich Ähnliches bei jener für die GRÜNEN: Auch hier dominieren Kohortenunterschiede, wobei die Jüngeren deutlich häufiger den GRÜNEN zuneigen. Und auch diese Tendenz scheint sich kaum systematisch mit dem Alter zu verändern (vgl. ausführlicher: Künemund 2004). Insgesamt lassen diese Veränderungen also auf eine hohe Relevanz der Perioden- und Kohorteneffekte schließen. Insofern wäre auch für die zukünftigen Älteren zu erwarten, dass sie ihre Parteipräferenzen zu einem großen Prozentsatz beibehalten. Hinsichtlich der Parteizuneigung muss die These der Relevanz der Lebenszykluseffekte also zurückgewiesen werden – die Unionsparteien werden nicht automatisch vom Altern der Gesellschaft profitieren. Zu den Gewinnern des demografischen Wandels könnten insbesondere die GRÜNEN werden, wenn sich die Parteizuneigung im Lebenslauf der Kohorten nur geringfügig verändert. Ob diesem Zuwachs an Zuneigung zu den GRÜNEN von Seiten der Älteren dann aber auch noch eine entsprechend hohe Zustimmung von Seiten der dann Jüngeren korrespondiert, dies ist eine ganz andere Frage.

Ausblick

Wie könnte es also weitergehen? Was die Repräsentanz der Älteren betrifft, sprechen die Indizien derzeit eher gegen eine stärkere Altenmacht; die „wachsende Macht der Älteren“ (Verheugen 1994) bleibt wohl auf die Wahlbeteiligung bzw. -entscheidung sowie Funktionen und Bereiche am Rande der Parteien, Gewerkschaften, Sozialversicherungsträger, Parlamente usw. beschränkt. Als Altersgruppe geraten sie insgesamt eher weiter unter Druck, solange die geburtenstarken Jahrgänge die „Alterslast“ verstärken.

Die politischen Präferenzen der zukünftigen Älteren könnten stärker von Kohorteneffekten geprägt sein, als man dies unter Rekurs auf die Lebenszyklusthese bislang zumeist annahm. In Verbindung mit den veränderten Partizipationsgewohnheiten kann daher ein stärkeres Engagement der zukünftigen Älteren in der Politik erwartet werden. Auch weist jede jüngere Kohorte beim Übergang in den Ruhestand ein höheres Ausbildungsniveau, eine bessere Gesundheit und – zumindest bislang – eine bessere materielle Absicherung auf, verfügt also über mehr Ressourcen für eine eigenständige Lebensführung wie für gesellschaftliche Partizipation, weshalb mit einer stärkeren Beteiligung zum Beispiel im Bereich des ehrenamtlichen Engagements gerechnet werden kann.

Ein „Krieg der Generationen" ist zwar derzeit nicht wirklich in Sicht, aber die Tonlage lässt für die Zukunft auch wenig Gutes erwarten. Da die geburtenstarken 60er Jahrgänge zum Beispiel hinsichtlich der Höhe und der Verlässlichkeit der Alterseinkommen – zusätzlich zu den ohnehin schon schlechten Arbeitsmarktbedingungen – benachteiligt werden, die Jüngeren zugleich aber bereits heute über die zu erwartende „Alterslast" klagen, wird es sicher noch weiteren Streit um die soziale Sicherung geben. Würde es dann zu einer Herausbildung von starken Interessenorganisationen Älterer kommen, könnten die Verteilungskonflikte an Härte gewinnen. Die Rentnerdemonstrationen in Berlin gegen die Agenda 2010 geben davon bestenfalls einen ersten Eindruck, denn die heutigen Rentner stehen im Durchschnitt ja vergleichsweise ausgezeichnet da. Auch sind die hohen Rentenversicherungsbeiträge derzeit noch kaum den demografischen Veränderungen, sonder überwiegend jenen am Arbeitsmarkt und den diesbezüglichen politischen Entscheidungen geschuldet – das demografische Problem steht erst noch an. Ein wesentlicher Erfolg des deutschen Sozialstaats – die Vermeidung von Altersarmut und materielle Sicherung der Lebensphase Alter – steht dann möglicherweise in Frage.

Wahrscheinlich ist beim gegenwärtigen Pfad der Alterssicherung ein Interaktionseffekt von „traditionellen" sozialen Ungleichheiten und Kohortengröße: eine Verschärfung sozialer Ungleichheiten insbesondere innerhalb der geburtenstarken 60er Jahrgänge. Wie sich bereits bei der geringen Inanspruchnahme der Riester-Rente abzeichnet, könnten die später geringeren gesetzlichen Renten ohne zusätzliche private Absicherung zu einer Renaissance der Altersarmutsproblematik führen, und zwar bevorzugt in sozialen Schichten mit heute eher geringen Einkommen. Zugleich lässt die Verteilung von Vermögen (und Erbschaften) wie auch die gegenwärtige Inanspruchnahme privater Vorsorge und auch der Riester-Rente erwarten, dass die Erträge aus privater Altersvorsorge vor allem Haushalten mit bereits heute höherem und hohem Einkommen zufließen. Damit würde sich die Schere zwischen Arm und Reich in diesen Jahrgängen weiter öffnen.

Es scheint somit aus meiner Sicht, als würden die zukünftigen Älteren – bei steigenden sozialen Ungleichheiten – insgesamt eher weiter in die Defensive geraten. Und dies wird umso mehr der Fall sein, als die nachfolgenden Kohorten jenem kollektiven Egoismus nachgingen, welcher den heute Älteren in der Gerechtigkeitsdebatte vorgeworfen wird: der Maximierung allein ihrer Wohlfahrtsbilanz über den Lebenslauf.

Literatur

Alber, Jens (1994): Soziale Integration und politische Repräsentation von Senioren. In: Verheugen, Günter (Hrsg.): 60 plus: Die wachsende Macht der Älteren. Köln: Bund-Verlag, S. 145 – 168.

Conrad, Christoph (1988): Arbeit, Ruhestand und Gerechtigkeit zwischen den Generationen. In: Sozialer Fortschritt, 37, S. 217 – 220.

Jacobs, Klaus / Kohli, Martin / Rein, Martin (1991): The evolution of early exit: A comparative analysis of labor force participation patterns. In: Kohli, Martin, Rein, Martin / Guillemard, Anne-Marie / van Gunsteren, Herman (eds.): Time for retirement: Comparative studies of early exit from the labor force. Cambridge: Cambridge University Press, S. 36 – 66.

Kohli, Martin (2000): Altersgrenzen als gesellschaftliches Regulativ individueller Lebenslaufgestaltung: ein Anachronismus? In: Zeitschrift für Gerontologie und Geriatrie, 33, Suppl. 1, I/15-I/23.

Kohli, Martin / Künemund, Harald (2000): Die Grenzen des Alters – Strukturen und Bedeutungen. In: Perrig-Chiello, Pasqualina & François Höpflinger (Hrsg.): Jenseits des Zenits. Frauen und Männer in der zweiten Lebenshälfte. Bern: Haupt, S. 37 – 60.

Kohli, Martin / Künemund, Harald (2003): Der Alters-Survey: Die zweite Lebenshälfte im Spiegel repräsentativer Daten. In: Aus Politik und Zeitgeschichte, B20/2003, S. 18 – 25.

Kondratowitz, Hans-Joachim von (1990): Sozialpolitik in Verlegenheit. Normative Unbestimmtheiten im gegenwärtigen Diskurs über das Alter. In: Sachße, *Christoph / Engelhardt, Tristram (Hrsg.):* Sicherheit und Freiheit. Zur Ethik des Wohlfahrtsstaates. Frankfurt: Suhrkamp, S. 228 – 254.

Künemund, Harald (1994): Politisches Interesse und politisches Verhalten. In: Wolf, Jürgen, Martin Kohli / Künemund, Harald (Hrsg.): Alter und gewerkschaftliche Politik. Auf dem Weg zur Rentnergewerkschaft? Köln: Bund-Verlag, S. 140 – 152.

Künemund, Harald (2001): Gesellschaftliche Partizipation und Engagement in der zweiten Lebenshälfte. Empirische Befunde zu Tätigkeitsformen im Alter und Prognosen ihrer zukünftigen Entwicklung. Berlin: Weißensee-Verlag.

Künemund, Harald (2004): Politischer Einfluss der Älteren von morgen. In: Sozialer Fortschritt, 53, S. 286 – 293.

Mai, Ralf (2003): Die Alten der Zukunft. Eine bevölkerungsstatistische Datenanalyse. Opladen: Leske + Budrich.

OECD (1990): Labor force statistics. Paris: OECD.

Schreiber, Hermann (1996): Das gute Ende. Wider die Abschaffung des Todes. Reinbek: Rowohlt.

Tremmel, Jörg (1996): Der Generationsbetrug. Plädoyer für das Recht der Jugend auf Zukunft. Frankfurt: Eichborn.

Tagesspiegel (2003): Nr. 18198 vom. 3.8.2003, S. 8.

Verheugen, Günter (1994) (Hrsg.): 60 plus: Die wachsende Macht der Älteren. Köln: Bund-Verlag.

Wolf, Jürgen (1990): Krieg der Generationen? Sozialstaatliche Verteilung und politische Handlungspotenziale Älterer in der „alternden“ Gesellschaft. In: Prokla 3, 20, S. 99 – 117.

Klaus Lompe

Demografischer Wandel und die Herausforderungen für die (betriebliche) Beschäftigungspolitik

Vier Bemerkungen vorweg

1. Was die viel diskutierten Probleme von Prognosen im Bevölkerungsbereich als Basis für die Berechnung des zukünftigen Erwerbspotenzials betreffen, gehe ich davon aus, dass die Faktoren, die hier relevant sind, relativ stabile Wenn-Dann-Prognosen, Projektionen oder Szenarien ermöglichen. Die relevanten Einflussfaktoren haben sich in den vergangenen 40 Jahren sehr stabil entwickelt und erlauben die Definition eines angemessenen Zukunftskompasses im Blick auf die Erwerbsbevölkerung.

2. Man sollte sich aber darüber im Klaren sein, dass unabhängig von den realen Wirkungen übertriebene pessimistische Behauptungen über Langzeitwirkungen in einem „overshooting" die Gegenwart nachhaltig lähmen können. Professionelle Schwarzmaler ziehen von Talkshow zu Talkshow und stützen ihre Thesen auf konventionalistische Strategien, indem sie Fakten, die ihren Behauptungen widersprechen, schlichtweg ignorieren.

3. Man muss die realen Probleme deutlich herausstellen, sich aber auch vor Sachzwangideologien hüten. Wir sind nirgendwo gezwungen, ausschließlich in eine bestimmte Richtung zu gehen. Es gibt zum Beispiel keinen Sachzwang, dass börsennotierte Großunternehmen trotz üppiger Gewinne weiterhin auf Personalabbau setzen. Dies wird zur Verschärfung der hier diskutierten Probleme führen. Womöglich wird manch einer viele der entlassenen „klugen Köpfe" bald teuer zurückkaufen müssen.

4. Man muss konsequent nach Gestaltungsalternativen suchen, dazu benötigt man aber adäquate Prognosen, Projektionen oder Szenarien.

Grundsätzliche Trends der Bevölkerungsentwicklung

Neben den Folgen des demografischen Wandels für die Sicherungssysteme stehen die Fragen nach den Folgen für die Arbeitswelt zurzeit im Zentrum der gesellschaftlich politischen Diskussion. Hier stellen sich eine Reihe sehr komplexer Fragen. Bevor ich auf einzelne eingehe, möchte ich, aufbauend auf die schon dargestellten grundsätzlichen Trends der Bevölkerungsentwicklung, prognostizierte Entwicklungslinien der Erwerbsbevölkerung sowohl in ihren quantitativen Dimensionen wie auch in ihrer Zusammensetzung darlegen. Grundsätzlich kann man davon ausgehen, auch wenn man Prognoseunsicher–heiten einkalkuliert und nur einen Kompass definiert, an dem Richtungsänderungen deutlich werden, dass die Anforderungen der Arbeitswelt von Morgen und Übermorgen von insgesamt weniger Erwerbspersonen und deutlich im Durchschnitt älteren Beschäftigten bewältigt werden müssen. Oder anders ausgedrückt: die Anforderungen der Arbeitswelt von Morgen und Übermorgen müssen mit insgesamt weniger, älteren und anders zusammengesetzten Belegschaften als heute bewältigt werden.

Technische Universität Braunschweig, Institut für Sozialwissenschaften, Prof. Dr. K. Lompe

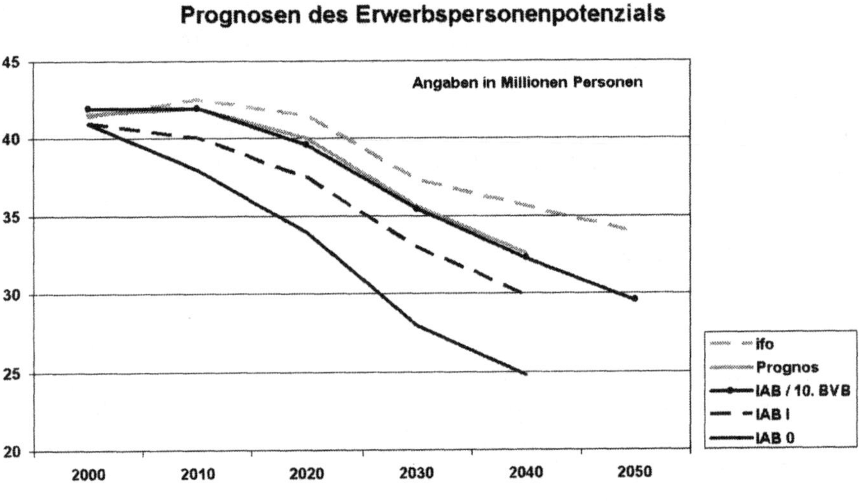

Vgl. Fuchs/ Thon 1999; Werding/ Blau 2002; Prognos 1998; Statistisches Bundesamt 2003; Berechnungen des Instituts der deutschen Wirtschaft Köln

Abbildung 1

Nimmt man aus der Vielfalt von Szenarien und Prognosen mit Blick auf die Entwicklung der Erwerbsbevölkerung, die oft von unterschiedlichen Annahmen ausgehen, aber grundsätzlich in die gleiche Richtung verweisen (siehe Abbildung 1), eine heraus, so kommt etwa eine Berechnung des IAB zu dem Ergebnis, dass die Zahl der potenziellen Erwerbspersonen von 41,9 Millionen im Jahr 2000 (51 % der Bevölkerung) auf 32,3 Millionen Personen im Jahr 2040 sinken wird und 2050 auf 29,6 Millionen (42,5 % der Bevölkerung). Die Projektionen aller Institutionen gehen davon aus, dass vor allem ab dem Jahr 2020 das Erwerbspotenzial bzw. die Zahl der Erwerbspersonen rapide sinken wird. Das Erwerbspersonenpotenzial hängt dabei von der demografischen Entwicklung und dem Erwerbsverhalten der Bevölkerung ab.

Von zentraler Bedeutung ist, dass es schon ab 2010 aufgrund des natürlichen Bevölkerungsrückgangs zu einer spürbaren kontinuierlichen Abnahme des Arbeitskräftepotenzials kommt. Nach 2010 wird der Anteil der über 50-jährigen an der Bevölkerung im Erwerbsalter deutlich weiter steigen, derjenige der 20- bis 30-jährigen weiter abnehmen. Abbildungen 2 und 3 zeigen wie sich die Bevölkerungsgruppen in Deutschland im Einzelnen bis 2050 zusammensetzen. Hier wird noch einmal das Älterwerden des Arbeitskräftepotenzials insgesamt sehr deutlich. Wenn auch der Bevölkerungsrückgang erst ab 2020 in Deutschland nachhaltig spürbar sein wird, vollzieht sich die Änderung der Alterszusammensetzung der Erwerbstätigen bereits hauptsächlich in den Jahren 2000 bis 2020. Erstmals gibt es 2005 unter den Erwerbspersonen mehr über 40-jährige als unter 40-jährige. Die Zahl der 15- bis 29-jährigen Erwerbstätigen wird bis 2050 um etwa 36 % zurückgehen, die 30- bis 44-jährigen um 42 %, die 45- bis 59-jährigen um 12 % und bei den älteren ändert sich nichts.

Technische Universität Braunschweig, Institut für Sozialwissenschaften, Prof. Dr. K. Lompe

Demographische Entwicklung der Erwerbspersonen von 1979 bis 2020

(Angaben in Prozentanteilen an der Gesamterwerbsbevölkerung)

	1979	1984	1989	1996	2005	2010	2015	2020
bis 29jährige	32	33	32	25	21	21	21	20
30 – 39jährige	23	21	24	29	25	21	21	23
bis 40jährige	**55**	**54**	**56**	**54**	**46**	**42**	**42**	**43**
40 – 49jährige	24	23	22	24	30	31	27	23
50jährige und älter	21	22	22	22	23	27	31	34
ab 40jährige	**45**	**45**	**44**	**46**	**53**	**58**	**58**	**57**
Verhältnis* bis 29jährige zu über 50jährige	1,52	1,50	1,45	1,13	0,94	0,80	0,68	0,58

* Verhältnis der unter 30jährigen zu den über 50jährigen. Diese Kennziffer gibt an, wie viele jüngere Erwerbstätige auf einen älteren Erwerbstätigen kommen

Vgl. Badura u.a. 2003, S. 8

Abbildung 2

Auf jeden Fall verläuft die Zunahme von Älteren im Arbeitskräfteangebot ab 2010 sprunghaft. In weniger als 20 Jahren werden zum Beispiel mehr als 50 % der Arbeitnehmer in Volkswagenwerken älter als 50 Jahre sein.

Die Auswirkungen auf Wettbewerbsfähigkeit und Wachstum

Fragt man nach den Folgen dieser Entwicklung, so interessieren zum Beispiel die Auswirkungen auf die Wettbewerbsfähigkeit und das Wachstum einer export- und wissensorientierten Volkswirtschaft.

Die Beziehungen zwischen Demografie und Wachstum allgemein werden zwar kontrovers diskutiert, Erfahrungen aus den vergangenen fünf Jahrzehnten zeigen aber zum Beispiel, dass zunächst unabhängig von der qualitativen Dimension Wachstum auch vom quantitativen Rückgang des Arbeitsangebotes gebremst werden kann, die von der Bevölkerung zur Verfügung gestellte Menge und Qualität an Arbeitskraft eine wichtige Komponente für Einkommen und Wohlstand einer Volkswirtschaft ist.

Technische Universität Braunschweig, Institut für Sozialwissenschaften, Prof. Dr. K. Lompe

Erwerbspersonen-Potenzial nach Altersgruppen in 1.000

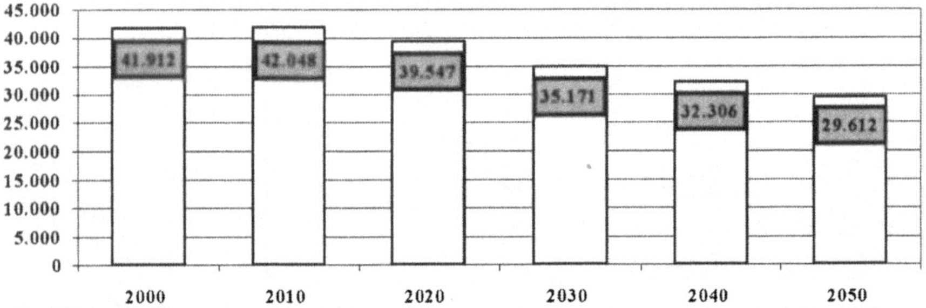

Alter	2000	2010	2020	2030	2040	2050
15 – 29	8.993	8.767	7.613	6.680	6.326	5.766
30 – 44	18.082	15.236	13.876	13.048	11.390	10.533
45 – 59	12.598	15.893	15.399	12.578	12.443	11.057
60 – 74	2.239	2.153	2.659	2.864	2.147	2.257

Nach Berechnungen des Statistischen Bundesamts und des IAB

Abbildung 3

Es gibt Diskussionslinien, in denen man davon ausgeht, dass die demografischen Entwicklungen in ihrer Konsequenz auf der Makroebene auch aus einem anderen Grund zur Beeinträchtigung der volkswirtschaftlichen Produktivität und damit des gesamtwirtschaftlichen Wachstums führen (vgl. zum Beispiel Rürup 2000). So wird betont, dass, wenn das Wissen als relevanter Produktionsfaktor künftig einen immer maßgeblicheren Parameter für das Wachstumspotenzial einer Volkswirtschaft darstellt, eine bestimmte Beziehung zwischen der künftig vorhandenen absoluten Größe der wichtigsten Träger dieses Wissens und Dimensionen des Wirtschaftswachstums bestehen. Die Autoren gehen davon aus, dass bei einem gleich bleibenden Anteil an Hochbegabten innerhalb einer Bevölkerung mit der abnehmenden Größe der Population auch die Zahl derjenigen sinkt, welche in der Lage sind, innovative Spitzenleistungen zu erbringen.

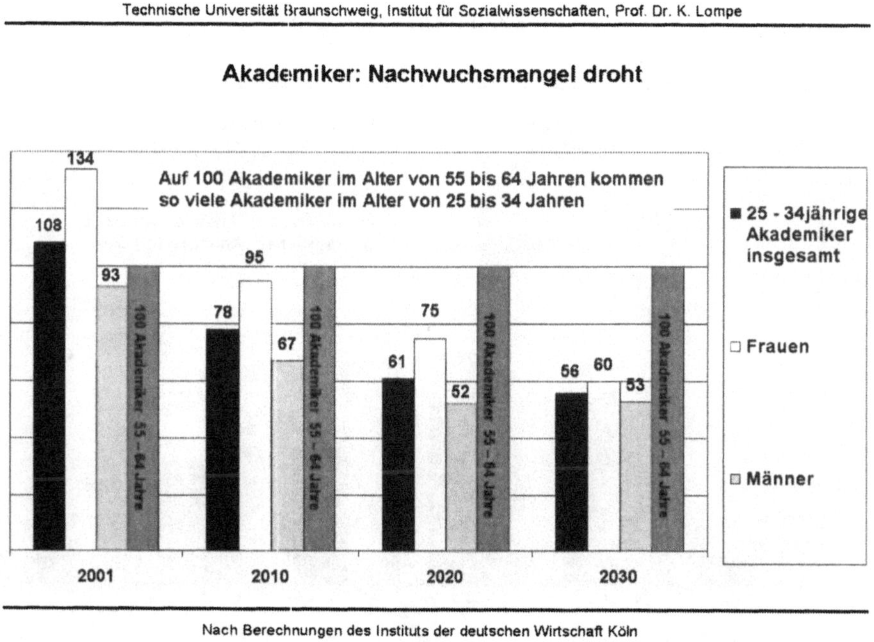

Abbildung 4

Das heißt, dass sich damit die Qualität des gesamtwirtschaftlich zur Verfügung stehenden Humankapitals verringert, und, wenn der technische Fortschritt im Wesentlichen von diesem abhängt, sich dies negativ auf die Wachstumsraten auswirkt. Dabei ist beachtlich, dass nach Berechnungen des Instituts der Deutschen Wirtschaft im Jahre 2030 auf 100 Hochqualifizierte im Alter von 55 bis 64 Jahren nur noch 56 Hochqualifizierte zwischen 25 und 34 Jahren kommen, während 2001 die Relation noch 1:1 war (Abbildung 4). Von Bedeutung ist auch, dass Deutschland bis zum Jahre 2007 in der gewerblichen Wirtschaft altersbedingt eine Viertel Million Akademiker ersetzen muss.

Die aktuelle Diskussion über die Einführung von Studiengebühren wird viel zu wenig unter diesem Aspekt geführt. Erfahrungen in anderen Ländern zeigen, dass mit der Einführung von Studiengebühren die Zahl von Studienanfängern merklich zurückgeht (in Österreich etwa 15 %) und dieser Sachverhalt deshalb bei ähnlicher Entwicklung in der Bundesrepublik hoch brisant wäre, weil Deutschland im Vergleich zu den real konkurrierenden Volkswirtschaften jetzt schon deutlich zu wenig Studierende hat.

Demografischer Wandel und Existenzgründungen

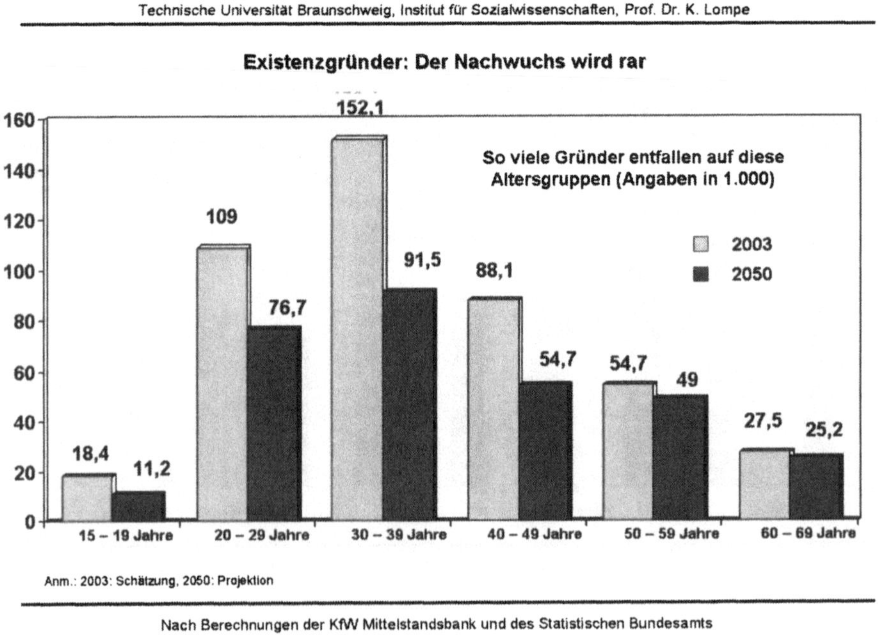

Abbildung 5

Eine wichtige Korrelation lässt sich auch zwischen demografischem Wandel, Existenzgründungen und Wachstum herstellen. Die Zahl der Selbstständigen, einschließlich der Freiberufler, wird nach Berechnungen des Instituts der Deutschen Wirtschaft aus demografischen Gründen in den kommenden Jahrzehnten um deutlich mehr als eine halbe Million zurückgehen (iwd 2004). Dass enge Beziehungen zwischen Existenzgründung und Wirtschaftswachstum bestehen, ist heute in der Forschung unumstritten (vgl. zum Beispiel Lompe 1998). Die Grafik macht den Bezug der Problematik deutlich. Laut Gründungsmonitor der KFW Mittelstandsbank (Abbildung 5) sind über 60 % der Jungunternehmer nicht einmal 40 Jahre alt. Nur ein knappes Fünftel 50 und mehr. Insgesamt geht man bei dieser Projektion davon aus, dass der Rückgang an Existenzgründungen bis 2050 mit einem Drittel doppelt so stark ausfallen werde wie der allgemeine Bevölkerungsrückgang. Die Konsequenzen, die daraus gezogen werden, sind natürlich die, dass ein größerer Anteil der Jungen dazu bewogen werden sollte, sich beruflich selbstständig zu machen. Aber in zunehmendem Maße wird auch versucht, den Älteren Existenzgründungen schmackhaft zu machen.

Die Bedeutung des demografischen Wandels für Regionen

Zentral diskutiert werden aber vor allem die zukünftigen einzelwirtschaftlichen Auswirkungen in der Arbeitswelt und die damit verbundenen Folgen für die Gesamtwirtschaft. Künftige Belegschaften werden – wie betont – nicht nur älter und kleiner, sondern sie werden auch anders zusammengesetzt sein. Das heißt unter anderem, es wird mehr Frauen und mehr Arbeitskräfte ausländischer Herkunft geben. Alles dies wird beachtliche Konsequenzen für die Entwicklung der Beschäftigungspolitik – gemeint ist hier vor allem für die betriebliche Personal-, Arbeits- und Gesundheitspolitik – aber auch für die Entwicklungen in einzelnen Regionen haben.

Es besteht kein Zweifel, dass der Bevölkerungsschwund Verteilungskämpfe anfachen wird. Das Gerangel um Schulkinder, Kunden und vor allen Dingen um Fachkräfte beginnt und spaltet die Republik heute schon in bestimmtem Umfang in Gewinner- und Verliererregionen. Bei zunehmender Konkurrenz von Regionen wird es vor allem um Erwerbspotenziale gehen. Hierbei ist zu befürchten, dass Schrumpfungsprozesse bereits bestehende Schwächen und Stärken von Regionen mehren, das heißt, dass Bevölkerungsschwund auch zum Katalysator von Ungleichheit wird. Das gilt innerhalb der Regionen übrigens auch für den Kampf um Fachkräfte zwischen großen, ertragsstarken Unternehmen und mittleren und kleinen. Im Zeitalter der Globalisierung werden vor allen die Regionen Gewinner sein, die rechtzeitig auf diese Probleme des demografischen Wandels reagieren. Denn die Globalisierung der Ökonomie hat paradoxer Weise nicht nur eine Bedeutungszunahme von Regionen zur Folge (Lompe u.a. 1996), sie verweist jede regionale Wirtschaft heute darüber hinaus in verschärfter Weise auf das Arbeitskräftepotenzial, das ihr zur Verfügung steht. Denn vor allem dort liegen die dauerhaften Wettbewerbsvorteile einer Wirtschaft. Daran hat die Globalisierung nichts verändert. Im Gegenteil: Sie hat mit der immer einfacheren Verbreitung von Technologien und der Möglichkeit, fast überall auf der Welt billig produzieren zu lassen, dafür gesorgt, dass schwer kopierbare Wettbewerbsvorteile an Bedeutung gewannen und diese liegen vor allem in den Qualitäten, den Quantitäten, dem Wissen und den Kompetenzen der Arbeitskräfte. Deshalb wird mit jedem demografischen Wandel auch die Wettbewerbsfähigkeit und Innovationskraft einer Region grundlegend verändert.[1]

Fachkräftemangel und die Konsequenzen

Klagen heute schon bestimmte Branchen über Fachkräftemangel, sind die „mismatches" auf dem Arbeitsmarkt, die Diskrepanz zwischen Arbeitsmarkt und Erwerbslosenmarkt heute nachhaltig ausgeprägt, so wird vor allen Dingen nach 2010 das Angebot an Arbeitskräften deutlich sinken, primär qualifizierte junge Arbeitskräfte knapp und teuer werden. Dieser Trend wird sich in den Folgejahren noch weiter verstärken, so dass befürchtet wird, dass langfristig ein Mangel an qualifizierten Arbeitskräften zumindest auf Teilmärkten vorhanden sein wird, was dann auch Konsequenzen für Beschäftigte mit geringerer Qualifikation haben wird, da jeder Fachkräftearbeitsplatz, der nicht besetzt werden kann, negative Konsequenzen für Arbeitsplätze mit geringerer Qualifikation hat.[2]

Vier Strategien werden diskutiert.
1. Höhere Erwerbsbeteiligung der Jugendlichen,
2. höhere Erwerbsbeteiligung der Frauen,
3. mehr Einwanderer und vor allem
4. höhere Erwerbsbeteiligung von Älteren.

Angesichts millionenfacher Arbeitslosigkeit klingt das kurzfristig als unverständlich, ist aber langfristig unverzichtbar mit Blick auf den skizzierten demografischen Wandel, wenn man nicht wie in anderen Bereichen – wie etwa dem Bildungssektor – wegen mangelnder Langfristorientierung Fehler mit nachhaltigen Konsequenzen wiederholen will.

---

[1] Vgl. ausführlich Lompe / Weis (2003) am Beispiel einer Untersuchung im Rahmen des bundesweiten Projektes „Stadt – Region 2030".

[2] Nicht zuletzt wegen der oben erwähnten mismatches wird sich das Problem der Arbeitslosigkeit im Angesicht der demographischen Entwicklung nicht mit einem „Schlag" erledigen, wenn nicht entsprechend im Bildungs-, Ausbildungs- und Weiterbildungsbereich gegengesteuert wird, auch wenn die Arbeitsmarktforscher von einer Entspannung nach 2010 ausgehen.

Die zukünftige unverzichtbare Erwerbsbeteiligung der Älteren und die Trends der aktuellen Personalpolitik

Hier soll nur die unter den gegebenen Bedingungen unverzichtbare höhere Erwerbsbeteiligung der Älteren thematisiert werden.

Um zukunftsorientierte Problemlösungen in den Unternehmen zu entwickeln, ist es erforderlich, die Gesamtheit der vorher erwähnten drei Trends – Mangel an Jüngeren, Älterwerden betrieblicher Belegschaften und permanenter Rückgang an Erwerbspersonen – zu berücksichtigen und sich nicht nur auf ausgewählte Entwicklungen zu konzentrieren. Dabei muss man heute konstatieren, dass, obgleich es inzwischen eine breite öffentliche Diskussion um die Folgen des demografischen Wandels auch für die Belegschaftsstrukturen gibt, sich das Altersprofil von Belegschaften in den vergangenen Jahren in Deutschland weitaus weniger verändert hat, als man es hätte erwarten können und als es in anderen Ländern der Fall ist. Das hängt vor allem mit den Mechanismen der Frühverrentung und des Vorruhestandes zusammen, die dazu geführt haben, dass Deutschland zurzeit noch zum Beispiel eine sehr niedrigere Beschäftigungsquote der 55- bis 64-jährigen zu verzeichnen hat (Abbildung 6).

Die Erwerbsquote liegt hier in der Bundesrepublik bei 37,8 %, in Schweden zum Beispiel beträgt der Anteil der Erwerbstätigen dieser Altersgruppe dagegen heute schon rund 64 %. Nach dem Betriebspanel der Bundesanstalt für Arbeit von 2000 (vgl. Leber 2001) ergab sich, dass weit mehr als die Hälfte der Unternehmen keine Arbeitnehmer beschäftigen, die älter sind als 50 Jahre, was auch etwa für Spezialisten im Ingenieurbereich gilt. Das führt unter anderem dazu, dass in Deutschland eine große Zahl von Ingenieuren auch in Schlüsselbereichen wie Optik, Nano- und Medientechnologie fehlen, während auf der anderen Seite eine große Zahl von Ingenieuren arbeitslos bzw. frühverrentet ist.[3]

Der Widerspruch zwischen Forderungen nach mehr Beschäftigung von Älteren und der Realität, zwischen Wunsch und Wirklichkeit, ist hier heute noch eklatant. So wird heute zwar auch von Arbeitgeberseite nachdrücklich betont, die Bundesrepublik könne sich nicht länger leisten, das enorme Potenzial der Älteren zu verschenken, der schwarze Peter wird dabei von den Unternehmen aber zunächst einmal auf die Politik geschoben, die zu lange mit Anreizen für Frühverrentung auf Arbeitsmarktprobleme reagiert habe. Dabei muss aber betont werden, dass die Unternehmen die entsprechenden Angebote dankbar nutzten, um sich von älteren, meist als leistungsschwächer erachteten, relativ teuren Beschäftigten zu trennen. Die Umgestaltung bzw. das Auslaufen der Anreizsyste-

[3] Michael Naumann (2005: 10) geht davon aus, dass 100.000 dieser Spezialisten fehlen, 65.000 Ingenieure im arbeitsfähigen Alter arbeitslos bzw. frühverrentet sind.

me steht kurz bevor. Ältere Beschäftigte können nach den Entscheidungen der Bundesregierung leichter für begrenzte Zeit eingestellt werden. Von 2006 an erhalten die 55-jährigen nur noch maximal 18 statt 32 Monate Arbeitslosengeld und ab 2009 haben nur noch diejenigen Anspruch auf Rente nach Altersteilzeit oder wegen Arbeitslosigkeit, die 63 Jahre oder älter sind.

Technische Universität Braunschweig, Institut für Sozialwissenschaften, Prof. Dr. K. Lompe

Ältere in Jobs im internationalen Vergleich

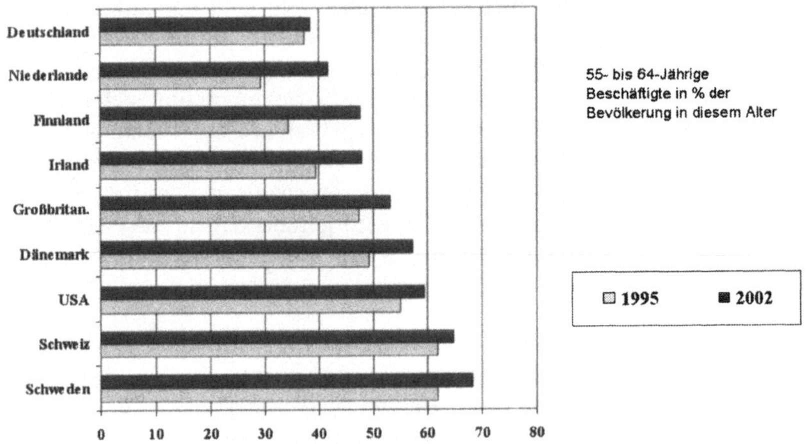

Nach Berechnungen des Instituts der deutschen Wirtschaft Köln

Abbildung 6

Weiterhin gilt aber, dass die Personalpolitik der Unternehmen bisher von drei zentralen Elementen bestimmt wird, die sie bei Fortführung angesichts des demografischen Wandels bald an strukturelle Grenzen stoßen lässt.

Erstens ist sie nachdrücklich jugendzentriert, zweitens ist sie kurzfristig angelegt und drittens weitestgehend noch am Defizitmodell des Alters orientiert. Nicht selten führte vor allem die New-Economy-Ideologie zu der Meinung, dass die Wirtschaft auf einen festen Anteil von 20- bis 35-jährigen angewiesen sei und in manchen Unternehmen gelten Arbeitnehmer schon mit 40 Jahren als zu alt. Zurzeit haben die Arbeitgeber, abgesehen von bisher relativ wenigen Ausnahmen, in der Realität den in ihren Verbandsorganen zum Ausdruck gebrachten Sympathien für Ältere noch kaum entsprechende Taten folgen lassen. Das hängt vor allen Dingen auch damit zusammen, dass das Defizitmodell des Alters in vielen

Köpfen weiterhin dominiert. Die absehbaren Entwicklungen werden hier spätestens ab 2010 zu einem Umdenken zwingen.

Dabei werden eine Reihe von Fragen aufgeworfen, auf die adäquate Antworten gefunden werden müssen. Die hinter den im Folgenden formulierten Fragen steckenden Probleme werden dadurch verkompliziert, dass die geschilderten demografischen Entwicklungen mit spezifischen strukturellen Entwicklungen im Blick auf die Zukunft der Arbeit zusammenfallen, die entsprechende Konsequenzen für die Erwerbstätigen haben.

Aspekte der Zukunft der Arbeit

Aussagen zur Veränderung der Erwerbsarbeit waren und sind auch heute in der Forschung noch in ihren Annahmen und Analysen oft ausgesprochen heterogen. Konsens besteht insofern, als gravierende Umbrüche in der gesellschaftlichen Organisation der Arbeit festgestellt werden. Die veränderten Rahmenbedingungen (Globalisierung, Technisierung, Individualisierung) wirken unterschiedlich und in hochkomplexer Weise zusammen und beeinflussen die Ausprägung von Arbeit.

Genannt seien einige Tendenzen, über die weitgehend Konsens herrscht. Vor allen Dingen wegen des Trends zur Dienstleistungsgesellschaft im weitesten Sinne werden die Arbeitsinhalte weiter von der Materialorientierung zur Informatisierung gehen. Die Flexibilisierung der Arbeitszeiten und Arbeitsinhalte wird zunehmen. Dadurch kommt es zu einer weiteren Differenzierung der Formen von Erwerbsarbeit und zu Tendenzen stärkerer Fragmentierung der Erwerbsbiografien. In Konsequenz wird sich das klassische Normalarbeitsverhältnis vermutlich noch weiter als bisher verändern, also entnormalisieren bzw. entgrenzen. Die Anforderungen an die Beschäftigten auf der einen und an die Unternehmen auf der anderen Seite werden sich in kürzeren Abständen wandeln. Der Kostendruck wird steigen, ebenso wie die Arbeitsverdichtung mit zunehmendem Leistungsdruck mit Bezug zu steigender Produktivität und Innovationsdynamik.

Grundsatzprobleme einer alternden Erwerbsgesellschaft

Mit Blick auf beide Entwicklungsstränge, die demografische Entwicklung und die Entwicklung der zukünftigen Arbeit, stellen sich eine große Zahl grundsätzlicher Fragen wie die: Wie kommt eine alternde Erwerbsgesellschaft mit der zunehmenden Informationalisierung und Wissensintensivierung in fast allen Tätigkeitsfeldern zurecht? Wie kann es den Unternehmen gelingen, bei alternden Belegschaften ihre Innovations- und Wettbewerbsfähigkeit zu erhalten? Wie sollen älter werdende Arbeitnehmer mit den steigenden Flexibilitäts- und Mobilitätsanforderungen sowie den steigenden Belastungen vor allem auch in qualifizierten Tätigkeiten umgehen? Findet eine kontinuierliche Erneuerung von betrieblichen Wissensbeständen statt, die der produkt- bzw. dienstleistungsspezifischen Geschwindigkeit der Wissensentwicklung Rechnung trägt? Oder gefährden grundsätzlich älter werdende Belegschaften die Innovations- und Wettbewerbsfähigkeit der Volkswirtschaft und von Regionen? Wie soll in Zukunft neues modernes Wissen in die Unternehmen fließen? Wie können ältere Arbeitnehmer ihre Qualifikationen und Kompetenzen kontinuierlich anpassen? Wie können sie also ihre Beschäftigungsfähigkeit über das Erwerbsleben hinweg erhalten und ihre Qualifikationen zielgerichtet erneuern? Ist die Arbeitsfähigkeit – als Einheit von Gesundheit, Qualifikation und Motivation – für alle Altersgruppen bis zur Rente gewährleistet? Besteht angesichts der beschriebenen Wandlungstendenzen die Gefahr eines langfristigen „personellen Ausblutens" wegen des Fehlens von permanenten Personalzugängen bei anstehenden Personalabgängen? Ist die Unternehmenskultur auf ein Miteinander der Generationen ausgerichtet? Werden die Wertvorstellungen, Interessen, Bedürfnisse spezieller Altersgruppen gegenüber denen anderer bevorzugt?

Alles das sind Fragen, die der empirischen Klärung bzw. auch der Antworten von Seiten der Politik und der Sozialpartner bedürfen, wobei natürlich die Rolle der Unternehmen im Blick auf die Beschäftigungspolitik von zentraler Bedeutung ist. Und hier stellt sich aktuell die Frage, befasst sich die betriebliche Beschäftigungspolitik schon ausreichend mit dem Thema Alterstruktur? Gibt es schon eine demografiegerechte Personalpolitik?

Hier können nicht auf alle Fragen Antworten gegeben, nur einige grundsätzliche herausgegriffen werden.

Zunächst muss betont werden, dass mit Blick auf die angesprochenen Probleme die Welt heute noch voller Vorurteile ist. Man kann davon ausgehen, dass – wie Peter Hartz (2004) es formuliert hat – „Unternehmen, die über kein Konzept zum Umgang mit alternden Mitarbeitern und Mitarbeiterinnen verfügen, Gefahr [laufen], ihr Innovationspotenzial und ihre Leistungsfähigkeit zu verlieren."

Gerade das Problem Innovation ist ein Reizthema. Dabei liegt auf der Hand, dass, wenn der Zufluss neuen Wissens, das die Betriebe kostenlos aus dem staatlich finanzierten Bildungssystem akquirieren, in großer Zahl wegbricht, den Betrieben es vermehrt an bestimmten Innovationspotenzialen in den künftigen Belegschaften fehlt, da die 20- bis 35-jährigen heute noch vor allem als Träger des neuen „modernen" Wissens und als Träger großer Risikobereitschaft angesehen werden. Dieses Problem ist nicht zu verniedlichen. Vor allem im Blick auf die Frage, ob das Tempo heutiger Innovationsprozesse die ältere Generation vor nachhaltige Probleme stellt. Ob man jedoch grundsätzlich behaupten kann, dass die alternde Erwerbsbevölkerung ebenso zum Bremsschuh für Innovation und Wachstum generieren würde wie der Rückgang des Anteils der jungen Wissensträger, kann bezweifelt bzw. muss differenziert analysiert werden oder ist eine Frage des Gegensteuerns.[4]

Der Mythos der Innovationsschwäche der Älteren

Bei ihrer Zukunftsbewältigung haben sich die Unternehmen bisher – wie erwähnt – auf die Jungendzentriertheit und die vorzeitige Verrentung als allumfassende Patentlösung fokussiert. Ausgeklammert bleiben dabei vorausschauende Strategien zur Erhaltung der Arbeitsfähigkeit der älter werdenden Belegschaften. Betrachtet man das Problem näher, die Arbeitsfähigkeit der älteren Mitarbeiter zu erhalten, so muss man sich zunächst von dem immer noch im Vordergrund stehenden Defizitmodell lösen. Das Defizitmodell geht davon aus, dass ältere Mitarbeiter weniger innovationsfähig und innovationsbereit, nicht mehr so belastbar und leistungsfähig sind und nicht mehr über aktuelles Wissen verfügen. Sie stehen mit dem technischen Fortschritt auf „Kriegsfuß", Alten fehlt der „Drive", sie ermüden schneller, halten Stress nicht gut aus, sind geistig unbeweglich, lernen nicht mehr so fix wie junge, sind wenig motiviert, Neues anzufassen. Junge sind hingegen aggressiv, dynamisch, innovativ usw. Und die Annahme, Ältere seien weniger leistungsfähig, hat sich auch in den Köpfen vieler Beschäftigter festgemacht. Mit diesem Defizitdenken stehen sie sich dann selbst im Wege. Umfangreiche vor allem gerontologische Untersuchungen haben aber gezeigt, dass das Defizitmodell in seiner Globalität nicht der Realität entspricht bzw. sehr differenziert analysiert werden muss (vgl. etwa Maintz 2003). Es gibt offensichtlich keine bedeutenden Leistungsunterschiede zwischen älteren und jüngeren Arbeitnehmern, wenn als Maßstab für die Leistung das Ergebnis zu Grunde gelegt wird (vgl. Morschhäuser 2003). Peter Hartz (2004) hat das in einem Bild umschrieben: „Ein 40-jähriger Mittelstürmer in der Bundesliga ist alt, ein 40-jähriger Trainer jung."

Es besteht kein Zweifel, dass zum Beispiel mehr noch als die Jungen die Älteren etwa unter Monotonie der Arbeit, zunehmender Stressbelastung, dem steigenden Leistungsdruck, zu geringer Anerkennung und der körperlichen Belastung durch Schicht, Hitze, Lärm usw., leiden. Untersuchungen zeigen aber, dass nicht das

[4] Hier spielt übrigens auch die staatliche Beschäftigungs- und Weiterbildungspolitik eine sehr große Rolle.

Alter an sich zum Verschleiß und verminderter Leistungsfähigkeit führt, sondern vor allem einseitige und belastungsintensive Arbeitsbedingungen. In der betrieblichen Praxis gibt es das Problem der Innovationsschwäche älterer Mitarbeiter aber nur sehr begrenzt, und wenn es künftig immer weniger junge Menschen gibt, müssen eben die alten lange jung bleiben. Bei denen, die harte körperliche Tätigkeiten verrichten, ist das schwer realisierbar, aber deren Zahl nimmt auch ab. Das heißt, Leistungsfähigkeit ist nicht isoliert am kalendarischen Lebensalter festzumachen, sondern sie muss immer im Zusammenhang mit den konkreten Arbeitsbedingungen und Arbeitsanforderungen gesehen werden. Hier stellen sich mit Blick darauf, dass im zunehmenden Maße die älteren Arbeitnehmer mehr benötigt werden, die jungen knapp und teuer werden, spezifische Formen der Bringschuld an die Unternehmen.

Die Notwendigkeit eines konsequenten Alternsmanagement und die Hindernisse in der aktuellen Praxis

So muss an die Stelle des Defizitsmodells ein Potenzialmodell treten, das die besonderen Stärken älterer Mitarbeiter betont und fördert, als da sind Know-how, spezifische Kompetenzen, Loyalität usw. Die aufgezeigten Probleme erfordern von den Unternehmen neuartige Strategien, insbesondere ein dezidiertes, längerfristig angelegtes Alternsmanagement. Die Herausforderungen stellen sich dabei auf unterschiedlichen Ebenen: bei der Personalbeschaffung, bei der Personalentwicklung und -qualifizierung, bei der Gestaltung der Arbeitswelt im Ganzen, bei der Arbeitszeitgestaltung und auch im Bereich einer adäquaten Gesundheitspolitik. Erfolgreiche Unternehmen bedürfen offensichtlich zum Beispiel auch eines Kompetenzmixes, wo etwa das hohe Fachwissen, die Computerrafinesse der Jungen gepaart wird mit den langen Erfahrungen der Alten über Prozessabläufe oder allgemein ihr langjährig angeeignetes Know-how. Untersuchungen zeigen auch, dass Teams, die altersgemischt besetzt sind, effizienter zusammenarbeiten als Arbeitsgruppen mit ausschließlich jungen, oft unerfahrenen Kräften (Raabe 2003).

Um die Probleme in den Griff zu bekommen, genügt es auch nicht die Erwerbsbeteiligung der Älteren zu erhöhen, indem man schlicht die Anhebung des Rentenalters auf 67 Jahre fordert. Diese Forderung zielt primär auf eine Entlastung der Rentenversicherung, vernachlässigt dabei aber weitestgehend die betriebliche Realität bzw. Beschäftigungspolitik. Damit Erwerbstätige zukünftig tatsächlich länger erwerbstätig sein können, müssen die Arbeits- und Beschäftigungsbedingungen entsprechend alters- und gesundheitsgerecht gestaltet werden.

In der Wissenschaft, aber auch in Teilen der Praxis werden eine Reihe von Konzepten diskutiert. Karriereplanung, Job-family, Patenmodelle, demografische Gestaltung der Arbeitszeit, Arbeitsplatzkataster sind hier wichtige Stichworte, um das zentrale Ziel der Erhaltung der Arbeitsfähigkeit bis zum Rentenalter zu sichern.

Karriereplanung heißt dabei zum Beispiel auch, dass nicht mehr alleinige oder vordergründige Aufgabe ist, Aufstieg zu garantieren, sondern in Zukunft auch noch einen Arbeitsplatz zu haben. Anwendung des Konzepts der Job-family heißt, im Unternehmen im Laufe eines Arbeitslebens Tätigkeiten auf unterschiedlichen Arbeitsplätzen adäquat ausfüllen zu können. Das heißt dann aber auch immer, nicht aus Lernprozessen auszusteigen oder ausgeschlossen zu werden. Damit wird aber auch deutlich, dass Maßnahmen zur Förderung alternder Arbeitskräfte bzw. zur Sicherung ihrer Beschäftigungsfähigkeit, nicht erst am Ende, sondern während der gesamten Erwerbsbiografien zum Einsatz kommen müssen – womit auch deutlich wird, dass für die Unternehmen die angesichts des demografischen Wandels anfallenden Problemlösungen nicht eine Frage des nächsten Jahrzehnts sind, sondern im Gegensatz zu der dominierenden aktuellen Praxis heute schon angesetzt werden müssen. Auch in alternden Belegschaften müssen dabei die älteren Arbeitnehmer ständig auf dem aktuellen Wissensstand gehalten werden, um einem Dequalifizierungsrisiko zu entgehen und um eine entsprechende Anpassung der Arbeitsbedingungen an die spezifischen Bedürfnisse und Eigenschaften dieser Personengruppe durchzuführen. Hier liegen heute noch Defizite auf beiden Seiten. Das heißt, sowohl Arbeitgeber als auch Arbeitnehmer müssen entsprechend gefordert werden, da auch für einen Großteil der Erwerbstätigen ein möglichst früher Ruhestand als erstrebenswertes Ziel angesehen wurde oder wird, und die Motivation, sich möglichst lange auf dem aktuellen Wissensstand zu halten, oftmals nicht besonders ausgeprägt ist.

Abbildung 7 gibt einen Überblick über die Teilnahme an beruflicher Weiterbildung im Bundesgebiet von 1979 bis 2000 nach Altersgruppen. Auf der anderen Seite waren aber auch die Unternehmen aus unterschiedlichen Gründen kaum bereit, im großen Umfang Weiterbildungsmaßnahmen für die älteren Belegschaftsmitglieder durchzuführen. Man argumentiert unter anderem, dass eine Qualifizierung älterer Mitarbeiter aus betrieblicher Sicht wenig Sinn mache, weil angesichts der Kürze der verbleibenden Beschäftigung sich Weiterbildungsinvestitionen nicht mehr rechneten.

Technische Universität Braunschweig, Institut für Sozialwissenschaften, Prof. Dr. K. Lompe

Teilnahme an beruflicher Weiterbildung im Bundesgebiet 1979 – 2000 nach Altersgruppen

(Teilnahmequoten in Prozent)

Altersgruppe	1979	1982	1985	1988	1991	1994	1997	2000
19 – 34 Jahre	16	16	14	23	25	27	33	31
35 – 49 Jahre	9	15	14	20	24	29	36	36
50 – 64 Jahre	4	4	6	8	11	14	20	18

Vgl. BMBF 2003

Abbildung 7

Weiterbildungsmaßnahmen müssen auch ganz neu organisiert werden. Hier bietet es sich auch an, spezielle Angebote für Ältere in den Betrieben zu realisieren. Lebenslanges Lernen heißt auch Offenheit für den oben beschriebenen betriebsinternen Arbeitsplatzwechsel.

Eine systematische Planung altersadäquater Positionswechsel im Sinne von Fach- bzw. Know-how-Karrieren und im Rahmen von Personalentwicklungsmaßnahmen ist heute noch die Ausnahme. Personalentwicklung, soweit sie aktuell im Unternehmen überhaupt als explizite Aufgabe wahrgenommen wird, ist bisher immer noch überwiegend an ein junges High-(Tech-)Potenzial adressiert. Und zudem ist die betriebliche Personalpolitik weiterhin weitestgehend kurzfristig ausgerichtet. Maßnahmen müssen sich nachweisbar und in kurzen Fristen rechnen. Das Tagesgeschäft dominiert und man reagiert meistens erst dann, wenn die Probleme direkt „auf dem Tisch liegen".

Welche Probleme der demografische Wandel für die einzelnen Unternehmen hat oder haben wird, hängt sicherlich jeweils von der Branche, der Betriebsgröße und den regionalen Wirtschafts- und Arbeitsmarktstrukturen ab. Generell stehen die Unternehmen aber vor der Herausforderung, ihren Personaleinsatz und ihre Rekrutierungsstrategien nachhaltig zu überdenken. Das Problem des demografischen Wandels wird in den Unternehmen zwar, nicht zuletzt wegen der Diskussionslinien in der Öffentlichkeit, zunehmend von den Entscheidungsträgern gesehen, aber Strategien gegen die zu erwartenden Auswirkungen werden noch sehr begrenzt realisiert. In weiten Teilen dominiert die Hoffnung auf Selbstregulation. Das heißt: Eine rationale und strategische Integration dieser Problemkomplexe in die Personalplanung steht noch aus. Es ist auch nicht leicht, die Personalleitungen auf die Notwendigkeiten dieser neuen Politikmuster gegenüber bisher dominierenden einzuschwören, wenn sie heute primär gezwungen sind, als zentrale Komponente ihrer Zielvereinbarungen mit den Unternehmensleitungen vor allen Dingen Personalabbau, insbesondere bei den Älteren, zu realisieren. Dabei ist übrigens zu beachten, dass die Alterung der Belegschaften in absehbarer Zeit auch dadurch noch vergrößert wird, dass aktuell kaum noch Arbeitnehmer neu eingestellt werden und selbst nicht mehr alle Ausgebildeten übernommen werden und in vielen Betrieben die Belegschaft insgesamt zurückgeht. Manche Autoren sehen die Chancen für eine notwendige Langfristplanung in diesem Bereich in einer globalisierten Ökonomie grundsätzlich als sehr eingeschränkt. Kister (Frankfurter Rundschau 01.09.2004) bringt diese Position auf den Punkt, wenn er formuliert: „Ein Vorstandsvorsitzender würde von seinen Aktionären oder Finanzhaien der Rentenfonds und Banken gefeuert, wenn er vorausschauend und langfristig planen wollte“.

Dem ist entgegenzuhalten, dass im Blick auf die zukünftig notwendigerweise verstärkte Nutzung der „Humanressource Alter“ im Selbstlauf nichts erfolgen wird, es aber unzweifelhaft ist, dass für Deutschlands Wirtschaftskraft in den nächsten 20 Jahren die erfolgreiche Einbindung älterer Arbeitnehmer von zentraler Bedeutung sein wird. In dem Zusammenhang muss noch einmal betont werden, dass Betriebe nicht deshalb innovativ sind, wenn sie das Problem älterer Mitarbeiter durch Ausgliederung und Vorruhestand lösen, sondern wenn es ihnen gelingt, Arbeitnehmer aller Altersstufen in einen organisatorisch hoch innovativen Gesamtzusammenhang zu bringen. Dabei wird es sicherlich zu einer Art Kulturschock kommen müssen, wenn man mit Blick auf die heutige Realität notwendigerweise die gesellschaftlichen Stereotypen hinsichtlich älterer Mitarbeiter grundlegend abbauen muss. Gesamtgesellschaftlich und betrieblich sollte man sich aber bald von der Überbetonung des Jugendideals und dem Defizitmodell des Alterns nachhaltig verabschieden, die beide verschiedene Seiten einer Münze sind, die ihre Zahlungsfähigkeit längst verloren hat. Das heißt, man muss zur Kenntnis nehmen, dass das Geburtsdatum eines Menschen immer weniger über Tatkraft, Intelligenz, Einfallsreichtum und Führungsstärke aussagt.

Literatur

BMBF (Hrsg.) (2003): Berichtssystem Weiterbildung VIII. Integrierter Gesamtbericht zur Weiterbildungssituation in Deutschland. Bonn

Hartz, Peter(2004): Die demographische Entwicklung. Eine Herausforderung für das Management. Wolfsburg.

iwd: Demographischer Wandel. Die Gründer gehen aus. Nr. 34, S. 6-7.

Kister (2004): in Frankfurter Rundschau 01.09.2004, S. 9.

Leber, Ute (2002): IAB Betriebspanel 2000. Ältere – ein Schatz muss gehoben werden. IAB Mitteilungen Nr. 2, S. 6–8.

Lompe, Klaus (2005): Die Konsequenzen des demographischen Wandels für die Arbeitswelt und die Herausforderungen für ein adäquates Alternsmanagement. In: Neumann, Romahn (Hg.): Wirtschaftspolitik in offenen Demokratien, Marburg, S. 197 – 216.

Lompe, Klaus/ Weis, Hinrich (2003): Arbeit – Stadt – Region 2030, Braunschweig.

Lompe, Klaus/ Blöcker, Antje/ Lux, Barbara/ Syring, Oliver (1996): Regionalisierung als Innovationsstrategie. Berlin.

Lompe, Klaus u.a. (1998): Existenzgründungen, Risikokapital und Region. Baden Baden.

Lompe, Klaus/ Weiss, Hinrich (2004): Arbeit–Stadt–Region 2030.

Maintz, Gundi (2003): Leistungsfähigkeit älterer Arbeitnehmer – Abschied vom Defizitmodell, in Badura u.a.: Demographischer Wandel. Herausforderungen für die betriebliche Personal- und Gesundheitspolitik. Fehlzeitreport 2002. Berlin/Heidelberg, S. 43-58.

Morschhäuser, Martina (2003): Integration von Arbeit und Leben: Strategien zur Förderung von Beschäftigungsfähigkeit, in: ISO-Mitteilungen Nr. 1, S. 45-57

Naumann, Michael (2005): Die alte Angst vorm Apparat, in: Die Zeit vom 04.02., S. 10.

Raabe, Babette/ Kehrschreiter, Rudolf/ Frey, Dieter (2003): Führung älterer Mitarbeiter, Vorurteile abbauen, Potenziale erschließen, in: Badura u.a.: Demographischer Wandel. Herausforderungen für die betriebliche Personal- und Gesundheitspolitik. Fehlzeitreport 2002. Berlin/Heidelberg, S. 137-166.

Rürup, Bert (2000): Bevölkerungswachstum und Wirtschaftswachstum. Hypothesen und empirische Befunde, in: Frankfurter Institut – Stiftung Marktwirtschaft und Politik (Hrsg.): Prosperität in einer alternden Gesellschaft. Bad Homburg, S. 83-106.

III. Staat und Medien

Christine Landfried

Zum Verhältnis von Nationalstaat und Europäischer Union – Eine Analyse am Beispiel der Verfassungspolitik

Fragestellung und Hypothese

Das Verhältnis von Nationalstaat und Europäischer Union möchte ich im Kontext einer sich globalisierenden Welt analysieren. Globalisierung bedeutet die Zunahme grenzüberschreitender Prozesse, Strukturen und Handlungen. In der Wirtschaft, auf den Finanzmärkten und im Bereich der Kommunikation hat sich die Globalisierung seit den siebziger Jahren des 20. Jahrhunderts mit großer Intensität und Geschwindigkeit durchgesetzt. In anderen Bereichen wie zum Beispiel der Bildung ist das Maß an Globalisierung geringer. Globalisierung ist also ein soziales Geschehen, das je nach Politikbereich unterschiedliche Reichweite, Intensität, Geschwindigkeit und Folgen annehmen kann (vgl. Held u.a. 1999: 15).

Im Prozess der Globalisierung beobachten wir auf der einen Seite einen beschleunigten Wandel sozioökonomischer Strukturen, während auf der anderen Seite nationale, supranationale und internationale Politik mit dem Tempo der gesellschaftlichen Veränderungen nicht mitkommen. Die politische Gestaltung der sozioökonomischen Strukturen wird schwieriger.[1] Insbesondere die nationale Politik verliert zunehmend die Fähigkeit, „in der Gesellschaft" zu steuern (Mayntz 1995: 165). Es stellt sich in dieser Situation die *Frage*, welches die Bedingungen sind, die es ermöglichen, dass die Nationalstaaten ihre Handlungsfähigkeit zurückgewinnen.

Immer wieder betonen Mitglieder der politischen Eliten, dass die innen- und außenpolitische Handlungsfähigkeit der Nationalstaaten durch die Europäische Union gestärkt werde (vgl. Merkel 2006). Doch „hinter den Fassaden gemeinschaftlichen Handelns", sagen Ulrich Beck und Edgar Grande, kranke Europa noch immer an einem „nationalen Selbstmissverständnis." (Beck / Grande 2004: 14). Nach diesem Missverständnis könne die Europäische Union nur zu Lasten der nationalen Identität und nationalen Souveränität an Kompetenzen gewinnen. In dieser Wahrnehmung müsse die „Existenz der Nationalstaaten stets gegen Europa verteidigt und gesichert werden" (ebenda).

---

[1] Gegen Ende des 18. Jahrhunderts war diese Ungleichzeitigkeit mit vertauschten Rollen zu beobachten. Einer Beschleunigung des politischen Prozesses stand damals ein relativ langsamer Wandel der gesellschaftlichen Strukturen gegenüber (vgl. Koselleck 2000: 238).

Es wäre empirisch zu prüfen, in welchem Maße eine Kluft zwischen den Äußerungen der Politiker über das gemeinschaftliche Handeln in der Europäischen Union einerseits und dem weiter bestehenden nationalen Blick auf Europa „hinter den Fassaden" andererseits besteht. Nicht zu bestreiten ist jedoch, dass ein solcher „nationaler Blick" auf Europa sowohl bei Mitgliedern der politischen Elite als auch bei den Bürgern in den Mitgliedstaaten der Europäischen Union existiert. Die Debatten, die im Kontext des Referendums zur europäischen Verfassung in Frankreich stattfanden, belegen einmal mehr, dass ein nationaler Blick auf Europa eine wichtige Rolle spielt. Dieser nationale Blick, auch darin ist Beck und Grande zuzustimmen, blockiert das politische Handeln in der Europäischen Union (vgl. Beck / Grande 2004: 81). Die Alternativen zwischen einem Bundesstaat Europa, der die Nationalstaaten überflüssig macht, und einem Staatenbund Europa, in dem die Nationalstaaten an ihrer Souveränität festhalten, sind falsche Alternativen.

Es ist meine *Hypothese*, dass die Legitimität und Effektivität nationaler Politik durch das gemeinsame Handeln der Mitgliedstaaten im Rahmen der Europäischen Union gestärkt werden können. Wenn das Potenzial des gemeinschaftlichen Handelns in der Europäischen Union zur Lösung der gesellschaftlichen Probleme der Nationalstaaten in einer sich globalisierenden Welt genutzt werden soll, dann müssen bestimmte normative Bedingungen gegeben sein.

Drei wichtige Bedingungen für das Stärken der Handlungsfähigkeit der nationalen Politik durch europäische Kooperation werde ich in diesem Beitrag behandeln. Erstens müssten die politischen Eliten sowohl in ihren Entscheidungen auf europäischer Ebene als auch bei der Umsetzung europäischer Politik in den Nationalstaaten Differenz ernst nehmen und auf demokratische und kommunikative Weise mit Differenz umgehen. Zweitens wäre es wichtig, dass eine europäische Öffentlichkeit entstünde und den nationalen Blick auf die Probleme durch einen europäischen Blick ergänzte. Die Berichte über die Europäische Union in den Massenmedien dürften freilich nicht den Eindruck vermitteln, die Einheitlichkeit sei das vorrangige Ziel der europäischen Politik. Und drittens setzte die Stärkung der nationalen Handlungsfähigkeit durch europäische Politik eine europäische Identität voraus, die zu den nationalen Identitäten hinzukommt.

Im folgenden Beitrag möchte ich zunächst die normativen Bedingungen für einen Gewinn nationaler Handlungsfähigkeit qua europäischer Politik begründen. Anschließend werde ich am Beispiel der europäischen Verfassungspolitik prüfen, ob und in welchem Maße die normativen Bedingungen in der Realität dieses Politikbereiches gegeben sind.

Die normativen Bedingungen für die Stärkung der nationalen Handlungsfähigkeit durch europäische Politik

a) Demokratischer und kommunikativer Umgang mit Differenz
Je demokratischer und kommunikativer die politischen Eliten in der europäischen Willensbildung und Entscheidungsfindung mit Differenz umgehen, so die *normative Prämisse*, desto eher kann es gelingen, die Legitimität und Effektivität nationaler Politik durch das gemeinsame Handeln der Mitgliedstaaten im Rahmen der Europäischen Union zu stärken.

Die Forschung zeigt, dass politische Steuerung in der Europäischen Union mit Differenz in den politischen, ökonomischen und kulturellen Strukturen der Mitgliedstaaten rechnen muss. Differenz wird in der Europaforschung in der Regel als „Hürde für einheitliche europäische Lösungen" (Scharpf 1999: 77) interpretiert. Diese Sicht hat ihre Berechtigung. Differenz oder „Andersheit" (Beck / Grande 2004: 25) kann aber auch ein positives Potenzial für den Erfolg der politischen Steuerung und die Lösung von Problemen in der Europäischen Union sein. Gerade wenn wir das Verhältnis von Nationalstaaten und Europäischer Union im Rahmen der Globalisierung betrachten, ist es angesichts des hohen Maßes an real existierender Differenz notwendig, Unterschiede zu akzeptieren. Warum sollte es nicht möglich sein, Differenz positiv zu bewerten (ebenda) und darüber nachzudenken, auf welche Weise Differenz als Potenzial für das Lösen gesellschaftlicher Probleme genutzt werden kann?

Differenz wird nur dann ein Problemlösungspotenzial entfalten, wenn die politischen Eliten auf kommunikative und demokratische Weise mit Differenz umgehen. Ein Umgang mit Differenz ist dann „kommunikativ", wenn während der Willensbildung, Entscheidungsfindung und Umsetzung von Entscheidungen Argumentieren und Verhandeln die zentrale Rolle spielen, und diese Formen der Kommunikation am Ende die kollektiv verbindlichen Entscheidungen auch beeinflussen.[2] Ein „nichtkommunikativer" Umgang mit Differenz hingegen bedeutet, dass Macht, Status und Geld die politische Willensbildung, die Entscheidungsfindung und -umsetzung stärker prägen als Argumentieren und Verhandeln.

Einen „demokratischen" Umgang der politischen Eliten mit Differenz definiere ich im Anschluss an Robert A. Dahl als einen Umgang mit Differenz, in dem freie und gleiche Bürger die gleiche Chance haben, sich am politischen Prozess effektiv und auf der Basis hinreichender Informationen zu beteiligen (vgl. Dahl 1985: 59). Ein demokratischer Verfassungsstaat ist „seiner Idee nach eine vom

---

[2] Argumentieren und Verhandeln sind beides Formen der Kommunikation (vgl. Holzinger 2001: 414-446).

Volk selbst gewollte und durch dessen freie Meinungs- und Willensbildung legitimierte Ordnung, die den Adressaten des Rechts erlaubt, sich zugleich als dessen Autoren zu verstehen“ (Habermas 1998: 100).

b) Das Entstehen einer europäischen Öffentlichkeit

Öffentlichkeit bedeutet in einer Demokratie, dass die Bürger durch Massenmedien und öffentliche Debatten gut informiert das politische Geschehen kritisieren, kontrollieren und damit mitgestalten. Nicht der Anspruch auf Wahrheit, wie beim Aufkommen des Begriffs der Öffentlichkeit in der französischen Revolution, wohl aber der Zusammenhang von öffentlicher Kritik und einer Rationalisierung politischer Machtausübung ist die Idee der Öffentlichkeit, die auch heute noch gültig ist (vgl. Kaelble 2001: 13).

Als europäische Öffentlichkeit definiere ich dann den Kommunikationsraum, in dem die Bürger Europas in unterschiedlichen Teilöffentlichkeiten über europäische Fragen diskutieren und die Chance und das Interesse haben, die Ausübung von Macht in der Europäischen Union informiert zu kritisieren und zu kontrollieren. Ein solcher normativer Begriff der europäischen Öffentlichkeit darf nicht zu einer „Verabsolutierung des Öffentlichkeitsprinzips“ (Neidhardt 2006: 49) führen. Es hängt von den Kompetenzen der Europäischen Union ab, in welchem Maße die politische Herrschaft in der Europäischen Union auf Öffentlichkeit angewiesen ist (vgl. Neidhardt 2006: 50). Doch beobachten wir seit der Verabschiedung der Einheitlichen Europäischen Akte im Februar 1986 das Werden eines politischen Europa. Das Projekt des Binnenmarktes wird heute in einem relevanten Maße durch die Ideen der Sozialpolitik, der Ökologie und der Kultur ergänzt. Auch außenpolitische Fragen gelangen zunehmend auf die europäische Agenda.

Dieses politische Europa, das nicht nur im Binnenmarkt, sondern zu Beginn des 21. Jahrhunderts auch in der Sozial-, Kultur- und Umweltpolitik über umfangreiche Kompetenzen verfügt (vgl. Landfried 2005), erfordert mittlerweile auch eine Debatte in den Öffentlichkeiten über eine europäische Gesamtordnung. Möchte man also zwischen der Skylla überzogener Anforderungen an das Öffentlichkeitsprinzip und der Charybdis entmutigender „Bedenkenträgerei“ einen sinnvollen Weg finden, dann kann der normative Begriff einer idealen europäischen Öffentlichkeit zur Orientierung dienen, ohne „die Praxis mit unmäßigen Utopiequanten zu verschrecken“ (Neidhardt 2006: 58).

Europäische Öffentlichkeit entsteht, wo es Akteure gibt, die Informationen und Meinungen zu Europa verbreiten möchten, Medien, die diese Informationen und Meinungen vermitteln, ein Publikum, das sich für europäische Themen interessiert (vgl. Neidhardt u.a. 2000: 264), wo lebendige Debatten über Europa in

Teilöffentlichkeiten geführt werden und schließlich ein politisches System existiert, das eine transparente Machtverteilung aufweist und Institutionen besitzt, in denen das Prinzip der Öffentlichkeit ernstgenommen wird.

Die nationalen und europäischen Teilöffentlichkeiten als Elemente der europäischen Öffentlichkeit können auf ganz unterschiedliche Weise zusammengesetzt und auf unterschiedlichen Ebenen angesiedelt sein. Europäische Akteure wie zum Beispiel europäische Parteien und Verbände sind solche Teilöffentlichkeiten. Der Konvent zur Zukunft Europas war eine europäische Teilöffentlichkeit, in der Vertreter von nationalen und supranationalen Institutionen arbeiteten. Aber auch nationale Akteure wie zum Beispiel die deutschen Landesparlamente werden zu einer europäischen Teilöffentlichkeit, wenn sie eine bestimmte Position zu einem bestimmten europäischen Thema einnehmen und diese Position in der Öffentlichkeit vermitteln.

Die Medien, die Debatten über europäische Themen vermitteln, sind vorwiegend nationale Medien. Diese „Europäisierung nationaler Öffentlichkeiten" (Neidhardt u.a. 2000: 264) ist ein Kernelement einer entstehenden europäischen Öffentlichkeit und wird auch in einer weiterentwickelten europäischen Öffentlichkeit nicht verschwinden. Sie ist Teil einer Öffentlichkeit, die sich aus vielen unterschiedlichen nationalen und europäischen Elementen zusammensetzt. In der europäischen Öffentlichkeit werden die Teilöffentlichkeiten in ihrer Differenz und mit ihrem je spezifischen Interesse nicht aufgehoben, sondern transformiert.

Wenn die Repräsentanten unterschiedlicher Teilöffentlichkeiten miteinander kommunizieren und sich für übergreifende Aspekte der europäischen Integration interessieren, kann im Prozess des Zusammenführens der Teile die neue Struktur einer europäischen Öffentlichkeit vorübergehend entstehen (vgl. Neidhardt 2006: 54). Die europäische Öffentlichkeit bleibt jedoch ein zusammengesetzter Raum aus unterschiedlichen nationalen und europäischen Räumen, die ab und zu in „der Zusammenführung der Teile einen gemeinsamen Interaktionszusammenhang durch die Kommunikation zwischen Akteuren, Medien und Publikum erzeugen kann" (Franzius 2004: 8).

Eine solche transnationale Kommunikation über Differenz zwischen Teilöffentlichkeiten findet bisher in der Europäischen Union nur selten statt. Für eine Stärkung der politischen Handlungsfähigkeit der Nationalstaaten durch europäische Politik genügte es schon, wenn die Bürger sich für europäische Themen interessierten, die Medien intensiv über europäische Themen berichteten und die Akteure der verschiedenen nationalen und europäischen Teilöffentlichkeiten von Zeit zu Zeit voneinander Notiz nähmen und sich austauschten. Inwieweit die europäische Verfassungspolitik zeitweise europaweite öffentliche Debatten hervorgerufen hat und wo die Defizite an Öffentlichkeit in der Verfassungspolitik lagen, wird im empirischen Teil untersucht werden.

Für ein produktives Verhältnis zwischen Nationalstaat und Europäischer Union im Sinne eines Zugewinnes sowohl an nationaler als auch an europäischer politischer Handlungsfähigkeit ist die allmähliche Entwicklung einer europäischen Identität zentral. Dabei unterscheidet sich eine europäische Identität in ihren Merkmalen von einer nationalen Identität. Sie ist weniger emotional und nicht auf eine gemeinsame Geschichte, Kultur und Sprache bezogen. Die Eigenschaften der nationalen Identität beschreibt der Rechtswissenschaftler Joseph Weiler als „in-reaching strong sense of organic-cultural identification and belongingness". Eine europäische Identität hingegen beziehe sich auf transnationale Werte, die die ethnisch-nationalen Unterschiede transzendierten (Weiler 1999: 346).

Mit einer zusätzlichen europäischen Identität könnten zivilisierende Effekte für die Nationalstaaten verbunden sein. Das europäische Zusammengehörigkeitsgefühl könnte dazu beitragen, nationale Borniertheiten in Schranken zu weisen. Die authentischen Aspekte der nationalen Identitäten würden dadurch gerade gestärkt. Die Zugehörigkeit zu mehreren Identitäten eröffnete die Chance, dass die Bürger über nationale Belange hinausdenken. Auf diese Weise entstünde ein Bewusstsein für die Möglichkeit, dass eine gemeinsame europäische Politik die nationale Handlungsfähigkeit fördert.

Im folgenden Abschnitt möchte ich nun untersuchen, in welchem Maße die europäische Verfassungspolitik den Bedingungen gerecht wird, die nach meiner Argumentation erfüllt sein müssen, wenn es gelingen soll, die europäische Politik für die nationale Handlungsfähigkeit fruchtbar zu machen. Aus dem Bereich der Verfassungspolitik wiederum habe ich konkret die Arbeit des Verfassungs-Konvents ausgewählt und werde an diesem Beispiel die Realisierung der genannten normativen Bedingungen prüfen.

Der Beitrag der europäischen Verfassungspolitik zur Stärkung der politischen Handlungsfähigkeit der Nationalstaaten

Der Konvent zur Zukunft Europas war keine demokratisch gewählte verfassungsgebende Versammlung. Es waren die Staats- und Regierungschefs, die während des Gipfels in Laeken am 14./15.12.2001 beschlossen, die Entwicklung von Vorschlägen für das Erreichen von mehr Demokratie, Transparenz und Effizienz in einer um zehn Staaten erweiterten Europäischen Union an einen Konvent zu delegieren. Auch wenn der Konvent „von oben" eingesetzt wurde, so war die demokratische Legitimation des Konvents größer als die demokratische Legitimation einer Regierungskonferenz.

Mit seinen 105 Mitgliedern, bestehend aus dem Präsidenten Valéry Giscard d'Estaing, den Vizepräsidenten Giuliano Amato und Jean-Luc Dehaene, 15 Vertretern der Regierungen der Mitgliedstaaten, 30 Vertretern der Parlamente der Mitgliedstaaten, 13 Vertretern der Regierungen der damaligen Beitrittskandidaten, 26 Vertretern der Parlamente der damaligen Beitrittskandidaten, 16 Vertretern des Europäischen Parlamentes und zwei Vertretern der Europäischen Kommission, war der Konvent in seiner Zusammensetzung sehr viel repräsentativer als eine Regierungskonferenz. Der Konvent nahm seine Arbeit am 28.2.2002 auf und überreichte am 18.7.2003 dem Europäischen Rat in Rom den Entwurf eines Verfassungsvertrages. *Ist der Konvent demokratisch und kommunikativ mit Differenz umgegangen?* Am Beispiel des Willensbildungs- und Entscheidungsprozesses, der im Ergebnis zu einem Protokoll über die Rolle der nationalen Parlamente in der Europäischen Union führte, möchte ich diese Frage beantworten. Mit der Rolle der nationalen Parlamente wird ein wichtiger Aspekt des Verhältnisses von Nationalstaaten und Europäischer Union angesprochen. Die europäische Integration hat insgesamt zu einer Stärkung der Exekutiven und einer Schwächung der Parlamente geführt. Die nationalen Parlamente haben durch die Verlagerung von Gesetzgebungskompetenzen auf die europäische Ebene an politischer Steuerungsmöglichkeit verloren. Zugleich haben sie in der Europäischen Union mit wenigen Ausnahmen keinen Einfluss, weil es die Regierungen sind, die im Ministerrat europäische Politik gestalten. Da aber die nationalen Parlamente von den Bürgern direkt gewählt werden, während die europäischen Institutionen mit Ausnahme des Europaparlamentes nur indirekt demokratisch legitimiert sind, ist mit dem Verlust an parlamentarischem Einfluss auch ein Verlust an Demokratie verbunden. Der Konvent, so lautete eine seiner Aufgaben, möge einen Weg finden, die nationalen Parlamente bei europäischen Entscheidungen stärker als bisher zu beteiligen (vgl. Europäischer Rat 2001).

Im Konvent wurden unterschiedliche Modelle zur Beteiligung der nationalen Parlamente diskutiert. Die Mitglieder des Konvents sind mit dieser Differenz der institutionellen Konzepte auf argumentative Weise umgegangen. Kommunikative Verfahren wie Argumentieren und Verhandeln (vgl. Holzinger 2001: 419) waren für das Ergebnis der Debatte wichtiger als der Einsatz von Status und Macht.

Am Beispiel der ersten Debatte im Plenum des Konvents zur Beteiligung der nationalen Parlamente am 7.6.2002 sei dies veranschaulicht. Es wurde deutlich, dass eine Mehrheit der Mitglieder des Konvents einer größeren Rolle der nationalen Parlamente in der Europäischen Union positiv gegenüberstand. Unterschiede bestanden jedoch in der Frage, mit welchen institutionellen Konzepten es gelingen könne, einen größeren Beitrag der nationalen Parlamente zur europäischen Politik zu realisieren. Im Mittelpunkt der Kontroverse stand die Frage, ob eine neue Institution für die gemeinsame Repräsentation der nationalen Parlamente geschaffen werden solle oder nicht (vgl. CONV 2002).

Die Evaluation der Debatte ergibt, dass es bei der Realisierung des demokratischen Prinzips der gleichen Teilhabe der Konventsmitglieder an der Debatte Defizite gab. Bei einer Gesamtzahl von 70 Beiträgen waren die Mitglieder aus den Beitrittsländern mit 15 Beiträgen in Relation zu ihrer Vertretung im Konvent unterrepräsentiert. Wenn der Vertreter eines Beitrittslandes das Mikrofon ergriff, konnte es vorkommen, dass der Geräuschpegel im Plenarsaal stieg. Als zum Beispiel der Vertreter Lettlands, Maris Sprindžuks, sprach, hörten viele Mitglieder des Konvents nicht zu. Vizepräsident Giuliano Amato ermahnte die Konventsmitglieder: „Bitte keine privaten Versammlungen hier im Raum." Aber Maris Sprindžuks gab mit einer Geste zu verstehen, dass ihn die mangelnde Aufmerksamkeit seiner Kollegen nicht störe (vgl. Europäischer Konvent 2002).

Eine solche Bescheidenheit war für die Vertreter der Europäischen Kommission nicht typisch. Als Kommissionsmitglied Michel Barnier seine Redezeit wieder einmal überschritt, griff Giuliano Amato erneut ein: „Ich kann das verstehen, da es ja nur zwei Mitglieder der Kommission im Konvent gibt. Aber wir können aus dem Konvent nicht Orwell's ‚Animal Farm' machen. Wir müssen alle gleich sein." (Europäischer Konvent 2002: 16).

Die Struktur der Partizipation der Konventsmitglieder an der Debatte war hierarchisch. An erster Stelle stand das Vereinigte Königreich mit fünf Beiträgen, es folgten Finnland und Italien mit je vier Beiträgen und Dänemark und Österreich mit je drei Beiträgen. Unter den acht Ländern, deren Vertreter sich nur einmal zu Wort meldeten, waren fünf Beitrittsländer. Drei Länder haben sich überhaupt nicht eingemischt: Bulgarien, die Tschechische Republik und Estland.

Während also der demokratische Umgang mit Differenz nur teilweise realisiert wurde, lässt sich sagen, dass die Debatte ein hohes kommunikatives Niveau aufwies (ausführliche Analyse vgl. Landfried 2005: Kapitel VII.4). So favorisierten nur wenige Mitglieder des Konvents eine neue Institution als Plattform der nationalen Parlamente in der Europäischen Union. Diese Konventsmitglieder bestanden jedoch darauf, die Option einer neuen Institution nicht ohne gründliche Überlegung von der Agenda zu nehmen. Maria Eduarda Azevedo, Abgeordnete des portugiesischen Parlamentes, sagte: „Eine neue Kammer für die Parlamente ist eine Debatte wert, und zwar eine Debatte ohne Vorurteile." (Europäischer Konvent 2002: 38).

René van der Linden, für das holländische Parlament im Konvent, räumte ein, dass er noch keine Meinung zu den Möglichkeiten für eine effektivere Beteiligung der nationalen Parlamente habe: „Frankly – I'm not sure what my stance will be." (Europäischer Konvent 2002: 31). Die Debatte war also insofern eine wirkliche Debatte, als für die Mitglieder des Konvents nicht von Anfang an feststand, welches die beste Lösung für die angestrebte stärkere Einbeziehung der nationalen Parlamente in die europäische Willensbildung sei.

Konventspräsident Valéry Giscard d'Estaing konnte seinen Status nicht einsetzen, um seine Lieblingsidee eines „Kongresses der Völker" zu verwirklichen. Der Konvent einigte sich auf ein „Frühwarnsystem" zur Beteiligung der nationalen Parlamente in der europäischen Politik. Dieses System sieht vor, dass die nationalen Parlamente zeitgleich mit dem Europäischen Parlament und dem Ministerrat über alle Gesetzesvorhaben informiert werden. Jedes nationale Parlament kann dann innerhalb von sechs Wochen der Kommission mitteilen, aus welchen Gründen es der Meinung ist, die Kommission habe das Prinzip der Subsidiarität verletzt. Wird von einem Drittel der nationalen Parlamente eine solche begründete Stellungnahme abgegeben, dann muss die Kommission ihr Vorhaben überprüfen (vgl. Vertrag über die Verfassung für Europa 2004: Absatz 6). Nach der Prüfung ist es der Kommission jedoch überlassen, ob sie ihren Vorschlag beibehält, ändert oder zurückzieht. Die nationalen Parlamente haben am Ende des Verfahrens noch die Möglichkeit, über ihre Mitgliedstaaten beim Europäischen Gerichtshof zu klagen.

Das Frühwarnsystem ist im Vergleich zum Status quo ein Fortschritt für die europäische Demokratie. Die Mitgliedstaaten wären durch ihre direkt gewählten Parlamente stärker an der Willensbildung europäischer Politik beteiligt. Über die Mitsprache der nationalen Parlamente gewänne die europäische Politik an demokratischer Legitimation. Zusätzliche demokratische Legitimation ist aber wiederum ein Gewinn für die Effektivität europäischer Politik. Denn nationale Parlamente, die nicht völlig ohne Einfluss auf die europäischen Entscheidungen sind, werden diese Entscheidungen eher akzeptieren und praktisch umsetzen.

Das Protokoll zu den nationalen Parlamenten, das von den Staats- und Regierungschefs der Mitgliedstaaten der Europäischen Union unverändert am 18.06.2004 in den Verfassungsvertrag übernommen wurde, besitzt die Kapazität, die Mitwirkung der nationalen Parlamente in der Europäischen Union in Zukunft zu stärken. Der kommunikative und begrenzt demokratische Umgang mit Differenz innerhalb des Konvents hat also im Fall der Rolle der nationalen Parlamente zu einer institutionellen Lösung geführt, die beanspruchen kann, die Problemlösungskapazität im Vergleich zu den bisherigen Verträgen zu erhöhen.

Europäische Verfassungspolitik als Beitrag zur Entstehung einer europäischen Öffentlichkeit?

Die Debatte über eine europäische Verfassung hat phasenweise das Entstehen einer europäischen Elitenöffentlichkeit gefördert. Über viele Jahre waren nur wenige Politiker, Wissenschaftler und Institutionen an der Thematisierung einer europäischen Verfassung interessiert. Seit Frühjahr 2000 wurde die europäische Verfassung zu einem Thema in der Öffentlichkeit. Der ehemalige Präsident Tschechiens, Vačlav Havel, plädierte im Europäischen Parlament im Februar 2000 für eine europäische Verfassung, die so verständlich sein müsse, dass Kinder den Text in der Schule lesen könnten. Die Rede des damaligen deutschen Außenministers Joschka Fischer im Mai 2000 über die Finalität der europäischen Integration in der Humboldt Universität zu Berlin gab den Anstoß zu weiteren Diskussionen.

Die Beiträge von Politikern zur Verfassung waren im Jahr 2000 bald kaum noch zu überblicken. Die Rede eines Politikers gab den Anstoß für eine internationale Tagung am Europäischen Hochschulinstitut in Florenz zum Thema der europäischen Verfassungsgebung. In der Elitenöffentlichkeit wurde in einem „gemeinsamen Kommunikationszusammenhang" (Neidhardt 2000: 289) über eine mögliche demokratische Grundordnung für das politischer werdende Europa diskutiert. In den Argumenten wurde aufeinander Bezug genommen.

Der Konvent zur Zukunft Europas lasse sich, so die Politikwissenschaftlerin Antje Wiener, als „institutionelle Verstetigung" (Wiener 2003: 136) der Verfassungsdebatte begreifen. Der Konvent selbst wiederum war ein Thema in der Qualitätspresse. Wenn man die durchschnittliche Häufigkeit der Berichte pro Monat über den gesamten Zeitraum der Konventsarbeit von Februar 2002 bis Juli 2003 berechnet, dann wird man natürlich zu dem Ergebnis kommen, dass wenig über den Konvent in der Presse stand (vgl. Meyer 2003: 248). Doch es ist wie mit nationalen Themen auch: Die Aufmerksamkeit der Presse folgt ganz speziellen Regeln (vgl. Risse 2004: 139).

Nimmt man zum Beispiel die Eröffnung des Konvents im Februar 2002, die Vorlage des ersten Entwurfs eines Verfassungsvertrags im Oktober 2002 oder die strittige Debatte über die Institutionen im Mai 2003, dann zeigt sich, dass die Presse über die Arbeit des Konvents umfassend informierte. Diese Berichterstattung über den Konvent erfolgte auch keineswegs aus einer nationalen Perspektive. Eine kleine Presseauswertung zeigt, dass die nationalen Medien zu wichtigen Ereignissen im Konvent ihre Berichterstattung nicht auf den nationalen, sondern auf den europäischen Kontext richten (vgl. Landfried 2006: 97).

So wurde in der Frankfurter Allgemeinen Zeitung (FAZ) über die Eröffnung des Konvents am 28.2.2002 in den Tagen vor, während und nach der Eröffnung (25.2. bis 3.3.2002) in 16 Artikeln nur dreimal über ein nationales Thema berichtet, das mit dem Konvent zusammenhängt. Dreimal wurde über einen anderen Mitgliedstaat und zehnmal über die Europäische Union im Kontext des Konvents informiert. Die Berichterstattung hatte also keinen nationalen, sondern einen europäischen Bezug. Ganz ähnlich in Le Monde: von ebenfalls insgesamt 16 Artikeln wurde in zwei Artikeln ein nationales Thema im Kontext des Konvents behandelt, in vier Artikeln über einen anderen Mitgliedstaat informiert, und in zehn Artikeln wurde die Europäische Union im Kontext des Konvents thematisiert (vgl. Landfried 2006: 97).

Während die Berichterstattung über Regierungskonferenzen meist nicht sehr informativ ist, weil die Verhandlungen hinter verschlossenen Türen stattfinden, und auch Journalisten nicht sehr viel erfahren, war die Berichterstattung über den Konvent lebendiger. Die Journalisten konnten der Debatte zuhören und anschließend ihre Leser über Argumente und Gegenargumente informieren.

Auch wenn die Berichterstattung über den Konvent in der Qualitätspresse als informativ zu bezeichnen ist und der Einwand, diese Berichte würden aus einer nationalen Sicht geschrieben, nicht zutrifft, so bleibt das Manko, dass die öffentliche Debatte die Bürger nicht erreicht hat. Die Kenntnisse über den Verfassungsvertrag sind nach einer Umfrage des Eurobarometer vom November 2004 gering: 33 % der Bürger in den 25 Mitgliedstaaten der EU hatten noch nie etwas über den Verfassungsvertrag gehört. 56 % der Bürger hatten schon von dem Vertrag gehört, besaßen aber nach eigenem Eindruck wenig Kenntnisse über den Vertrag, und nur 11 % der Bürger in den Mitgliedstaaten waren der Meinung, über den Vertrag hinreichend informiert zu sein (Eurobarometer 2005).

Betrachtet man die Ergebnisse der Umfrage nach Ländern, dann schnitten die Niederlande am besten ab. Nur 22 % der Niederländer hatten noch nie etwas von dem Verfassungsvertrag gehört. Deutschland lag im mittleren Bereich: Die Zahl der Bürger, die noch nie etwas vom Vertrag gehört hatten, entsprach genau dem EU-Durchschnitt von 33 %. Am Ende der Skala lagen Griechenland (49 %), Großbritannien (50 %) und Zypern (65 %). In den zehn Mitgliedstaaten, in denen zum Zeitpunkt der Umfrage klar war, dass es Referenden über den Verfassungsvertrag geben würde, waren die Ergebnisse für den Bekanntheitsgrad des Vertrages noch schlechter. In diesen zehn Ländern hatten nur 65 % jemals etwas über den Verfassungsvertrag gehört gegenüber 67 % in allen 25 Mitgliedstaaten (vgl. Eurobarometer 2005).

Vergleicht man den subjektiven Eindruck der Bürger über ihre Kenntnis des Verfassungsvertrages mit der wirklichen Kenntnis zentraler Punkte des Vertrages, dann sind die Ergebnisse ebenfalls nicht ermutigend. Auch die Bürger, die der Meinung waren, den Inhalt des Vertrages zu kennen (EU-25: 11 %), konnten zu einem hohen Prozentsatz die gestellten Fragen nicht beantworten . So wussten nur 38 % der Befragten, dass der Präsident des Europäischen Rates nicht direkt von den EU-Bürgern gewählt wird (Eurobarometer 2005: 5). Die Prozentzahl an richtigen Anworten war auch in den Ländern gering, in denen ein Referendum bevorstand. Drei Monate vor dem Referendum in Spanien war der durchschnittliche Prozentsatz an korrekten Antworten nur 35 %. Von den 10 % der Bürger in Frankreich, die angegeben hatten, über den Vertrag ausreichend informiert zu sein, konnten nur 41 % die Fragen richtig beantworten.

Das „Non" der Franzosen zum Verfassungsvertrag am 29. Mai 2005 überrascht daher nicht. Das Ergebnis von 54,87 % Nein-Stimmen bei einer hohen Wahlbeteiligung von 69,74 % in einem der Gründungsländer der EU hat die politischen Eliten in Ratlosigkeit gestürzt (vgl. von Oppeln 2005: 12 - 18). Als Grund für das negative Votum in Frankreich gilt nicht „die europäische Einbindung an sich, sondern die Frage der Gestaltung europäischer Politik" (vgl. von Oppeln 2005: 13). Offensichtlich zeigte sich in dem Referendum eine Kluft zwischen Elitendiskurs und den Einstellungen der französischen Bürger zur Europäischen Union.

Die Gegner des Verfassungsvertrages fürchteten die Festlegung der Europäischen Union auf einen ultra-liberalen Kurs. Nach einer Umfrage von IPSOS am 29.5.2005 lehnten vor allem diejenigen Bürger den Verfassungsvertrag ab, die zu den Verlierern der Globalisierung gehören (vgl. von Oppeln 2005: 13). Neben der sozialen Dimension war die Frage über die Grenzen der Europäischen Union ausschlaggebend für den Ausgang des Referendums. Die Verfassungsfrage war von vornherein mit der Frage der Erweiterung verknüpft, weil die Notwendigkeit der institutionellen Reform u.a. mit der Aufnahme von 10 neuen Mitgliedstaaten begründet worden war.

In der nachholenden Debatte über die Erweiterung und in der zukunftsgerichteten Debatte über den EU-Beitritt der Türkei ist zwischen den Meinungen der Bürger und dem Diskurs der Eliten zu unterscheiden (von Oppeln 2005: 14). Als häufigsten Grund nannten die Bürger für die Ablehnung des Beitritts der Türkei vermutete negative Folgen für den Arbeitsmarkt. Im Diskurs der Eliten wurde der EU-Beitritt der Türkei im Zusammenhang mit Vorstellungen über die künftige Gestaltung der Europäischen Union verbunden. Es wurde argumentiert, dass die Türkei kein europäisches Land sei und die Europäische Union bei Aufnahme der Türkei aus dem Gleichgewicht gerate. Die „neue Karriere des rückwärts gewandten Bildes eines christlich-karolingischen Europas“ (von Oppeln 2005: 15) hat wiederum die Unsicherheiten und Überfremdungsängste der Bürger verstärkt. Der Verfassungskonvent hat also einen Beitrag zu einer europäischen Elitenöffentlichkeit geleistet. Es ist jedoch nicht gelungen, einen größeren Teil der Bürger der Mitgliedstaaten in den Prozess einer transnationalen Kommunikation über den Verfassungsvertrag einzubeziehen. Der Multiplikatoreffekt der europäischen Elitenöffentlichkeit und der intensiven europäisch ausgerichteten Berichterstattung über den Konvent in der Qualitätspresse blieb aus. Für kurze Zeit gab es in Frankreich in den Monaten vor dem Referendum vom 29.5.2005 eine intensive Verfassungsdebatte, die nicht nur in der Presse, sondern auch in Rundfunk und Fernsehen, in Parteien und Verbänden geführt wurde und einen größeren Teil der Bürger erreichte. Doch war diese Phase zu kurz und die Phase der Abschottung der europäischen Politik von den Bürgern davor zu lang, um die Bürgerferne der Europäischen Union auszugleichen.

Der Verfassungsvertrag liegt im Moment „auf Eis“, und es ist nicht abzusehen, ob die zeitlichen Vorstellungen des luxemburgischen Ministerpräsidenten Jean-Claude Juncker von einer Ratifikation des Vertrages bis zum Jahr 2009 zu realisieren sind (vgl. FAZ 2006: 1). Doch es ist deutlich geworden, dass eine öffentliche Debatte über den Verfassungsvertrag, an der sich die Eliten und die Bürger beteiligen, eine notwendige Voraussetzung für einen europäischen Verfassungsvertrag ist, der von den Bürgern akzeptiert wird. Die Effektivität der europäischen Verfassungsgebung hängt mit der Legitimität dieser Verfassungsgebung zusammen. Die europäische Elitenöffentlichkeit, die durch den Verfassungskonvent durchaus belebt wurde, müsste nun zu einer Bürgeröffentlichkeit werden, in der die Verfassung in den nationalen Öffentlichkeiten als ein Thema diskutiert wird, das die Bürger in den Mitgliedstaaten gemeinsam als Europäer angeht (vgl. Risse 2004: 140). Mit Reformen der existierenden Verträge allein wird die europäische Integration stagnieren. Mit dem Verfassungsvertrag hingegen würden Änderungen auf den Weg gebracht, die mehr Legitimität und Effektivität nationaler Handlungsfähigkeit durch europäische Politik ermöglichten.

Europäische Verfassungspolitik als Beitrag zur Entwicklung einer europäischen Identität?

Die Arbeit des Verfassungs-Konvents und die Diskussionen im Zusammenhang mit dem Konvent können keine europäische Identität stiften. Aber das muss auch gar nicht sein. Die europäische Verfassungsgebung könnte jedoch vorhandene europäische Identität stärken. Die empirischen Daten zeigen, dass ein Grundstock an europäischer Identität seit vielen Jahren existiert. Als „national und europäisch", als „europäisch und national" und als „nur europäisch" empfanden sich 59 % der befragten Bürger der Mitgliedstaaten im Jahr 1992. Im Jahr 2000 waren es 60 %, und im Jahr 2003 antworteten 57 % der Bürger, sie definierten sich nicht mehr ausschließlich über die Nationalstaaten. Diese durchaus vorhandene europäische Identität bei etwas über der Hälfte der Bürger stagniert jedoch seit vielen Jahren. Von der europäischen Verfassungsgebung hätte man daher einen Impuls für eine dynamische Weiterentwicklung der europäischen Identität erwarten können. War dieses der Fall?

Eine Stärkung der europäischen Identität als Grundlage einer demokratischen Europäischen Union gehörte auch zu den Zielen des europäischen Verfassungsvertrages. Schaut man in die Umfragen des Eurobarometers, dann hat das Maß an europäischer Identität leicht zugenommen. Die europäische Identität lag im Herbst 2004 gut ein Jahr nach der Verabschiedung des Verfassungsvertrages durch den Konvent bei 57 % (Summe aus: „national und europäisch", „europäisch und national", „nur europäisch") und im Herbst vor Beginn des Konvents bei 53 %. Der entscheidende „Sprung" fand im Frühjahr 2002 – also während der Eröffnung des Konvents - statt. Gegenüber dem Herbst 2001 stieg die Zahl der Bürger, die sich im Frühjahr 2002 als „national und europäisch" verstanden von 44 % auf 48 % und die Zahl derer, die ausschließlich eine nationale Identität angaben, fiel von 44 % auf 38 %. Diese Daten können allerdings nicht als ausreichender Beleg für den Beitrag des Konvents zur Stärkung der europäischen Identität gelten, weil es sich lediglich um geringe Änderungen in Richtung einer stärkeren europäischen Identität handelt.

Der Verfassungsvertrag wird von 49 % der Bürger in den 25 Mitgliedstaaten der EU begrüßt, während 16 % der Bürger den Vertrag ablehnen (Stand November 2004). Mehr als ein Drittel der Bürger hat keine Meinung zu dem Vertrag. Dies zeigt ganz deutlich, dass die Chance versäumt wurde, die Öffentlichkeiten über den Vertrag hinreichend zu informieren und durch diese öffentliche Debatte die europäische Identität spürbar zu stärken.

Schlussbemerkung

In der europäischen Verfassungspolitik ist es den politischen Eliten nur in sehr begrenztem Maße gelungen, eine öffentliche Debatte mit positiven Folgen für eine Stärkung der europäischen Identität in Gang zu bringen. Die Mitglieder des Konvents sind zwar demokratisch und kommunikativ mit der Differenz von Ideen und Interessen zur zukünftigen Gestaltung der Europäischen Union umgegangen. Doch blieb dieser Diskurs auf die Eliten im Konvent und die Experten außerhalb des Konvents beschränkt. Die Differenzen, die zwischen Eliten und Bürgern über die zukünftige Gestaltung der Europäischen Union bestehen, wurden von den Eliten nicht ernst genommen und in der Öffentlichkeit zu lange nicht thematisiert. Als wichtigsten Grund für die Ablehnung des Vertrages gaben die Bürger in den 25 Mitgliedstaaten der Europäischen Union an, durch den Verfassungsvertrag gehe die nationale Souveränität verloren (vgl. Eurobarometer 2005: 27)[3]. Die Möglichkeit, dass die Abgabe nationaler Souveränität an die Europäische Union zu einem Gewinn an nationaler Handlungsfähigkeit führen kann, wird von diesen Bürgern nicht gesehen.

Soll es gelingen, die Legitimität und Effektivität nationaler Politik durch gemeinsames europäisches Handeln zu stärken, dann ist es an der Zeit, die Bürger in den Europadiskurs einzubeziehen. Kommunikation über Differenz in Angelegenheiten der Europäischen Union darf nicht nur eine Sache der Eliten bleiben (Neverla 2006: 240).

Literatur

Beck, Ulrich / Grande, Edgar (2004): Kosmopolitisches Europa, Frankfurt am Main.

CONV (2002): 68/02 vom 31.5.2002.

Dahl, Robert A. (1985): A Preface to Economic Democracy, Cambridge.

Eurobarometer Special 214 (2005): „The Future Constitutional Treaty“, Brüssel (Erhebung November 2004).

Europäischer Konvent (2002): Plenardebatte am 7.6.2002, Video Nr. 12, Archiv der Universität Hamburg.

Europäischer Rat (2001): Erklärung der Zukunft der EU, Europäischer Rat von Laeken, 14./15.12.2001.

FAZ (2006): Rede zur Verleihung des internationalen Karlspreises in Aachen am 25.5.2006, S. 1.

Franzius, Claudio (2004): Europäische Öffentlichkeit als Gegenstand der Europawissenschaften. In: Claudio Franzius / Ulrich Preuß (Hg.): Europäische Öffentlichkeit, Baden-Baden.

Habermas, Jürgen (1998): Die postnationale Konstellation und die Zukunft der Demokratie. In derselbe: Die postnationale Konstellation. Politische Essays, Frankfurt am Main.

---

[3] Von den 16 % der Bürger, die den Vertrag ablehnten, gaben 37 % als Grund den Souveränitätsverlust an.

Held, David et al (1999): Global Transformations. Politics , Economies and Culure, Cambridge.

Holzinger, Katharina (2001): Verhanden statt Argumentieren oder Verhandeln durch Argumentieren? In: Politische Vierteljahresschrift 42.

Kaelble, Hartmut (2001): Wege der Demokratie. Von der französischen Revolution zur Europäischen Union, Stuttgart / München.

Koselleck, Reinhart (2000): Wie neu ist die Neuzeit? In ders.: Zeitschichten. Studien zur Historik, Frankfurt am Main.

Landfried, Christine (2005): Das politische Europa, Baden-Baden, 2. überarbeitete und erweiterte Auflage.

Landfried, Christine (2006): Wo bleiben die Bürger in der Europäischen Union? In: Thomas Bruha / Carsten Nowak (Hg.): Die Europäische Union: Innere Verfasstheit und globale Handlungsunfähigkeit, Baden-Baden.

Mayntz, Renate (1995): Politische Steuerung. Aufstieg, Niedergang und Transformation einer Theorie. In: Klaus von Beyme / Claus Offe (Hg.): Politische Theorien in der Ära der Transformation, Opladen.

Merkel, Angela (2006): Regierungserklärung vom 11.5.2006.

Meyer, Christoph O. (2003): Konstitutionalisierung ohne Öffentlichkeit? In: Ulrike Liebert et al (Hg.): Verfassungsexperiment. Europa auf dem Weg zur transnationalen Demokratie? Münster.

Neidhardt, Friedhelm / Koopmans, Ruud / Pfetsch, Barbara (2000): Konstitutionsbedingungen politischer Öffentlichkeit: Der Fall Europa. In: Hans-Dieter Klingemann, Friedhelm Neidhardt (Hg.): Zur Zukunft der Demokratie ,WZB-Jahrbuch 2000, Berlin.

Neidhardt, Friedhelm (2006): Europäische Öffentlichkeit als Prozess. Anmerkungen zum Forschungsstand. In: Wolfgang R. Langenbucher / Michael Latzer (Hg.): Europäische Öffentlichkeit und medialer Wandel, Wiesbaden.

Neverla, Irene (2006): Der Journalismus warnt – nur ungenügend? Potenziale der journalistischen Risikoberichterstattung zur Konstituierung einer europäischen Öffentlichkeit. In: Wolfgang R. Langenbucher / Michael Latzer (Hg.): Europäische Öffentlichkeit und medialer Wandel, Wiesbaden.

Oppeln, Sabine von (2005): Das Projekt Europa im Spiegel der französischen Verfassungsdebatte. In: Dokumente. Zeitschrift für den deutsch-französischen Dialog, Heft 3. Juni.

Risse, Thomas (2004): Auf dem Weg zu einer europäischen Kommunikationsgemeinschaft: Theoretische Überlegungen und empirische Evidenz. In: Claudio Franzius, Ulrich K. Preuß (Hg.): Europäische Öffentlichkeit, Baden-Baden.

Scharpf, Fritz (1999): Regieren in Europa. Effektiv und demokratisch? Frankfurt am Main/New York.

Vertrag über eine Verfassung für Europa (2004): unterzeichnet am 29.10.2004. Protokoll über die Anwendung der Grundsätze der Subsidiarität und der Verhältnismäßigkeit, Absatz 6.

Weiler, J. H. H. (1999): To be an European Citizen: Eros and Civilization. In: ders.: The Constitution of Europe, Cambridge.

Wiener, Antje (2003): Institutionen. In: Armin v. Bogdandy (Hg.): Europäisches Verfassungsrecht, Berlin / Heidelberg.

Klaus Kocks

Medien, Macht, Markt und Mythen

Medien, Macht, Markt. Was ist Kommunikation wirklich? Wenn „Aschenputtel“ schon Kanzlerin dieser Republik ist, kann man bei den Märchen bleiben. Welches der Märchen der Brüder Grimm gibt uns den besseren Aufschluss über unser Thema? „Rumpelstilzchen“ oder „Hans im Glück“? Reden wir hier und heute über ein hübsches Thema oder ein hässliches? Wir reden über ein hässliches, und wir sind so töricht wie „Hans im Glück“. Meine These wird sein, dass Kommunikation die Fortsetzung des Krieges mit anderen Mitteln ist. Kein Fortschrittsglaube, keine soziale Harmonie, kein Konsensgedudel, nur Machiavelli und Clausewitz.

Bevor wir uns mit Episoden und Ironie unserem Thema auf unterhaltsamere Weise nähern, wenigstens eine ernste Anmerkung: Sie betrifft Krieg und Frieden. Ich las gerade eine Rezension von „The Utility of Force: The Art of War in the Modern World“ des englischen Spitzenmilitärs General Sir Rupert Smith. Er zeigt den Wahn des amerikanischen Konzeptes eines keimfreien „industriellen“ Krieges auf; ein Konzept, das schon in Vietnam nicht funktionierte. Es ist nicht nur aus der Sicht Friedensbewegter, sondern auch nach Auffassung vieler Militärs eine Irrlehre. Kriege fänden, so der verdienstvolle englische General jetzt selbstkritisch, „among the people“ statt. Er sagt: „...our forces remain configured for wars we will not fight.“ „He“, so der Rezensent, „gives only a few hints of what we should do instead. Condoleezza Rice famously stated that it was not the job of the 101st Airborne to take children to their kindergarten; true – but not because this is the wrong task, rather because we have the wrong forces for it.“ (Sunday Times). Condoleezza Rice sagte an prominenter Stelle, dass es nicht der Job des Militärs sei, Kinder in den Kindergarten zu bringen. In Smiths Augen ist die Antwort der Außenministerin der USA nicht richtig, weil es die falsche Aufgabe für Militärs sei, sondern weil Militärs die falsche Kraft dafür seien: Ziel müsse es sein, andere Menschen zu verstehen. Dazu brauche man weniger Militärs, aber z. B. mehr Sprachwissenschaftler, mehr Anthropologen und mehr Medienspezialisten: Krieg ist zum Zuschauersport geworden. Showbusiness. Theater des Krieges, das ist ein bitterironisches Schlüsselwort. Der Krieg nicht nur als Berichterstattungsanlass eines „embedded journalism“, nein, er ist auch Stoff einer Inszenierung in anderer Sache. Die Welt fragt sich, ob die Medien über einen Krieg berichten oder ein Krieg inszeniert wird, um bestimmte Medienberichte zu ermöglichen. Dass der casus belli im Irak fiktionaler Natur war, wissen wir ja mittlerweile. Und dass dieses Hollywood Kollateralschäden nach sich trägt, wird bereitwillig hingenommen. Sie bemerken, wir handeln, wenn wir von

Medien, Macht und Markt sprechen, von einem ernsten, vielleicht sogar von einem regelrecht hässlichen Thema.

Zur Medienschelte der Politiker: Eitelkeiten und Kalkulation

Aus der bisher letzten Inszenierung dieses blutigen Welttheaters, dem Irak-Krieg, haben Schröder und Fischer Deutschland herausgehalten – dies bleibt ihr historisches Verdienst. Freilich eines, das die Herren im innenpolitischen Morast in Vergessenheit haben versinken lassen. Der vorige Kanzler unserer Republik hat ein Sinnwort missachtet, das Turnvater Jahn zu verdanken ist. „Ein guter Abgang", hatte dieser wissen lassen, „ziert die Übung". Schröder hat die Bühne nicht unter „standing ovations" verlassen, was selbst Joschka Fischer noch knapp vergönnt war. Auf nationalen Applaus verzichtete der Herr der Hartz'schen Agenda 2010, dem die SPD eine Spaltung zu verdanken hat, wie sie sie derart zuletzt 1917 erlitt. Der einstmalige Medienkanzler fühlte sich, da sein Stern gesunken war, als Opfer einer Verschwörung aus Presse und Demoskopie. Gerade bei Verschwörungstheoretikern muss man die diagnostische Qualität ihrer wilden Ursachenforschung vorsichtig handhaben, aber auch der nüchterne Otto Schily sah durch die Medien die fundamentale Machtfrage gestellt. Wer denn in diesem Staat herrsche, die Medien oder der Souverän, knurrte er über den Wahlkampf und erlaubte sich einen freizügigen intellektuellen, aber auch polizeilichen Umgang mit der Pressefreiheit.

Haben die Medien versagt? Wird ihr Versagen zunehmen, wenn die englischen Heuschrecken die Berliner Zeitung übernommen haben und Springer die TV-Gruppe Sat1 / N24? Vor solch oberflächlichen parteipolitischen Einordnungen kann nur gewarnt werden. Wenn nicht der Parteisoldat, sondern der Wechselwähler die Königsgattung einer Demokratie ist, gilt das auch für die Presseorgane. Da mag man die Dialektik der Medienmacht sehen: Wenn sie mittelmäßige oder, sei's drum, auch begabte, sei's drum auch hoch begabte Provinzpolitiker in den Herrscherhimmel hebt, so ist dies nur denselben, den Politikern, geschuldet. Stürzt die wankelmütige schreibende Zunft Politiker, ist dies ein übler Staatsstreich, ein Putsch. Da ist ein Schröder so beleidigt wie ein Kohl, wie ein Adenauer. Man sieht, dass Eitelkeit keine gute Brille ist, das wirkliche Leben zu betrachten. Man verliert den Blick für Größenordnung und weiß die Mücke nicht vom Elefanten zu unterscheiden.

Der besonnene Journalist Kurt Kister schreibt dazu in der Süddeutschen Zeitung vom 6. Oktober 2005 unter dem Titel „Wenn aus der Sau ein Elefant wird": „Die Fülle der Medien und mehr noch die in diesen Medien gepflegte Fülle der Formate kann aus fast jeder Mücke einen Elefanten machen. Dieser Elefant trampelt dann mit lautem Getröte durchs Regierungsviertel – so lange, bis in der Ereignisproduktionsmaschine ein neuer Elefant gemacht wird.“ Kister nennt dazu ein episodisches Beispiel, das nicht sensationell, aber typisch, paradigmatisch ist: „Im vergangenen Bundestagswahlkampf machte sich der CDU-Generalsekretär Volker Kauder eines Tages um Mitternacht auf, um bei Berliner Taxifahrern für die CDU zu werben. Er tat dies fast ausschließlich, weil er wusste, dass ihn dabei zahlreiche Kamerateams begleiten würden. So war es denn auch: Am nächsten Tag gab es allüberall von den Morgenmagazinen bis zu den Spätnachrichten Bilder, wie Kauder nächtens an Taxiständen herumstrich. Es ging da nicht um die paar Stimmen der Mietdroschkenfahrer, sondern um die in diese Bilder verpackte Botschaft: Die CDU ist entschlossen und kämpft um jede Stimme, auch nachts am Bahnhof Zoo.“ Die Süddeutsche Zeitung resümiert: „Politik findet zwar immer noch da statt, wo sie idealtypisch stattfinden soll: im Kanzleramt, im Bundestag, in den Ausschüssen, in den Fraktionen, bei Staatsbesuchen und Gipfeltreffen. Und ja, Symbolisches, das in Bildern festgehalten wurde, spielte auch schon früher eine Rolle. Der berühmte Schritt Adenauers im September 1949 auf den Teppich, auf dem die Alliierten Hochkommissare standen, war so ein bewusst inszeniertes Ereignis. Heute aber weiß man oft nicht mehr, ob die Politik das Medienereignis oder das Medienereignis die Politik bestimmt.“

Wer ist in wessen Hand? Regiert wieder Springer das Land, fragen Altachtundsechziger? Oder nehmen heimliche Informanten sogar Springer an die Hand? Dies ist eine demokratietheoretisch relevante Frage, die Frage nach der Macht der Medien, des Medienmarktes. Und die Furcht klingt wieder an, dass dieser Staat an den Fäden der Medienmacher zappelt. Das ist nicht nur die Furcht vor der Presse als Vierter Gewalt, sondern auch die vor der Öffentlichkeitsarbeit und der Propaganda als Fünfter Gewalt – beide ohne Legitimation durch den Souverän. Ein Gespenst geht um: Public Relations Manager, Spin Doctors manipulieren den Souverän durch Inszenierungen – eine unheimliche neue Macht. Die Fähigkeit, Berichterstattungsanlässe zu inszenieren, die dann Ausgang von medialer Kommunikation sind, ist in der Tat ein Teil der Public Relations, kurz PR genannt.

Sechs Grundregeln für die Organisation einer Pressekampagne

Nun etwas zu den Counter-Parts der PR-Manager, den Journalisten. Ich nenne sie mal die Bluthunde, die von der Leine gelassen werden. Wie baut man eine Pressekampagne auf? Wie konstruiert man, was der Engländer „smear campaign“ nennt? Wir haben an finsteren Orten Top-Journalisten belauscht und so die Kniffe und Tricks erfahren, mit denen diese Bande aus einer Mücke einen Elefanten macht. Und dann aus einem einzelnen Rüsseltier eine ganze Horde, die alles niedertrampelt. Wie wird aus einem Regenschauer ein stattlicher Tsunami? Wie machen diese Halunken das in Boulevards und Magazinen? Hier sind die sechs Gebote.

1. Die goldene Grund- und Hauptregel heißt: „Knieschuss, Bauchschuss, Genickschuss!“ Sie soll vom legendären Hans-Hermann Tiedje stammen, was der glaubhaft leugnet. Erst anschießen, damit das Opfer humpelt. Dann die Bauchdecke öffnen – siechen lassen. Dann Gnadenschuss. Man bemerkt den kriegerischen Ursprung der Regel. Es riecht nach Fremdenlegion. Eigentlich ist dieses Gebot schlicht ekelhaft. Jedenfalls für das Opfer. Die Menge brüllt aber meist vor Begeisterung.

2.“Menü Verkehrt.“ Auch wenn es gegen die guten Tischmanieren ist: Wir beginnen beim Nachtisch. Das Süße vorneweg. Wir füttern unsere Geschichte mit einem verführerischen Dessert an. Zum Beispiel eine kleine Liebesgeschichte. Dann zur Ernüchterung und zum Strecken die warme Suppe. Ungeduld entsteht. Jetzt folgen die Sättigungsbeilagen des Hauptgangs. Die Nerven sind angespannt. Das Knurren wird lauter. Der Ruf erklingt: „Where is the beef?“ Das ist das Signal. Jetzt hauen wir den saftigen Braten raus. Jetzt gibt es das Opfer als Beefstück Tatar. Das wird ein Schlachtfest! Und verlangt hat es die Meute selbst. Nichts ist ihr aufgedrängt worden. Mit Honig gelockt haben sie Blut verlangt und gekriegt. Wie sagte schon Edmund Stoiber: „Die dümmsten Kälber wählen ihren Metzger selber!“

3. Westfälische Methode: „Vom Hölzken auffet Stöcksken“. Wir reden ständig um den heißen Brei herum. Und kommen nie auf den Punkt. Die alten Griechen haben das eine Ellipse genannt. Während wir uns also in allem und jedem verlieren, beginnt das Publikum ziemlich sicher zu ahnen, um welchen heißen Brei wir schleichen. Irgendwann verliert einer der Zuhörer die Nerven und spricht „es“ aus. Potzblitz! Jetzt ist der Skandal in der Welt. Wir schauen überrascht, schrecklich überrascht, und wir waschen unsere Hände in Unschuld. Schließlich haben wir „es“ ja nicht gesagt. Es böte sich ein ausgewogener Leitartikel als Abschluss an.

4. Italienische Methode. Haben Sie schon ’mal in Ihrem italienischen Restaurant die Aufschnittmaschine gesehen? Das Ding ist so groß wie eine Mondlandefähre, nur komplizierter. Damit schneidet Giovanni den Parmaschinken so dünn wie Negligees. Man kann hindurchsehen. Ein Gleiches gilt für die Salami, Scheibchen für Scheibchen. So reicht die Salami recht lange. Sie nimmt buchstäblich kein Ende. Jeden Morgen hängt eine neue Scheibe des Skandals am Kiosk. Immer wenn man meint: „Jetzt sind wir durch!“ kommt wieder ein Scheibchen. Die Betroffenen fühlen bleischwer – das hört nie nimmer nicht auf. Suizidgefahr.

5. „Faden der Ariadne“. Diese Methode ist etwas aufwändiger als die drei Schüsse, sorgt dafür aber auch für eine längere Kampagne, sprich: mehr Spaß fürs Geld. In einem riesigen Labyrinth im alten Griechenland fand sich ein viel gepriesener Held zurecht, weil er den Pullover einer gewissen Ariadne abgeribbelt hat. So konnte er um alle Ecken kurven und fand doch zu den Kurven von Ariadne zurück, die nun allerdings barbusig war (was ja nicht stören muss). Wir lassen das Kampagnenopfer einen Faden aufnehmen und losrennen. Es wird dem Faden folgen, passiere was da wolle. Die Sache hat für das Opfer einen entscheidenden Nachteil: Es weiß nicht, wo es landen wird, aber wir wissen es, die Kampagnenmacher. Das geht dann aus wie beim Dorfrichter Adam: Je mehr er tut, desto größer wird sein Elend.

6. „Methode Rosenkrieg“. Man sucht, wenn das potenzielle Opfer geschieden ist, die Geschiedene, die irgendwo in einer Zweizimmerwohnung sitzt, Kreuzworträtsel löst und tonnenweise Jogurtschokolade und Weinbrandbohnen frisst. Mit einer Frage und einem verständnisvollen Blick (Rehaugen) reißt man den Staudamm ein. Und ab geht es. Wir erfahren alles. Jetzt wird die Salami so lang, dass man gar nicht dünn schneiden muss. Jeden Morgen aufs Neue: Beinschuss, Bauchschuss, Genickschuss. An diesen Faden können Sie einen LKW hängen. Kampagnentechnisch einfach unschlagbar. Skrupel sind hier, wie bei allen Kampagnen, gänzlich unangebracht. Geben Sie Ihr Gewissen bitte an der Garderobe ab.

Genug der Ironie. Über Kommunikation ernsthaft zu reden hat aber, das will ich zu meiner Entschuldigung anbringen, etwas eigenartig Selbstbezügliches. Die klugen Engländer nennen Leute wie Sie, verehrte Zuhörerinnen und Zuhörer, und natürlich mich die „chatting classes“, was wir wohl übersetzen können mit „die plaudernden Klassen“, also die Schwätzer. Wie also können die gebildeten Schwätzer über das Schwätzen reden? Nicht am Rande der Vergeblichkeit, sondern möglichst mit einem Wirkungsgrad größer Null. Wir wollen ja anders reden als jene, die man früher Waschweiber genannt hat und heute als Talkshow-Moderatoren kennt. Sie sollten diesen Raum anders wieder verlassen können als mit dem zeitgenössischen Seufzer der absoluten Folgenlosigkeit: „Schön, dass wir mal drüber geredet haben!“

Formen der Kommunikation – und wie man sie beherrscht

Man kann in Begriffen reden. Dazu muss man aber wissen, was ein anständiger Begriff ist, eine Kategorie. Das wusste der selige Immanuel Kant aus Königsberg, jener Philosoph, der die Aufklärung begrifflich gründete. Er gilt heute aber als schwer verständlich. Die Hälfte der Publizistikprofessoren, also der Altvorderen meines Fachs, hat ihn nicht gelesen und die andere Hälfte nicht verstanden.

Man kann in Erfahrungen reden, also autobiografisch. Das riecht nach Sozialpsychologie und Seelen-Striptease, also ein wenig peinlich. Zum nonchalanten Umgang muss man 'mal in einer Wohngemeinschaft gelebt oder in einem Wartezimmer eines Kassenarztes gelauscht haben. Oder Klatschpresse lesen. Nur bei Promis oder gehetztem Wild sind persönliche Erfahrungen der banalen Art gleichwohl von Bedeutung.

Man kann in Formeln reden. Dazu braucht man aber ein ordentliches System, das diese elenden Abstracta begründet. Juristen und Mathematiker teilen sich so mit. Oder eben nicht; das heißt, sie reden so miteinander, aber nicht mit uns, den Laien und den Generalisten.

Man kann in Bildern reden. Es war schon vor dem Nazarener aussichtsreich, in „Gleichnissen" zu sprechen. Damit das Bilderreiche aber nicht zu blumig wird, sollte man alte Bilder wählen. Ganz alte, wie sie uns aus unserer eigenen Kindheit bekannt sind oder aus der Kindheit der Menschheit: Märchen, Legenden, Mythen, narrative Archetypen.

Nun stehe ich hier ja als ehemaliger Kommunikationsmanager, der einige industrielle Praxis hat, und als Honorarprofessor für strategisches Kommunikationsmanagement, Spezialgebiet Krisen-PR. Jemand, dem man nachsagte, dass, wo er hinschlage, kein Gras mehr wachse. Und ich stehe hier nicht als betulicher Altphilologe. Aber gemach. Ein anständiger PR-Manager hat Homer gelesen, ist bibelfest, kennt die Königsdramen des William Shakespeare, Grimms Märchen und die Psychoanalyse des Sigmund Freud. Jetzt meinen Sie, verehrte Zuhörer, übertreibt er: Man muss doch nicht die Ilias des blinden Homer kennen, um erfolgreich Fernsehgeräte oder Kühlschränke zu verkaufen. Oh doch, man muss. Das ist zudem ja jüngst nachgewiesen worden, dass es ohne nicht geht. Jedenfalls nicht gut. Aber das ist, wie Kipling sagt, eine ganz andere Geschichte.

Lassen wir also Aktuelles und Theoretisches oder gar Supermodernes beiseite und denken wir zu unserer intellektuellen Ernüchterung an Rumpelstilzchen: „Ach, wie gut, dass niemand weiß, dass ich Rumpelstilzchen heiß'!" Der kleine, gleichwohl böse Kerl zerriss sich selbst, wenn man nur seinen Namen sagen konnte. Und das konnte eben niemand (fast niemand): das Elend beim Namen nennen. Wenn doch, dann hatte das entscheidende Wort jede Macht. Welch ein Menschheitstraum: Wer ihren Namen weiß und zu sagen weiß, hat Macht über die Dinge.

Am Anfang war das Wort. Das wissen alle Christenmenschen. Es war nicht die Tat, wie man nach schlechtem Schulunterricht über Goethes Faust zu wissen meint. Der Rumpelstilzchen-Mythos lehrt uns, dass man die Dinge „besprechen" kann. Wenn wir das Drohende beim Namen nennen können, verliert es seine böse Kraft. Ganz beiläufig enttarnt so das Volksmärchen vom Rumpelstilzchen das Geheimnis der Psychoanalyse. Die psychoanalytische Therapie sucht dem Unbewussten oder Vorbewussten, insbesondere dem Verdrängten, Namen zu geben und so den Patienten zu erlösen. Das Besprechen heilt. Es ist Erlösung. Kommunikation als Eschatologie: Heilsversprechen.

Heilt das Besprechen? Das klingt ein wenig spinnert. Es klingt nach Heilpraktikern oder mystischen Dingen. Nicht nach Management und Industrie. Die Kirche scheint nicht mehr im Dorf. Das muss einem Homo Faber, einem Tatmenschen, dem Ingenieur als veritablem Schrauber, komisch vorkommen. Ihm scheint durch „dumm rumreden" nichts geschafft, im Gegenteil.

Zur Illusion vom herrschaftsfreien Dialog im „global village"

Reden als Heilserwartung? Oh ja, fanden im 18. Jahrhundert die nach Geltung strebenden Bürger. Die findigen Kaufleute und tüchtigen Handwerker wollten sich gegen das Diktat des Adels wehren. Sie fordern das Recht der öffentlichen Rede. Selbstbewusst wie der Musikant Miller in „Kabale und Liebe": „Halten zu Gnaden!" So gehören der Kaufmann wie der Schuster in Braunschweig und der Bibliothekar in Wolfenbüttel im 18. Jahrhundert zusammen. Der Ruf der bürgerlichen Emanzipation galt der Öffentlichkeit. Die Öffentlichkeit sollte das Forum der Verständigung, der Willensbildung sein. Die Pressefreiheit gehört hierhin, die Versammlungsfreiheit, das Wahlrecht. Wenn eine örtliche Zeitung regelmäßig diese Elends-Telefonumfragen veranstaltet, so knüpft sie assoziativ hieran an. Wir finden dieses historische Konzept des Lessing aus Wolfenbüttel auch noch in dem Wortgebrauch der Alt-Achtundsechziger. „Öffentlichkeit herstellen" hieß, den Rumpelstilzchen-Effekt politisch einzulösen. Eine Demonstration wild entschlossener Studenten auf den Straßen ihres Studienortes schien Kriege in Indochina beenden zu können - man musste nur laut genug „Ho Tschi Min" rufen können. Öffentlichkeit herstellen, ausdiskutieren, Resolutionen verabschieden, Events veranstalten, Interviews geben. Das Heil hieß allgemein Konsens, es lag in der Selbstverständigung einer aufgeklärten Öffentlichkeit auf das, was heute „political correctness" heißt.

Die deutsche Soziologie hat dies mit Jürgen Habermas in den Status moderner Wissenschaft gesetzt. Konsensorientierung. In einem herrschaftsfreien Dialog verständigen sich die bürgerlichen Subjekte auf eine Praxis der Wahrheitsstiftung. Im Dialog wird aus den lässlichen oder liederlichen Irrtümern der Einzelnen wie von Zauberhand der Wille aller. Man merkt noch heute, wie erhaben das klingt: Der „volonté de tous", der Wille aller, erlangt als „volonté générale", das Allgemeinwohl, also welthistorischen Maßstab. Das ist das bürgerliche Paradigma der Moderne: der Rütli-Schwur als Vereinigung der Wohlwollenden gegen die Gessler-Hüte finsterer Fürsten. Wenn wir alle nur dialogbereiter und dialogfähiger wären, stünde der Bannung des Bösen und dem Auffinden des Wahren nichts Prinzipielles mehr im Wege. Kann das sein? Als Homo Faber, bodenständiger Praktiker, würde man dazu kopfschüttelnd sagen: Das Paradies scheint den Schwätzern zu gehören.

Wenn Kommunikation der Königsweg ist, dann müsste das „global village" des Internets ein ungemein segensreicher Ort sein. In den „chat rooms" des World Wide Web wird kommuniziert, von jedermann kommuniziert, was das Zeug hält. Die Einstiegskosten sind so marginal, dass jetzt, Bill Gates sei es gedankt, alle alles zu allen, und zwar jederzeit und überall sagen können. Mir schreibt ein Freund und Kollege aus China in Sekundenbruchteilen eine E-Mail zu einer Pressekonferenz in Shanghai für ein Unternehmen aus Weinheim, weil er aber gerade im Urlaub ist, tut er dies aus einem Internetcafé auf Usedom und ich lese es auf meinem Blackberry in London in der U-Bahn. Bei Umberto Eco musste der Philosoph noch für ein einziges Buch auf einem Esel über die verschneiten Alpen reiten, um dann in der fernen Bibliothek die Seiten des geheimnisvollen Buches von bösen Mönchen vergiftet zu finden, sodass das bloße Umblättern tötete.

Das Internet ist eine Maschine, die niemand mehr abstellen kann, vielleicht sogar die erste, die wir nicht mehr abstellen können. Die Zauberlehrlinge Goethes sind da, sie googeln! Dies ist kein peripherer Befund, dass wir die erste Maschine global betreiben, die wir nicht mehr beherrschen können, jedenfalls gibt es niemanden, der den Stecker ziehen könnte. Big Brother is not only watching you. Man muss totalitäre Vergleiche nicht scheuen, wenn man sie mit der englischen Nachsicht gegenüber zu scharfer Polemik wählt. Insofern sage ich in die Internet-Euphorie der Ebay-Generation hinein: Auf die Frage, ob wir die totale Kommunikation wollen und vielleicht noch totaler, als wir sie uns vorstellen können, schreit der globale Sportpalast: Ja!

Und gleichzeitig wissen wir, verehrte Zuhörer, dass das Paradies nicht ausgebrochen ist. Wir wissen, dass die Welt nicht wirklich den Schwätzern gehört. Was war also falsch am Rumpelstilzchen-Mythos? Ist es mit dem Kommunizieren vielleicht doch wie bei „Hans im Glück"? Je mehr wir interagieren, mit anderen handeln, desto weniger bleibt uns? Bis uns nichts mehr bleibt. Wir uns aber über dieses Elend blöd freuen. Ist „Hans im Glück" das wahre Märchen?

„Schön, dass wir mal drüber geredet haben", so lautet der zeitgenössische Sarkasmus. Ist reden „zerreden"? Wenn dem so wäre, landeten wir im Existenzialismus, bei französischen Kaffeehausphilosophen.

Der amerikanische Publizist Neil Postman hat schon vor Jahren gewarnt, dass wir uns in der Medienexplosion zu Tode vergnügen. Das rückt eine wesentliche Doppelbedeutung von „Unterhaltung" in den Blick. Unterhaltung ist ja nicht nur Konversation, also Gespräch gebildeter Stände, sondern auch RTL, Big Brother, Einhundertneunzigernummern. Also Dinge, die nur schwer mit Aufklärung, Wahrheit, Weisheit in Beziehung zu bringen sind.

Unabdingbar: Alte Mythen und die Kunst des Wiedererzählens

Bevor uns nun ein Trappistenorden als erstrebenswert erscheint, ein allseitiges Schweigegelöbnis, müssen wir einen systematischen Ausweg finden. Einen Angelpunkt, mit dem wir das Paradoxon aus den Angeln heben können. Wir müssen uns also zwischen „Rumpelstilzchen" und „Hans im Glück" entscheiden. Was macht diese feige Republik, wenn Grundsatzfragen aufscheinen? Sie sucht den Kompromiss. Große Koalition heißt im Vaterland jetzt der dritte Weg. Wo ist der dritte Weg in den Medien?

Für die Soziologen unter uns genügt der Hinweis auf Niklas Luhmann. Der gilt aber als sehr schwer verständlich, manchen als unlesbar. Dabei sagt er einfache Dinge. Die Kommunikation kommuniziert durch uns hindurch. Nicht wir reden. Es redet aus uns. Wir sind Kulturwesen, nicht weil wir sie schüfen, die Kultur, in jedem Moment, an jedem Ort, sondern weil sie uns schafft – in jedem Moment, an jedem Ort.

Wir sind, zunächst einmal lediglich und vor allem, Wiedererzähler. Auch die Professorenschaft erzählen die Wissenschaftsgeschichte wieder, also die Geschichten der Wissenschaft. Auch Darwins Evolutionstheorie oder der Zweite Hauptsatz der Thermodynamik oder der Tendenzielle Fall der Profitrate sind nichts als Geschichten, zugegebenermaßen besonders gute. Was wir nicht in Geschichten verstehen können, verstehen wir gar nicht. Das Neue erzählen wir im Gewande des Alten, ganz am Rande des Alten. Bevor uns die Schrift die Dokumentation der Geschichten erlaubte, wurden sie zur besseren Memorierbarkeit in Verse gefasst. Das gab den Gedächtnislücken, vor allem aber den Neudichtungen strenge Schranken. Darum schmiedet Homer, der Blinde, Verse. Aber das kulturelle Schema des Wiedererzählens bleibt uns, den vermeintlich Sehenden. Episodisch gesagt: Sie erleben es jeden Abend, wenn Sie sich fragen, ob Sie den Fachaufsatz Ihres gehassten Kollegen oder diesen Fernsehfilm nicht schon mal gesehen haben. Oder das Taschenbuch von Rosamunde Pilcher oder Donna Leon zur Seite legen. Oder im Sportverein die Geschichten Ihres Freundes Karl-Heinz zum x-ten Mal hören. Oder die Physikerin aus der Uckermark zum Balkenbiegen mit ihrem „und deshalb" politische Schlussfolgerungen darbietet.

Im „achtzehnten Brumaire des Louis Bonaparte", heißt es mit Blick auf das revolutionäre 18. Jahrhundert bei Marx, also im 19. Jahrhundert: „Die Menschen machen ihre eigene Geschichte, aber sie machen sie nicht aus freien Stücken, nicht unter selbstgewählten, sondern unter unmittelbar vorgefundenen, gegebenen und überlieferten Umständen. Die Tradition aller toten Geschlechter lastet wie ein Alp auf dem Gehirne der Lebenden. Und wenn sie eben damit beschäftigt scheinen, sich und die Dinge umzuwälzen, noch nicht Dagewesenes zu schaffen, gerade in solchen Epochen revolutionärer Krise beschwören sie ängstlich die Geister der Vergangenheit zu ihrem Dienste herauf, entlehnen ihnen Namen, Schlachtparole, Kostüm, um in dieser altehrwürdigen Verkleidung und mit dieser erborgten Sprache die neue Weltgeschichtsszene aufzuführen. So maskierte sich Luther als Apostel Paulus, die Revolution von 1789-1814 drapierte sich abwechselnd als römische Republik und als römisches Kaisertum, und die Revolution von 1848 wußte nichts Besseres zu tun, als hier 1789, dort die revolutionäre Überlieferung von 1793-1795 zu parodieren. So übersetzt der Anfänger, der eine neue Sprache erlernt hat, sie immer zurück in seine Muttersprache, aber den Geist der neuen Sprache hat er sich nur angeeignet, und frei in ihr zu produzieren vermag er nur, sobald er sich ohne Rückerinnerung in ihr bewegt und die ihm angestammte in ihr vergißt. Bei Betrachtung jener weltgeschichtlichen Totenbeschwörungen zeigt sich sofort ein springender Unterschied. Danton, Robespierre, Napoleon, die Heroen, wie die Parteien und die Masse der alten französischen Revolution, vollbrachten in dem römischen Kostüme und mit römischen Phrasen die Aufgabe ihrer Zeit, die Entfesselung und Herstellung der modernen bürgerlichen Gesellschaft. ... Die neue Gesellschaftsformation einmal hergestellt, verschwanden die vorsintflutlichen Kolosse und mit ihnen das wieder auferstandene Römertum – die Brutusse, Gracchusse, Publicolas, die Tribunen, die Senatoren und Cäsar selbst. Die Gladiatoren fanden in den klassisch strengen Überlieferungen der römischen Republik die Ideale und die Kunstformen, die Selbsttäuschungen, deren sie bedurften, um den bürgerlich beschränkten Inhalt ihrer Kämpfe sich selbst zu verbergen und ihre Leidenschaft auf der Höhe der großen geschichtlichen Tragödie zu halten. So hatten auf einer andern Entwicklungsstufe, ein Jahrhundert früher, Cromwell und das englische Volk dem Alten Testament Sprache, Leidenschaften und Illusionen für ihre bürgerliche Revolution entlehnt. Als das wirkliche Ziel erreicht, als die bürgerliche Umgestaltung der englischen Gesellschaft vollbracht war, verdrängte Locke den Habakuk. Die Totenerweckung in jenen Revolutionen diente also dazu, die neuen Kämpfe zu verherrlichen, nicht die alten zu parodieren, die gegebene Aufgabe in der Phantasie zu übertreiben, nicht vor ihrer Lösung in der Wirklichkeit zurückzuflüchten, den Geist der Revolution wiederzufinden, nicht ihr Gespenst wieder umgehen zu machen."

Aktueller gesagt: Es geschehen hunderte von Naturkatastrophen, die jedes Jahr eine Viertelmillion Menschen oder mehr dahinraffen, von denen wir nichts erfahren. Aber den Tsunami, den haben wir miterlitten, und das überschwemmte New Orleans. Und die Höhe der Spenden erklärt sich nicht aus dem Elend, das woanders ebenso groß oder größer ist, es erklärt sich daraus, dass wir seit Noah wissen, was eine Sintflut ist. Dass sie auf die Sünde folgt, wenn die Götter zürnen, eine Regung der Edlen, vor der uns schon Homer warnte. Das verstehen wir. So wie wir Sodom und Gomorrha verstehen.

Im Kern unserer Kommunikation, ganz gleich welcher Apparate sie sich bedient, stehen die alten Mythen, nur an der Peripherie dieser narrativen Archetypen sind uns Anpassungen möglich. Wir erzählen uns Neues nur in der Art und Weise, wie wir uns das Alte noch einmal erzählen. Boy meets girl. Private Equity-Unternehmen sind Heuschrecken. Der verlorene Sohn kehrt heim. Aschenputtel wird Kanzlerin. Weitere Trivialmythen: Profumo hat eine Geliebte und andere Nitribitt-Geschichten, die die Kettenhunde, von der Leine gelassen, erzählen.

Kommunikation: ein Feld für Machtkämpfe und Geschäfte

Kommunikation ist Gegenstand einer Industrie und ihrer Märkte, der Verlage und Medienhäuser – das verwundert nicht und ist seit Gutenberg und länger auch nichts Neues. Kommunikation ist Teil einer arbeitsteiligen Warenproduktion, die ihre Produkte als Marken inszeniert – auch das ist bekannt. Wir sehen ja große Marken verfallen. Kommunikation ist vor allem aber das Getriebeöl aller gesellschaftlichen Schaltungen, der Transmissionsriemen von Macht und Markt, also Politik und Wirtschaft. Wir gehen von einer energetisch und mechanisch getriebenen Gesellschaft in eine Informationsgesellschaft über, in der Kommunikation zum immer stärkeren Schlüsselfaktor wird. Sie ist das Mittel und das Feld, auf dem wir Machtkämpfe austragen und Geschäfte machen. Sie ist das Mittel und das Feld, auf dem wir herrschen und ausplündern wie wir beherrscht und ausgeplündert werden. Sie ist so hässlich wie das Leben selbst. Wir haben mit dem Kriegsthema begonnen und enden so. Ich schulde Ihnen ein Resümee: Man könnte Clausewitz abwandeln, nach dem Kommunikation die Fortsetzung des Krieges mit anderen Mitteln ist. Dem hinzuzufügen ist: Wer den Krieg nicht führen will, muss ihn vorbereiten, sagt Cato, der Ältere.

IV. Naturwissenschaften

Gerald Hüther

Die transgenerationale Weitergabe von Erfahrungen und die Bedeutung von Vorbildern für die Hirnentwicklung

Davon hätten selbst die Hirnforscher vor einigen Jahren noch nicht zu träumen gewagt: Ein Gerät, mit dem man in das Gehirn eines lebendigen Menschen hineinschauen kann, das schichtenweise das Gehirn abscannt und die Messdaten anschließend per Computer wieder zu einem dreidimensionalen Bild zusammensetzt, so dass sich das ganze Gehirn von allen Seiten betrachten, in Scheiben zerlegen und so sogar in seinem inneren Aufbau analysieren und vermessen lässt. Die Einführung der so genannten Magnetresonanztomographie war so etwas wie ein Quantensprung für die moderne Hirnforschung – vor allem für die Mediziner, die schon immer wissen wollten, wie das Gehirn ihrer Patienten beschaffen ist, und was sich dort verändert, wenn diese Patienten eine neurologische oder psychiatrische Störung entwickeln. Alles, was Ärzte bis dahin wussten, beruhte auf Untersuchungen an Gehirnen von Verstorbenen oder auf Kenntnissen, die sie bei neurochirurgischen Eingriffen gewonnen hatten. Jetzt ließ sich mit dieser neuen Technik gewonnenen Bilder zeigen, in welchen Bereichen und in welchem Ausmaß sich bestimmte Hirnstrukturen aufzulösen beginnen, wenn eine Demenzerkrankung oder ein durch Alkoholmissbrauch ausgelöstes Korsakoff-Syndrom voranschreitet. Angeborene Fehlstrukturierungen ließen sich ebenso sichtbar machen, wie durch spätere Verletzungen, durch entzündliche Prozesse, Infarkte oder Tumoren entstandene Veränderungen. Neurochirurgen können inzwischen vor einer OP mit Hilfe dieser Techniken millimetergenau festlegen, wo und wie sie ihre Eingriffe durchzuführen haben. Anschließend lässt sich sogar sichtbar machen, in welchen Bereichen sich das Gehirn eines Patienten nach einem solchen Eingriff später, als Folge der Entfernung eines bestimmen Areals oder der Durchtrennung eines Nerventraktes, umzuorganisieren beginnt.

Vor allem die Beobachtungen von strukturellen Umbauprozessen im erwachsenen menschlichen Gehirn erschütterten das bis dahin von Hirnforschern fast ein Jahrhundert lang vertretene Dogma von der Unveränderbarkeit der während der Phase der Hirnentwicklung einmal herausgebildeten Nervenzellverschaltungen. Das Gehirn des Menschen erwies sich als weitaus plastischer und in seiner inneren Struktur an neue Nutzungsmuster und -erfordernisse in viel stärkerem Maße anpassbar als bisher angenommen. So mussten auch die Hirnforscher eingestehen, dass die Art und Weise, wie ein Mensch sein Gehirn benutzt, offenbar einen entscheidenden Einfluss auf dessen strukturelle Ausformung hat. „Use it or lose it" – was bisher nur für Muskeln gegolten hatte, traf also auch für das Gehirn zu. Geahnt hatte das vorher schon so mancher. Jetzt war es mit Hilfe der neuen bildgebenden Verfahren jederzeit nachprüfbar geworden.

Wie nach einem Dammbruch überschlugen sich nun die Meldungen der Hirnforscher über derartige nutzungsabhängige Veränderungen in unterschiedlichen Hirnbereichen, beispielsweise nach Erblindung (und dem nachfolgenden Erlernen der Blindenschrift), nach Extremitätenamputationen, Schlaganfällen oder Hirnverletzungen (und den nachfolgenden Auswirkungen unterschiedlicher Rehabilitationsmaßnahmen). Bei Taxifahrern wurde die Größe einer Hirnstruktur vermessen, die bei räumlichen Orientierungsaufgaben besonders intensiv benutzt wird. Diese Struktur, der so genannten Hippocampus, war umso größer ausgebildet, je länger ein Taxifahrer bereits als solcher gearbeitet hatte. Vorläufiger, fast schon skurriler, aber durchaus nachdenklich stimmender Höhepunkt dieser Flutwelle neuer Entdeckungen war die Beobachtung einer sich ständig vergrößernden Repräsentanz des Daumens im motorischen Rindenfeld englischer Jugendlicher (als Folge der um sich greifenden Benutzung von Mobiltelefonen zum Versenden von Kurznachrichten).

Die Begeisterung über die neuen Erkenntnisse der Hirnforscher, die sich mit Hilfe dieser, die Struktur des Gehirns abbildenden Geräte gewinnen ließen, hatte noch nicht ihren Höhepunkt erreicht und die neue Botschaft von der lebenslangen Plastizität des menschlichen Gehirns war noch gar nicht von allen Ärzten, Psychologen und Therapeuten angenommen, als sich bereits der nächste technologische Quantensprung der Hirnforschung vollzog. Er versetzte die Hirnforscher nun auch in die Lage, die im Gehirn eines Menschen ablaufenden Erregungsprozesse als funktionelle Aktivierungsbilder darzustellen. Jetzt konnte man nicht nur „sehen“ und vermessen, wie das Gehirn strukturell beschaffen ist, sondern auch „erkennen“ und lokalisieren, was im Gehirn eines Menschen passiert, wenn er beispielsweise seinen rechten Daumen bewegt, mit dem Ohr wackelt oder sich vorstellt, er fahre Fahrrad. Man konnte beobachten, wie es im Gehirn anders „flackert“, welche Bereiche und neuronalen Netzwerke also stärker oder aber schwächer „feuern“ als bisher, wenn ein Mensch Angst hat, sich freut, Ekel empfindet oder sich an ein trauriges Ereignis in seinem Leben erinnert, wenn er sich das nächste Treffen mit seinem oder seiner Geliebten vorstellt, sogar wenn er schläft, träumt oder meditiert. Es ließ sich mit Hilfe dieser neuen Techniken auch zeigen, dass das Gehirn eines bestimmten Menschen auf erotische Bilder, auf Gewaltdarstellungen oder Musikeinspielungen anders reagiert als das eines anderen Menschen, dass Frauen ihr Hirn anders benutzen und deshalb „anders denken“ als Männer, dass Muslime im Hirn anders auf bestimmte religiöse Symbole und Botschaften reagieren als beispielsweise Christen, dass die Gehirne schizophrener, depressiver oder zwanghafter Patienten anders arbeiten als die von Menschen ohne derartige .

Bis heute ist die Welle der Begeisterung nicht verebbt, mit der Hirnforscher ihre bunten Bilder von mit irgendetwas beschäftigten Menschen einer staunenden Öffentlichkeit in den bebilderten Medien präsentieren. Bisweilen erlauben solche Bilder bemerkenswerte, anders kaum nachweisbare Einsichten in die Art und Weise, wie wir Menschen unser Gehirn bei der Ausübung bestimmter Tätigkeiten benutzen. Ein besonders aufschlussreiches Beispiel sind die unterschiedlichen Aktivierungsmuster, die im Hirn entstehen, wenn man entweder als Fahrer oder aber als Beifahrer in einem (virtuell per Videobrille im Scanner simulierten) Auto sitzt. „Der Fahrer bekommt nicht viel mit“, könnte die Überschrift über dem Hirnbild lauten, das – im Gegensatz zu der Vielzahl aktivierter Bereiche im Hirn des Beifahrers – lediglich zwei kleine rote Flecken im Hirn des Fahrers aufweist. Geahnt hatte man das schon immer: Je stärker man seine Aufmerksamkeit auf eine spezielle Aufgabe fokussiert, desto weniger bemerkt man, was sonst noch alles passiert, was es sonst noch alles zu entdecken gibt. Beeindruckend sind auch die Hirnbilder von Verliebten, die zeigen, wie die mit der Entstehung und Ausbreitung von Angst in bestimmten Hirnregionen einhergehenden Aktivierungsprozesse durch das Gefühl des Verliebtseins unterdrückt werden. Das scheint auch für Vögel zu gelten, die bisweilen im Frühjahr vor lauter Liebeslust von den Bäumen fallen und erklärt sogar die Beobachtung, dass in keinem Monat so viele Vögel überfahren werden, wie im Mai.

Beflügelt von der Vielfalt der Einsatzmöglichkeiten ihrer funktionellen bildgebenden Verfahren und angespornt durch die enorme Überzeugungskraft der damit erzeugten Bilder, haben die Hirnforscher in den vergangenen Jahren in zunehmendem Maß auch Phänomene untersucht und sich der Bearbeitung von Fragen zugewandt, die weit über ihren eigenen, ursprünglich sehr eng gesteckten Horizont hinausreichen. Damit haben sie zwangsläufig auch Themen berührt, die in die Forschungs- (und Hoheits-) Bereiche anderer Wissenschaftsdisziplinen hineinreichen. Vielfach sind das sogar Themen, die im Grunde sehr viele Menschen gegenwärtig bewegen. Als Folge dieser „Grenzüberschreitungen“ kam es zu bisweilen sogar recht hitzig und kontrovers geführten öffentlichen Diskussionen über das Für und Wider, über den Nutzen, die Tragweite und die Übertragbarkeit der von den Hirnforschern zutage geförderten Erkenntnisse und der daraus abzuleitenden Schlussfolgerungen.

Religionswissenschaftler empören sich über Berichte, die Hirnforscher hätten den Ort im Hirn gefunden, der für die Religiosität des Menschen „zuständig“ sei. Grundlage dieser Meldungen war die Beobachtung, dass bei einem Menschen, der sich selbst in einem Zustand tiefer, transpersonaler Meditation versetzt, ein bestimmtes Areal in seiner Hirnrinde gehemmt und in seiner Funktion unterdrückt wird, ein Areal, in dem die eingehenden Sinnessignale zu einem

„inneren Bild" über die eigenen Körpergrenzen zusammengefügt werden. Der betreffende Mensch hat dann auch körperlich das Gefühl des „Sich Öffnens".

Psychologen und Psychotherapeuten sind einerseits froh, dass es mit Hilfe dieser bildgebenden Verfahren inzwischen bei einer Vielzahl von Patienten mit unterschiedlichen psychischen Problemen gelungen ist, nachzuweisen, dass psychotherapeutische Interventionen, wenn sie effektiv sind, auch zu einer Neuordnung und Umformung der Struktur und Funktion, also der inneren Organisation des Gehirns führen. Andererseits wehren sie sich aber gegen die Forderung, den Erfolg ihrer Therapien künftig anhand von derartigen Hirnbildern belegen zu müssen.

Juristen hatten bisher kaum Veranlassung, sich mit diesen neuen Erkenntnissen der Hirnforschung zu beschäftigen, sind aber nun durch eine von einigen Hirnforschern ausgelöste Debatte über die menschliche Willensfreiheit gezwungen, sich die zugrundeliegenden Befunde anzuschauen und Stellung zu beziehen. Gleichzeitig melden sich Philosophen zu Wort und führen einen eloquenten Kampf gegen die ihrer Meinung nach biologistischen Vorstellungen der Hirnforscher über das, was menschliche Freiheit bedeutet.

Besonders intensiv wird die Debatte über die Nutzbarkeit neurowissenschaftlicher Erkenntnisse an der Front geführt, die wohl auch die für die weitere Entwicklung unserer Gesellschaft entscheidende ist und in der – spätestens seit der Veröffentlichung der Ergebnisse der PISA-Studie – besorgniserregende Lücken offenbar geworden sind: im Bereich der Bildung der nachwachsenden Generation. Lernen, so haben die Hirnforscher herausgefunden, funktioniert nur dann, wenn es dem Schüler gelingt, das angebotene neue Wissen an seinen bereits im Gehirn verankerten Erfahrungsschatz anzuknüpfen. Es kann also immer nur etwas hinzu- oder umgelernt, aber nie etwas wirklich neu erlernt werden. Außerdem haben die Hirnforscher erkannt, dass Nervenzellverschaltungen immer dann besonders fest miteinander verknüpft werden, wenn es gleichzeitig zu einer Aktivierung emotionaler Zentren im Gehirn kommt, die mit einer vermehrten Ausschüttung so genannten neuroplastischer (das Auswachsen von Nervenzellfortsätzen und die Neubildung von synaptischen Kontakten stimulierender) Botenstoffe einhergeht. Wenn also etwa besonders gut, d.h. nachhaltig gelernt werden soll, muss es irgendwie „unter die Haut gehen". Eine mangelnde Begabung oder gar ein falsch verschaltetes Gehirn in den Köpfen der Schüler, so lautet die unbequeme Botschaft der Hirnforscher an die Bildungspolitiker, Lehrer und Erzieher und auch an manche Eltern, sind jedenfalls nicht die Ursache der sich ausbreitenden Bildungsmisere in unseren Schulen.

Das freilich sind, wie so vieles andere, was die Hirnforscher in den vergangenen Jahren zu Tage gefördert haben, keine wirklich neuen Erkenntnisse. Neu ist nur, dass sich mit Hilfe der bunten Hirnbilder auf einmal jederzeit prüfbar und objektiv mit naturwissenschaftlichen Verfahren beweisen lässt, was bisher nur geahnt oder aufgrund theoretischer Überlegungen vermutet werden konnte. So sprach vieles schon im vergangen Jahrhundert dafür, dass die Nervenzellverschaltungen in unserem Gehirn nicht durch genetische Programme wie eine Maschine zusammengebaut werden, sondern dass die Art und Weise, wie wir unser Gehirn benutzen, entscheidend dafür ist, wie sich die Nervenzellen miteinander verbinden.

Wir haben auch schon lange geahnt, dass unsere Gefühle kein lästiges Überbleibsel aus unserer Urgeschichte, sondern wichtige Signale und Instrumente für unsere eigene Lebensbewältigung sind, dass wir ohne sie keine neuen Erfahrungen machen und uns nicht ändern könnten.

Uns war im Grunde auch schon immer klar, dass wir alles, was wir können, was wir wissen, was wir glauben und was wir für richtig halten, von andern Menschen übernommen (und ihnen zu verdanken) haben, dass erst dadurch, dass andere Menschen uns gezeigt haben, wie etwas geht, die dafür erforderlichen Nervenzellverschaltungen in unserem Gehirn herausgebildet werden konnten.

Auch wenn es bisweilen unbequem war, wussten wir schon immer, dass wir nur lernen und innere Kraft gewinnen können, indem wir immer wieder vor Probleme gestellt werden, die wir bewältigen müssen. Dabei war uns auch klar, dass das gemeinsam besser geht als allein.

Obwohl uns die Schulnoten unserer Kinder bisweilen überaus wichtig erschienen, haben wir gespürt, dass sie mehr als alles andere unsere Nähe, unser Vertrauen und unsere Zuneigung brauchen, um sich (und ihr Hirn) optimal entfalten zu können. Wir haben immer wieder gespürt, dass eine Beziehung zwischen Menschen nur dann fruchtbar wird und dazu führt, dass beide sich erst dann weiterentwickeln, wenn sie sich als gleichberechtigte Partner, in gleicher Augenhöhe begegnen können.

Natürlich haben wir auch geahnt, dass wir nicht so frei sind, wie wir das so gern glauben, dass die Erfahrungen, die wir in unserem bisherigen Leben gemacht haben, und die Art und Weise, wie wir unser Gehirn bisher benutzt haben, uns in unseren Entscheidungen ebenso einschränken wie die Beziehungsmuster, in die wir mit anderen Menschen verstrickt sind. Wir wissen aber auch, dass wir ohne Hoffnung nicht leben können, und dass sich die Welt verändert, wenn man beginnt sie mit anderen Augen zu betrachten.

All das haben wir schon lange geahnt und vermutet, aber nur den Wenigsten ist es gelungen auch so zu leben. Stattdessen haben wir eine Welt geschaffen, in der der schnelle Erfolg wichtiger scheint als das stetige Bemühen, Macht und Einfluss wichtiger als Begegnung und Nähe, der Schein und das Haben wichtiger als das Sein. Und wir haben an die Begründungen geglaubt, die uns zur Erklärung dieser, unserer Verhaltensweisen selbst eingefallen oder von anderen angeboten worden sind. Jetzt kommen die Hirnforscher mit ihren bunten Bildern und zeigen uns, dass wir erst dadurch, dass wir all das geglaubt und so gelebt haben, auch so geworden sind, wie wir sind. Jetzt müssen wir uns entscheiden, ob wir so weitermachen wollen wie bisher oder nach Wegen suchen, unser Leben hirngerechter, d.h. menschlicher zu gestalten.

Die transgenerationale Weitergabe und neuronale Verankerung von Erfahrungen und Vorstellungen

Die notwendige Offenheit des sich entwickelnden Gehirns für strukturierende Einflüsse aus der äußeren Welt hat zwangsläufig zur Folge, dass es auch Einflüssen ausgesetzt werden kann, die die Integrität seiner inneren Struktur und Organisation bedrohen. Die genetischen Programme, die die Ausformung eines so offenen und daher enorm störbaren Hirns ermöglichen, konnten nur unter der Voraussetzung entstehen und im Genpool des Menschen verankert werden, dass derartige Störungen so gut wie nie vorkamen. Hand in Hand mit der Öffnung der anfangs noch recht starren genetischen Programmierung der Hirnentwicklung mussten im Lauf der Evolution also immer effizientere Mechanismen zum Schutz des sich entwickelnden Hirns vor äußeren Störungen entwickelt werden. Neben dem bereits bei den Säugetieren „erfundenen" Schutz der Nachkommen durch Verlagerung der störanfälligsten Entwicklungsschritte in den Mutterleib, wurden bei den Primaten und insbesondere beim Menschen Sicherheit bietende Bindungen zur entscheidenden Voraussetzung für die Ausbildung lernfähiger, plastischer Gehirne.

Weil das sich entwickelnde Gehirn nicht „weiß", welche Nervenzellverschaltungen und synaptischen Verbindungen in welcher Weise auszuformen und zu verknüpfen sind, wird in allen Regionen zunächst ein enormer Überschuss an Nervenzellen, Fortsätzen und Synapsen produziert. Erhalten bleiben im weiteren Verlauf des Reifungsprozesses davon jedoch nur diejenigen Nervenzellen, Fortsätze und Synapsen, die funktionell genutzt, d.h. in größere funktionelle Netzwerke integriert und auf diese Weise stabilisiert werden können. Der Rest wird wieder abgebaut (nutzungsabhängige Strukturierung). Dieser Prozess verläuft in einer charakteristischen zeitlichen Abfolge, von Kaudal beginnend (Rückenmark) über Stammhirn, Mittelhirn (Thalamus, Hypothalamus, limbisches System) zum Vorderhirn. In den sich zuletzt entwickelnden Bereichen des Gehirns wird der Prozess der nutzungsabhängigen Strukturierung (Bildung und Elimination überschüssiger synaptischer Verschaltungen) zunehmend durch die individuell vorgefundenen äußeren Nutzungsbedingungen (familiäres und soziales Umfeld, Anregungen, Forderungen, Erziehung und Sozialisation) und den unter diesen Bedingungen jetzt gemachten oder von nahestehenden Bezugspersonen übernommenen Erfahrungen bestimmt.

Wie diese transgenetische Übertragung einmal entstandener Fähigkeiten oder Vorstellungen erfolgt, lässt sich recht anschaulich anhand der Stabilisierung synaptischer Verschaltungsmuster im Gesangszentrum der Singvögel illustrieren: Zunächst wird, wenn der Jungvogel noch im Nest sitzt, im Gesangszentrum ein massives Überangebot an synaptischen Verschaltungen produziert. Durch das wiederholte Hören des in Nestnähe vorgebrachten väterlichen Gesangs kommt es zur Ausbildung charakteristischer, gesangsspezifischer Aktivierungsmuster, die dann stabilisiert und in Form strukturell verankerter synaptischer Verschaltungsmuster verankert werden. Die nicht in diese gesangsspezifischen Netze integrierten Verschaltungen werden wieder abgebaut. Die im kindlichen Gehirn auf diese Weise durch eigene Erfahrungen und „Vorbilder" am stärksten strukturierte Hirnregion ist der Frontallappen, also der präfrontale Cortex.

Die strukturelle Verankerung von Erfahrungen ist eng an die Aktivierung emotionaler, limbischer Hirnregionen geknüpft. Zu einer Aktivierung dieser Bereiche kommt es immer dann, wenn etwas Neues, Unerwartetes wahrgenommen wird. Das kann entweder als Bedrohung (Angst) oder als Belohnung (Freude) empfunden werden. Die damit einhergehende Aktivierung limbischer Zentren führt zu einer vermehrten Ausschüttung einer ganzen Reihe von Signalstoffen mit trophischen, neuroplastischen Wirkungen (Transmitter, Mediatoren, Hormone) in den höheren assoziativen kortikalen Regionen. Unter dem Einfluss dieser Signalstoffe (z. B. Katecholamine, Neuropeptide) wird die Bildung und Bahnung synaptischer Verschaltungen stimuliert, kommt es zur Festigung und Stabilisierung insbesondere all jener Nervenzellverschaltungen, die im Verlauf der emotionalen Aktivierung besonders intensiv genutzt werden (strukturelle Verankerung positiver oder negativer Erfahrungen, „emotionales Gedächtnis" für erfolgreiche oder erfolglose Bewältigungsstrategien.

Aufgrund seiner individuell und im Zusammenleben mit anderen Menschen gemachten und im Hirn in Form bestimmter Nervenzell-Verschaltungen entsprechend verankerten Erfahrungen gelangt jeder Mensch im Lauf seines Lebens zu bestimmten Annahmen und entwickelt bestimmte Vorstellungen über die (soziale) Welt, über die Art seiner Beziehungen zur äußeren (sozialen) Welt und über seine Möglichkeiten zur Mitgestaltung dieser Welt. Diese Vorstellungen werden als innere Orientierungen, Selbstwirksamkeitskonzepte und eigene Leitbilder im Hirn verankert. Sie bieten einem Menschen Halt und Sicherheit, bestimmen seine Entscheidungen, lenken seine Aufmerksamkeit in bestimmte Richtungen und sind daher ganz entscheidend dafür, wie und wofür der Mensch sein Gehirn benutzt und daher auch strukturiert. Die konkrete Form dieser inneren Bilder und Orientierungen, die ein Mensch im Lauf seines Lebens für seine weitere Lebensgestaltung findet, hängt in hohem Maß von den jeweils vorgefundenen und als besonders „erfolgreich" bewerteten Vorbildern ab, die er als Heranwachsender innerhalb seines Kulturkreises und der dort herrschenden sozialen (familiären und gesellschaftlichen) Beziehungen vorfindet. Zwangsläufig ergibt sich daraus, dass die „Denkmuster", die „Gefühlsstrukturen" und die im Lauf des Lebens erworbenen Fähigkeiten und Fertigkeiten von Menschen aus verschiedenen Kulturkreisen und innerhalb eines Kulturkreises sowie von Menschen aus unterschiedlichen Familien und Sippen – von Männern und Frauen, von Erstgeborenen und Nachgeborenen – mehr oder weniger stark voneinander abweichen. Da nirgendwo auf der Welt identische Bedingungen herrschen, unter denen die Menschen identische Erfahrungen machen, ist jedes menschliche Gehirn ein einzigartiges Konstrukt. Es wird herausgeformt durch das Zusammenspiel einzigartiger mitgebrachter Anlagen und selbstgemachter Erfahrungen, und die auf diese Weise entstandenen und gefestigten neuronalen Verbindungen und Verschaltungsmuster verleihen dem betreffenden Menschen seine individuellen Begabungen, Fähigkeiten und Fertigkeiten. Je größer die Vielfalt individuell unterschiedlicher Denk-, Gefühls- und Handlungsmuster in einer menschlichen Gemeinschaft ist, desto reichhaltiger ist der Schatz innerer Bilder, aus dem diese Gemeinschaft die geeignetste Lösung zur Bewältigung ihrer Probleme auswählen kann.

Was innere Bilder sind und welche Bedeutung sie für die nutzungsabhängige Strukturierung des menschlichen Gehirns besitzen, lässt sich am leichtesten anhand der Sprachbilder illustrieren, mit denen wir zu beschreiben suchen, was unser Denken lenkt, was unsere Aufmerksamkeit steuert, woran wir uns bei wichtigen Entscheidungen orientieren und wonach wir unser Handeln ausrichten: An „Vorbildern", an „Leitbildern", an eigenen „Vorstellungen", an „Visionen" und „Ideen" (lat. „videre" bzw. griech. „idein" = sehen), daraus abgeleitet an „Idealen" und „Ideologien", an „Kognitionen" (lat. cognoscere = durch die Sinne kennenlernen, bemerken, für wahr nehmen), an „Theorien" (griech. „theaomai" = schauen, ansehen), an „Fantasien" (griechisch für „Erscheinung") und nicht zuletzt an mehr oder weniger bewussten „Motiven" (ein Bild, das Anderes bestimmt und lenkt). Es gibt bestimmte neuronale Aktivierungsmuster, die abgerufen werden können, um komplexe motorische Handlungsabläufe in Gang zu setzen und zu steuern. Die einfachsten sind bereits zum Zeitpunkt der Geburt herausgeformt (angeboren), schwierigere Handlungsmuster (für Greifbewegungen, für das koordinierte Krabbeln, später für den aufrechten Gang, das Schwimmen oder Fahrradfahren) müssen erst anhand von Vorbildern und wiederholtem Üben etabliert, gebahnt und stabilisiert werden. Das bei einer intendierten Handlung über dem motorischen Cortex ableitbare Bereitschaftspotenzial ist die von außen messbare Entsprechung der Aktivierung eines solchen „inneren Handlungsbildes". Die interessantesten und für die Art der weiteren Nutzung und Strukturierung des Gehirns maßgeblichsten „inneren Bilder" werden in den höchsten und am stärksten vernetzten assoziativen Bereichen des menschlichen Gehirns gebildet. Eine herausragende Funktion spielt hierbei die präfrontale Rinde (Stirnlappen oder frontaler Cortex), also diejenige Hirnregion, deren endgültige Verschaltungsmuster während der Individualentwicklung zuletzt herausgebildet wird und deren Strukturierung in besonderer Weise durch eigene Erfahrungen im Verlauf der frühen Kindheit durch Erziehung und Sozialisation bestimmt wird. Hier werden diejenigen inneren Bilder generiert und als charakteristische neuronale und synaptische Aktivierungsmuster gebahnt und gefestigt, die für die höchsten Leistungen des menschlichen Gehirns entscheidend sind: Die Fähigkeit, eine Vorstellung von sich selbst (Selbstbild) und seiner eigenen Wirkungen (Selbstwirksamkeitskonzept) zu entwickeln, sich in andere Menschen hineinzuversetzen (sich ein Bild von Anderen zu machen), seine Handlungen zu planen und seine eigenen inneren Impulse zu kontrollieren und in eine bestimmte Richtung zu lenken (sich ein Bild von dem zu machen, was man will).

Mit Hilfe dieser inneren Bilder entscheidet ein Mensch, was ihm wichtig ist, womit er sich beschäftigt, wofür er sich einsetzt, worauf er seine Aufmerksamkeit fokussiert und wie er seine Vorstellungen umsetzt. Der Umstand, dass diese inneren Vorstellungsbilder bis heute in unserem Kulturkreis als belanglose, wirklichkeitsferne Illusionen und Konstrukte abgetan werden, macht deutlich, wie sehr die Macht dieser inneren Bilder gegenwärtig noch völlig unterschätzt wird. Das gilt für die Kräfte, die durch derartige innere Bilder zur Gestaltung, Umgestaltung oder auch Zerstörung bestimmter Bereiche der äußeren Welt oder menschlicher Beziehungen freigesetzt werden. Das gilt aber auch für die Kraft, mit der diese Vorstellungsbilder die weitere Nutzung des Hirns der betreffenden Menschen bestimmen und damit nutzungsabhängige Strukturierungsprozesse in Gang setzen, die später nur noch schwer wieder auflösbar sind. Psychiater und Psychotherapeuten erahnen gelegentlich beim Umgang mit einzelnen, von bestimmten Vorstellungen „besessenen" Patienten etwas von dieser Macht, und sie nutzen die positiven Kräfte, die bestimmte, Sicherheit bietende innere Bilder besitzen, um die im Rahmen ihrer Therapie angestrebten Restrukturierungsprozesse zu unterstützen.

Die Bedeutung von Vorbildern für die Strukturierung des menschlichen Gehirns

All das Wissen, all die Erfahrungen, Fähigkeiten und Fertigkeiten, also all das, was Menschen verschiedener Kulturkreise hilft, sich in der Welt, in der sie leben zurechtzufinden, muss von anderen Menschen übernommen werden. Keine dieser kulturspezifischen Leistungen ist angeboren. Alles, worauf wir später stolz sind, was uns als Persönlichkeit ausmacht, was wir wissen und können ebenso wie das, was wir denken und fühlen, ja sogar das, was wir wünschen und träumen und nicht zuletzt das, was wir als unsere Muttersprache bezeichnen, verdanken wir dem Umstand, dass es andere Menschen gab, die uns bei der Benutzung und Ausformung der für diese Leistungen erforderlichen Verschaltungsmuster in unserem Gehirn geholfen haben. Ohne sie hätten wir womöglich noch nicht einmal gelernt, aufrecht zu gehen. Wir wären nicht in der Lage, uns in einer bestimmten Sprache auszudrücken. Wir wüssten nicht, was essbar und was giftig und gefährlich ist. Wir hätten weder Fahrradfahren noch irgendein anderes hierzulande alltägliches Gerät zu bedienen gelernt. Wir könnten nicht schreiben, lesen und rechnen, auch nicht musizieren, singen und tanzen. Uns hätte auch niemand gezeigt, dass es möglich ist, die natürliche Angst vor bestimmten Phänomenen zu überwinden. Wir wären der äußeren Welt und unseren inneren Antrieben hilflos ausgesetzt, wüssten nicht, worauf wir besonders zu achten haben, hätten nicht gelernt, all die vielen komplexen Bewegungsabläufe und feinmotorischen Handlungen zu steuern, die man nur von anderen Menschen lernen kann und wir wären auch kaum in der Lage, irgendwelche in uns aufkommenden Impulse zu kontrollieren.

All das und noch vieles mehr muss jedes Kind im Verlauf eines schwierigen und daher auch sehr störanfälligen Prozesses erst erlernen. Dass das geschieht, erscheint uns so selbstverständlich, dass wir kaum je darüber nachdenken, was aus unserem Gehirn geworden wäre, wenn wir keine Gelegenheit bekommen hätten, uns all diese Fähigkeiten und Fertigkeiten im Verlauf unserer ersten Lebensjahre von anderen Menschen anzueignen. Es wäre ein Gehirn geworden, in dem all dass, was zum Zeitpunkt der Geburt noch nicht fertig ausgereift ist, sich nicht so weiter entwickelt, organisiert und strukturiert hätte, wie das nun einmal geschehen ist. Ein solches Gehirn könnten wir deshalb auch heute nicht so benutzen, wie wir es tun. All die hochkomplexen Verschaltungen, die nicht automatisch entstehen, sondern nur dann herausgeformt und stabilisiert werden können, wenn sie auch immer wieder aktiviert und benutzt werden, wären ohne die vielen Anregungen und Ermunterungen, Maßregelungen und Ermahnungen, also ohne die aktive Einflussnahme anderer Menschen auf unsere Hirnentwicklung nicht entstanden. Unser Gehirn ist in viel stärkerem Maß, als wir bisher geglaubt haben, durch diese anderen Menschen und all das, was diese wiederum von anderen Menschen übernommen haben, strukturiert worden.

Die Hirnregion, in der all diese komplexen, nutzungsabhängigen neuronalen Verschaltungen letztlich zusammenlaufen, ist eine Region, die sich beim Menschen zuletzt und am langsamsten entwickelt und die auch bei unseren nächsten tierischen Verwandten weitaus kümmerlicher ausgebildet ist. Anatomisch heißt sie Frontal- oder Stirnlappen. Es ist diejenige Hirnregion, die in besonderer Weise daran beteiligt ist, aus anderen Bereichen des Gehirns eintreffende Erregungsmuster zu einem Gesamtbild zusammenzufügen, um auf diese Weise von „unten", aus tieferliegenden und früher ausgereiften Hirnregionen eintreffende Erregungen und Impulse zu hemmen und zu steuern. Ohne Frontalhirn kann man keine zukunftsorientierten Handlungskonzepte und inneren Orientierungen entwickeln, kann man nichts planen, kann man die Folgen von Handlungen nicht abschätzen, kann man sich nicht in andere Menschen hineinversetzen und deren Gefühle teilen, auch kein Verantwortungsgefühl empfinden. Unser Frontalhirn ist die Hirnregion, in der wir uns am deutlichsten von allen Tieren unterscheiden. Und es ist die Hirnregion, die in besonderer Weise durch den Prozess strukturiert wird, den wir Erziehung und Sozialisation nennen.

Wie wenig wir über die Bedeutung nutzungsabhängiger Plastizität für die Hirnentwicklung wissen, wie rasch und wie unerwartet alte, bislang für richtig gehaltene Theorien ins Wanken geraten sind, machen neuere Untersuchungen über die mit bildgebenden Verfahren nachweisbaren entwicklungsabhängigen strukturellen Veränderungen des menschlichen Gehirns deutlich. Bei Kindern von drei bis sechs Jahren kommt es insbesondere in den frontocortikalen Hirnbereichen, die die Planung und Organisation von Handlungen sowie die Konzentrationsfähigkeit auf bestimmte Aufgaben steuern, zu einer deutlichen Volumenzunahme. Bei Jugendlichen von sechs bis zwölf Jahren lässt sich insbesondere eine verstärkte Ausformung und Vergrößerung in solchen cortikalen Regionen nachweisen, die eine besondere Bedeutung für räumliches Vorstellungsvermögen und abstraktes Denken besitzen. Kurz vor der Pubertät kommt es dann zu einer zweiten Phase des weiteren Ausbaus neuronaler Verschaltungen im frontalen Kortex, der erneut mit einer messbaren Volumenzunahme einhergeht. Eine weitere Umstrukturierungsphase beginnt nach der Pubertät. Was während dieser Phase geschieht, wird wesentlich von der Regel „use it, or lose it" bestimmt.

Das alles heißt, dass nicht nur die frühe Kindheit, sondern die gesamte Jugendphase eine entscheidende Entwicklungsphase darstellt, in der das Gehirn durch die Art seiner Nutzung gewissermaßen „programmiert" wird. Das Ausmaß und die Art der Vernetzung neuronaler Verschaltungen, insbesondere im frontalen Kortex, hängt also ganz entscheidend davon ab, womit sich Kinder und Jugendliche besonders intensiv beschäftigen, zu welcher Art der Benutzung ihres Gehirns sie im Verlauf des Erziehungs- und Sozialisationsprozesses angeregt werden. Konsequenterweise muss dann zumindest dieser Bereich des menschlichen Gehirns als soziales Produkt angesehen werden.

Diese hochkomplexen Verschaltungsmuster innerhalb des Frontalhirns, wie auch zwischen dem Frontalhirn und den anderen Bereichen der Hirnrinde und den tieferliegenden, so genannten subkortikalen Netzwerken können nur dann ausgebildet werden, wenn Kindern bereits im Säuglingsalter vielfältige Gelegenheiten geboten bekommen, sich selbst und ihre Wirkungen auf andere Menschen wahrzunehmen. Die Fähigkeit zur Selbstwahrnehmung erwirbt ein Säugling zunächst durch passives Bewegtwerden, wie Schaukeln und Wiegen über die damit verbundene Stimulation seines Gleichgewichtssinnes. Bereits hier werden die ersten prägenden Erfahrungen über die Verlässlichkeit der Beziehung zu den Eltern gemacht. Im Schutz des so entstandenen Sicherheitsgefühls kann sich das Kind im weiteren Verlauf seiner Entwicklung immer weiter vorwagen und eigene Aktivitäten entwickeln: Kriechen, Krabbeln, Sitzen, Stehen, Laufen, Klettern, Springen, Balancieren, sind Stationen dieser Welterkennung, die sich in ähnlicher Weise auch in anderen Bereichen (Fühlen, Sehen, Hören) vollzieht. Das wachsende Gefühl von Selbstwirksamkeit ermöglicht es dem Kind, sich allmählich aus der ursprünglichen Abhängigkeit von seinen primären Bezugspersonen zu lösen. Voraussetzung für diese Entwicklung sind sichere emotionale Beziehungen, die es dem Kind gestatten, sich immer weiter in eigene, selbst erkundete und selbst gestaltete Bereiche vorzuwagen.

Im Alter von drei bis sechs Jahren erbringen die Kinder eine ganz besondere Entwicklungsleistung. Bei Eintritt in den Kindergarten, mit etwa drei Jahren, arbeiten sie noch intensiv an der Entwicklung ihres Ichbewusstseins. Sie lernen gerade, dass sie etwas anderes sind als die anderen. Zwei- bis Vierjährige entdecken, dass sie etwas wollen können, und dass das etwas anderes sein kann, als ihre Eltern oder ihre Betreuer wollen. Ihren neu entdeckten Willen demonstrieren diese Kinder dann oft mit dem ganzen Körper und ihrer vollen Stimmkraft. Deshalb wird das Alter „Trotzalter“ genannt. Kinder in diesem Alter zu erziehen ist anstrengend. Die Kinder brauchen vernünftige Verbote, die sie vor Gefahren, auch vor der Verfestigung eines hemmungslosen Egoismus schützen, ebenso wie den für ihre Aktivitäten erforderlichen Freiraum zur Selbstbestimmung. Für Erziehungsangebote, die ihnen Verhaltensalternativen aufzeigen, sind Kinder in diesem Alter aber auch noch besonders offen. Dass Eltern ihnen bestimmtes Verhalten erlauben, anderes verbieten, wird von ihnen um so leichter akzeptiert, je sicherer die emotionale Beziehung zwischen ihnen und ihren Eltern ist. Ein Kind liebevoll zu motivieren, es zu ermutigen, sich immer neuen Anforderungen zu stellen, es immer wieder mit neuen Aufgaben anzuregen, an denen es sich entwickeln kann, all das stellt höchste emotionale und intellektuelle Anforderungen an die Erziehenden.

Wenn die Eltern alle Probleme beiseite räumen, hindern sie ihre Kinder daran, die Erfahrung machen zu können, dass es möglich ist, Probleme mit Hilfe anderer (der Eltern) zu lösen. Kinder, denen diese wichtige Erfahrung vorenthalten wird, richten sich nur nach ihren eigenen Wünschen, Vorstellungen und Bedürfnissen. Sie bleiben selbstbezogen, trotzig, tyrannisch. Zur Bewältigung der altersentsprechenden Aufgaben fehlen ihnen wichtige Ichfunktionen wie Interesse und Aufmerksamkeit an der Lösung solcher Aufgaben. Ihr Ich ist zu dünnhäutig, überempfindsam und zu reizoffen. Oft fühlen sich diese Kinder überfordert, wenn sie in Kindergarten und Schule gezwungen sind, auf eine bestimmte Weise zu denken und zu handeln. Obwohl das Verhalten dieser Kinder äußerlich entwicklungsgerecht erscheinen mag, sind sie oft in ihrer emotionalen und sozialen Entwicklung auf der Stufe eines Kleinkindes stehengeblieben.

In fataler Weise unterstützt wird diese Entwicklung durch alles, was Kinder daran hindert, mit anderen Menschen in eine aktive Interaktion zu treten, ihre bisher erworbenen Fähigkeiten und Fertigkeiten zu erproben und weiterzuentwickeln. So geht es beispielsweise Kindern, die täglich viele Stunden vor einem Fernsehgerät zubringen. Zur Passivität verurteilt werden sie mit bunten Bildern, Handlungsfetzen, Aktionsbruchstücken und ständig neuen, emotional erregenden Eindrücken und angstauslösenden Vorstellungen in Erregung versetzt. Auf ihre Fragen bekommen sie keine Antworten, ihre Vorschläge hört niemand, sie können nichts ändern, nichts verhindern und auch nicht helfend eingreifen. Was in ihnen zurückbleibt, ist die Erfahrung, dass es auf ihr eigenes Denken und Handeln nicht ankommt, dass ihre selbstständige Suche nach Lösungen nutzlos ist, dass das Geschehen abläuft, ohne dass sie selbst darauf Einfluss nehmen können. Solche Kinder können nur schwer das Gefühl eigener Handlungskompetenz, eigener Gestaltungsfähigkeit und eigener Bedeutsamkeit entwickeln. Sie werden allzu leicht zu Konsumenten, die immer nur etwas von anderen haben wollen. Weil sie keine Gelegenheit hatten, sich selbst einzubringen, fehlt ihnen das Gefühl, dass sie anderen etwas geben können. Sie sind und bleiben damit allzu leicht allein, finden keine Freunde, können sich nicht in Beziehungen weiterentwickeln und sind ohne sichere emotionale Bindungen schutzlos ihren Ängsten ausgeliefert. Unsicherheit und Angst stören die Integration und Organisation komplexer Wahrnehmungen und Reaktionsmuster. Sie zwingen das Kind zu raschen, eindeutigen Entscheidungen und damit zum Rückgriff auf ältere, bereits gebahnte Bewältigungsstrategien. Was unter diesen Bedingungen nicht stattfindet und auch nicht gelingen kann, ist eine über die bereits vorhandenen Möglichkeiten hinausgehende Fortentwicklung der eigenen Fähigkeit zur Integration, Bewertung und Filterung komplexer Wahrnehmungen. Ihre Wahrnehmungen können Kinder nur dann integrieren, wenn diese in einem zusammenhängenden Kontext erlebt werden. Neue Wahrnehmungen müssen an bereits vorhandene Erfahrungen anzuknüpfen sein. Einen Zustand, bei dem zu viele Wahrnehmungen ungeordnet auf einen Menschen hereinprasseln, ist selbst für Erwachsene unerträglich, für Kinder erst recht. Er macht Angst und setzt gewissermaßen all das außer Kraft, was normalerweise vom Frontalhirn geleistet werden muss, aber angesichts des dort herrschenden Durcheinanders nicht geleistet werden kann.

Selbst Erwachsene reagieren unter solchen Bedingungen „kopflos", beginnen hektisch umherzurennen oder sinnlos mit dem Bein zu wippen, können sich auf nichts mehr richtig konzentrieren, wissen nicht, womit sie eigentlich anfangen sollen, werden immer unzufriedener, bis sie sich womöglich gar in einem impulsiven Wutausbruch entladen. Und Kindern geht es mit ihrem noch sehr beschränkten Repertoire an eigenen Bewältigungsmöglichkeiten erst recht so. Vor allem dann, wenn keiner da ist, der ihnen hilft. Die Folgen dieser Überlastung bzw. des mangelnden Reizschutzes unterscheiden sich allerdings dramatisch zwischen Kindern und Erwachsenen. Wenn ein Erwachsener seine komplexen Verschaltungen im Vorderhirn zur adäquaten Lösung von Problemen eine zeitlang wegen Überlastung, Angst und Stress nicht benutzen kann, so bleiben sie ihm doch immerhin erhalten, und er kann später, wenn das Trommelfeuer vorbei ist, wieder darauf zurückgreifen. Ein Kind muss diese Verschaltungen jedoch erst entwickeln. Aber es kann sie nur dann in seinem Frontalhirn ausbilden, festigen und bahnen, wenn ihm auch die Möglichkeit geboten wird, diese komplexen Verschaltungen erfolgreich zur Lösung seiner Probleme und zur Bewältigung neuer Anforderungen zu nutzen. Dazu braucht jedes Kind – je kleiner es ist, umso mehr – Reizschutz (in Form sicherer emotionaler Beziehungen) und Orientierungshilfen (in Form kompetenter, Orientierung bietender Erzieher und Erziehungshilfen, z. B. in Form von Ritualen, Geschichten, Märchen und Spielen). Findet ein solches Kind auch später niemanden, der ihm hilft, dieses Defizit zu überwinden, wird es sich auch dann, wenn es erwachsen geworden ist, nicht anders gegen Überlastung, Angst und Stress wehren können, als durch sinnlose Hektik, sprunghafte Aufmerksamkeitswechsel und gelegentliche Wutausbrüche. Die ersten Anzeichen derartiger Fehlentwicklungen werden bereits früh sichtbar.

Bereits als Kleinkinder können solche Kinder nicht richtig spielen. Sie sind dauernd in Bewegung, leicht ablenkbar, und finden nur schwer eine konstruktive Beziehung zu anderen Kindern. Oft sind sie sich keiner Grenzen und Gefahren bewusst. Sie platzen mit Antworten heraus, ohne das Ende einer Frage abzuwarten und unterbrechen andere ohne Hemmungen. Unfähig, sich längere Zeit auf eine gestellte Aufgabe zu konzentrieren, kommt es spätestens mit der Einschulung zu gravierenden Problemen. Am deutlichsten treten diese Defizite zutage, wenn die Anforderungen gesteigert werden, wenn Menge und Komplexität der zu verarbeitenden Information anwächst, wenn Geschwindigkeit, Ausdauer und Gründlichkeit gefordert werden.

Für die transgenerationale Überlieferung von bisher gesammeltem Wissen und bisher gemachten Erfahrungen an die jeweils folgenden Generationen sind in unserem Kulturkreis spezielle Einrichtungen – Schulen – geschaffen worden. In diesen Schulen soll die jeweils nachfolgende Generation all das lernen, worauf es nach Meinung derjenigen ankommt, die schon älter sind und „Schule machen". Diese Meinungen haben sich im Verlauf der Menschheitsentwicklung immer wieder verändert. Die so genannten „primitiven Völker" waren noch der Ansicht, dass es für ihre Kinder auf alles, was sie selbst wussten und konnten, gleichermaßen ankomme. Die „Schule" für das spätere Leben ihrer Kinder fand im täglichen Zusammenleben in der Familien-, Sippen- und Stammesgemeinschaft statt. Hier wurde das gesamte Wissen über die Gestaltbarkeit von Beziehungen erlernt: von Beziehungen zwischen den Menschen untereinander, zwischen den Menschen und der sie umgebenden Natur, zwischen den Menschen und dem, was sich „hinter" den wahrnehmbaren Naturerscheinungen „verbarg": Gespenster, Geister und Götter. Erst mit der zunehmenden Spezialisierung einzelner Mitglieder dieser ursprünglichen Gemeinschaften wurden auch spezielle Einrichtungen erforderlich, „Spezialschulen" zum Erwerb ganz besonderer Fähigkeiten und Fertigkeiten. Bald hatte jede Kaste ihre eigene „Schule". Neben den verschiedenen Handwerkerschulen entstanden bereits sehr früh verschiedene Formen von Priesterschulen, in denen die Schüler all das lernen sollten, worauf es damals für die Gestaltung von „geistigen" Beziehungen ankam. Parallel dazu wurden spezielle Kampftechnik-, Militär- oder Kadettenschulen eingerichtet, um die dafür ausgewählten Nachkommen in die wichtigsten „weltlichen" Formen der Gestaltung von Beziehungen – Strammstehen und Kriegführen – zu unterrichten.

Aus diesen Urformen von Schule haben sich im Lauf der vergangenen zwei Jahrhunderte die heutigen „allgemeinbildenden Schulen" entwickelt. Bis heute sind sich die für diese Schulen Verantwortlichen nicht so recht einig, was die Schüler dort eigentlich lernen sollen. Anfangs war es eine Mischung aus Katechismus, Gehorsam, Lesen, Schreiben und Rechnen, später auch Übungen für den Leib (Sport) und für die Seele (Singen, Kunst). Ihre Geschichte (d.h. die Geschichte der jeweiligen Herrscher) sollten die Schüler ebenso kennen lernen wie die jeweils herrschenden Grundregeln für die Gestaltung und Einhaltung der jeweiligen „schicht-spezifischen" gesellschaftlichen Beziehungen. Als die Technik ihren Siegeszug angetreten hatte, wurde die Vermittlung naturwissenschaftlich-technischer Kenntnisse immer wichtiger und seit Beginn des Informationszeitalters sollen die Schüler nun auch lernen, wie informationsverarbeitende Systeme funktionieren. Allerdings beschränkt sich diese Ausbildung bisher weitgehend auf die Vermittlung von Wissen darüber, wie man einen Computer bedient.

Das muss sich ändern, und das wird sich auch ändern, denn die Welt, in die Kinder und Jugendliche heute hineinwachsen, hat sich in den vergangenen Jahrzehnten dramatisch verändert. Als Schlüsselqualifikation für morgen wird von den nächsten Generationen etwas verlangt, was „Arbeitgeber" schon heute händeringend suchen und was den Menschen in unserer technisierten, hektischen und leistungsorientierten Gesellschaft offenbar zunehmend abhanden zu kommen droht: psychosoziale Kompetenz, also die Fähigkeit, gemeinsam mit anderen Menschen nach tragfähigen Lösungen für die Bewältigung gegenwärtiger und zukünftiger Herausforderungen zu suchen. Leider ist diese Fähigkeit nicht wie englische Vokabeln lern- und abfragbar. Es handelt sich hierbei um eine Form von Wissen, die auf eigener Erfahrung beruht. Um sie zu erwerben, brauchen junge Menschen Vorbilder, also Menschen, die diese Fähigkeit besitzen und sie Kindern und Jugendlichen vorleben. Und sie brauchen eigene Erfahrungen, die ihnen zeigen, dass schwierige Lösungen nur gemeinsam mit anderen gefunden und umgesetzt werden können. Ohne solche Vorbilder und ohne solche Erfahrungen ist dem sich unter Kindern und Jugendlichen ausbreitenden Defizit an psychosozialer Kompetenz nur schwer beizukommen.

Damit es Kindern gelingt, sich im heutigem Wirrwarr von Anforderungen, Angeboten und Erwartungen zurechtzufinden, brauchen sie Orientierungshilfen, also äußere Vorbilder und innere Leitbilder, die ihnen Halt bieten und an denen sie ihre Entscheidungen ausrichten. Nur unter dem einfühlsamen Schutz und der kompetenten Anleitung durch erwachsene „Vorbilder" können Kinder vielfältige Gestaltungsangebote auch kreativ nutzen und dabei ihre eigenen Fähigkeiten und Möglichkeiten erkennen und weiterentwickeln. Nur so kann im Frontalhirn ein eigenes, inneres Bild von Selbstwirksamkeit stabilisiert und für die Selbstmotivation in allen folgenden Lernprozessen genutzt werden. Die Herausbildung komplexer Verschaltungen im kindlichen Gehirn kann nicht gelingen,

- wenn Kinder in einer Welt aufwachsen, in der die Aneignung von Wissen und Bildung keinen Wert besitzt (Spaßgesellschaft);
- wenn Kinder keine Gelegenheit bekommen, sich aktiv an der Gestaltung der Welt zu beteiligen (passiver Konsum von Lernstoffen und Medienangeboten);
- wenn Kinder keine Freiräume mehr finden, um ihre eigene Kreativität spielerisch zu entdecken (Funktionalisierung);

- wenn Kinder mit Reizen überflutet, verunsichert und verängstigt werden (Überlastung);
- wenn Kinder daran gehindert werden, eigene Erfahrungen bei der Bewältigung von Schwierigkeiten und Problemen zu machen (Verwöhnung);
- wenn Kinder keine Anregungen erfahren und mit ihren spezifischen Bedürfnissen und Wünschen nicht wahrgenommen werden (Vernachlässigung).

Das Gehirn, so lautet die vielleicht wichtigste Erkenntnis der Hirnforschung, lernt immer, und es lernt das am besten, was einem Heranwachsenden hilft, sich in der Welt, in die er hineinwächst, zurecht zu finden und die Probleme zu lösen, die sich dort und dabei ergeben. Das Gehirn ist also nicht zum Auswendiglernen von Sachverhalten, sondern zum Lösen von Problemen optimiert. Und da fast alles, was ein heranwachsender Mensch lernen kann, innerhalb des sozialen Gefüges und des jeweiligen Kulturkreises direkt oder indirekt von anderen Menschen „bezogen wird" und der Gestaltung der Beziehungen zu anderen Menschen „dient", wird das Gehirn auch nicht in erster Linie als Denk-, sondern als Sozialorgan gebraucht und entsprechend strukturiert.

Es ist beeindruckend, dass die moderne Gehirnforschung inzwischen im Stande ist, all diese Erkenntnisse aus objektiven, jederzeit wiederholbaren und nachprüfbaren Befunden abzuleiten. Sie kann mit Hilfe ihrer neuen Verfahren zeigen, wie regionale Netze aufgebaut und verknüpft werden, wie globalisierende Transmittersysteme die dort ablaufenden Aktivierungsprozesse verbinden und harmonisieren, wie sich Erregungsprozesse ausbreiten und auf tiefer liegende emotionale Zentren übergreifen, welche Botenstoffe dadurch vermehrt ausgeschüttet werden und wie diese Stoffe als Wachstumsfaktoren und als Regulatoren der Genexpression die Stabilisierung und Bahnung neuer Verschaltungsmuster ermöglichen und begünstigen. Und es lässt sich inzwischen auch nachweisen, dass Angst, Stress, Überreizung und äußerer Druck die Herausformung komplexer Verschaltungen im kindlichen Gehirn ebenso behindern wie Unterforderung, mangelnde Anregungen, Verwöhnung oder Vernachlässigung. Aber das, worauf es wirklich ankommt, damit dieser komplizierte Entwicklungsprozess im Gehirn möglichst vieler Kinder gelingt, können Hirnforscher nicht: Sie können die Verhältnisse nicht ändern, unter denen Kinder in unserer gegenwärtigen Gesellschaft aufwachsen.

Literatur

Hüther, G. (1997): Biologie der Angst, Vandenhoeck & Ruprecht Göttingen.

Hüther, G. (1999): Die Evolution der Liebe, Vandenhoeck & Ruprecht Göttingen.

Hüther, G. (2001): Bedienungsanleitung für ein menschliches Gehirn, Vandenhoeck & Ruprecht, Göttingen.

Hüther, G. (2004): Die Macht der inneren Bilder, Vandenhoeck & Ruprecht, Göttingen.

Hüther, G. / Bonney, H. (2002): Neues vom Zappelphilipp. Walter Verlag Düsseldorf.

Hüther, G. / Krens, I. (2005): Das Geheimnis der ersten neun Monate. Walter Verlag Düsseldorf.

Gebauer, K. / Hüther, G. (2001): Kinder brauchen Wurzeln, Walter Verlag Düsseldorf.

Gebauer, K. / Hüther, G. (2002): Kinder suchen Orientierung, Walter Verlag Düsseldorf.

Gebauer, K./ Hüther, G. (2003): Kinder brauchen Spielräume, Walter Verlag Düsseldorf.

Gebauer, K. / Hüther, G. (2004): Kinder brauchen Vertrauen. Patmos Verlag Düsseldorf.

Nitsch, C. / Hüther, G. (2004): Kinder gezielt fördern. Gräfe und Unzer, München.

Günter R. Fuhr

Sanfte Zellhandhabung – Eine Voraussetzung für die Regenerative Medizin

Einleitung

Zellen sind die kleinsten lebenden Bausteine der Organismen. Dies gilt selbstverständlich auch für den Menschen, der aus ungefähr 10^{14} Zellen besteht, die mit ihren Nachbarn in Verbindung stehen, Signale austauschen und im Verband die Strukturen ausbilden, die wir als Gewebe bezeichnen. Die Gewebe der Organismen bilden sich während der Embryogenese aus Stammzellen (undifferenzierten Zellen) heraus, die sich in etwa 220 Zelltypen, wie Muskel-, Nerven-, Blut- oder etwa Knochenzellen spezialisieren. Stammzellen befinden sich auch im Gewebe jugendlicher und erwachsener Organismen. Sie werden im Unterschied zu den Stammzellen embryonaler Herkunft als adulte Stammzellen bezeichnet. Man geht derzeit davon aus, dass auch adulte Stammzellen in der Lage sind, in ähnlicher oder gleicher Weise in alle Zelltypen des Körpers zu differenzieren, wie dies für embryonale Zellen durch die Gewebe- und Keimzellbildung während der Embryogenese belegt ist.

Die Ansätze der Regenerativen Medizin gehen davon aus, dass Stammzellen prinzipiell geeignet sein sollten, jedes defekte Gewebe zu erneuern, indem sie sich aufgrund der entsprechenden Umgebungsreize und ihres genetischen Programms in die erforderlichen Zelltypen umwandeln. Man hofft auf diese Weise Herz-/Kreislauferkrankungen wie die gewebeschädigenden Herzinfarktfolgen, Autoimmungewebedegeneration, aber auch den Gewebezerfall, wie er bei Alzheimer und Parkinson im Nervengewebe des Gehirns auftritt, zu beheben. Dies alles setzt voraus, dass man Stammzellen gewinnt, diese kultiviert oder modifiziert und für die jeweilige Zelltherapie vorbereitet. Aus biotechnologischer Sicht ist zu fordern, dass man mit diesem sensiblen Zelltyp außerhalb des Körpers so definiert und sanft umgehen muss, wie dies im Körper geschieht.

Über die im gegenwärtigen klinischen wie biotechnologischen Laboralltag verwendeten Techniken und Verfahren ist eine vergleichbar sensible Zellhandhabung bisher nur bedingt möglich. Die so genannten In-vitro-Techniken erreichen daher nicht annähernd die Präzision der Vermehrung und Differenzierung von Stammzellen, wie sie während der natürlichen Organismusentwicklung, der Embryogenese, zu verzeichnen sind. Dies liegt vor allem daran, dass aufgrund der großen Erfolge der vergangenen Jahrzehnte die molekular basierte Genetik und Biologie/Medizin technologisch stärker befördert wurde als die Zellhandhabung, insbesondere die Einzelzellmanipulation. Gegenwärtig ist ein Trend erkennbar, dies nachzuholen, vor allem auch, weil für die In-vitro-Handhabung von Zellen für die Regenerative Medizin besonders schonende und auf die Einzelzelle orientierte Verfahren und Instrumente benötigt werden. Im Folgenden werden drei neue Möglichkeiten der sanften In-vitro-Handhabung von Zellen tierischer und humaner Herkunft vorgestellt und deren Zukunftspotenzial erläutert.

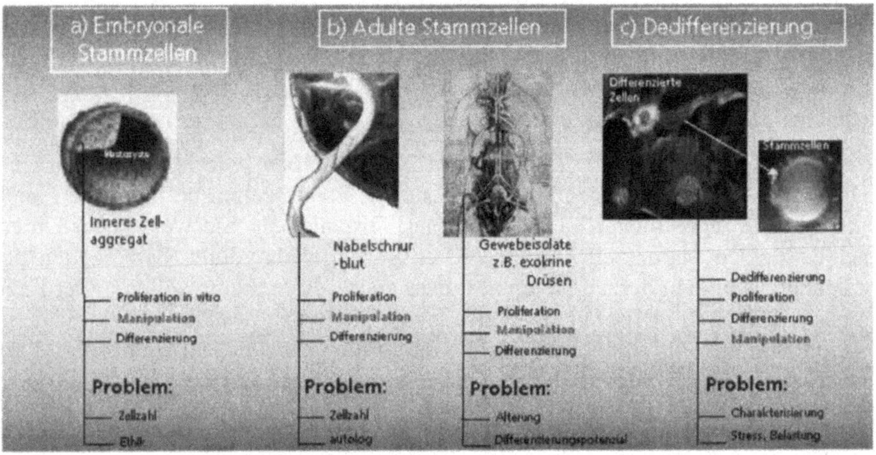

Abbildung 1: Gegenwärtig werden drei Quellen zur Gewinnung von Stammzellen intensiv untersucht und hinsichtlich einer Nutzbarkeit für die Zelltherapie verfolgt: a) Die ethisch nicht unproblematische Erzeugung von Embryonen (bis zum Blastozystenstadium, ca. der 7. Tag nach der Befruchtung beim Menschen), Entnahme des inneren Zellhaufens und In-vitro-Kultivierung dieser Zellen als embryonale Stammzelllinien, b) die Isolation von Stammzellen nach verschiedenen Verfahren aus den unterschiedlichsten Geweben und Körperflüssigkeiten (Nabelschnurblut, Knochenmark, Leber, Pankreas, Darm etc.) und deren nachfolgende In-vitro-Kultivierung und c) die Rücksetzung (Dedifferenzierung) bereits spezialisierter Zellen, wie Muskelzellen, Fibroblasten etc. zu Stammzellen und deren weitere Kultivierung. Allen Isolationsverfahren ist gemein, dass sie ohne eine Zellhandhabung außerhalb des Körpers medizinisch und biotechnologisch nicht nutzbar sind.

In-vitro-Handhabung von Zellen ohne Oberflächenkontakt

Die Zelloberflächen stellen den Kontakt dieser biologischen Grundeinheit zur Umgebung dar. Über Tausende von Rezeptoren und sensitive Makromoleküle stehen die Zellen in einem komplexen Signalaustausch miteinander und zu ihrer Umgebung. Im Laufe der Evolution haben sie nahezu für jeden Umweltreiz (Licht, Druck, Temperatur, chemische Komponenten, pH-Wert etc.) Sensoren herausgebildet. Jede Berührung einer Zelle stellt daher einen Reiz dar, der zu Stress und in dessen Folge ggf. zu weitgreifenden Veränderungen des Zellzustandes bis hin zur Genexpression führen kann. Dies gilt zum Beispiel auch bezüglich der Berührung von Zellen mittels einer Kapillare, Pipette oder ähnlicher Mikrowerkzeuge, wie sie in der In-vitro-Kultur derzeit gebräuchlich sind.

Ein Ansatz, diese nahezu unvermeidlichen unphysiologischen Berührungsreize zu vermeiden, wäre, Handhabungssysteme zu entwickeln, die jede Berührung einer Zelle mit einer künstlichen Oberfläche vermeiden. Da Zellen im biologischen System mit Lösungen und Lösungsströmungen (z.B. im Blutkreislauf) permanent in Kontakt kommen, wären hydrodynamische Mikrosysteme für diese Zwecke geeignet. Die Zelle würde folglich nur in strömenden Medien bewegt werden. Dieses Prinzip hat allerdings den Nachteil, dass sich alle in einem Strömungsbereich befindlichen Zellen in gleicher Weise verhalten und nicht selektiv manipuliert werden können. Dem kann abgeholfen werden, indem über extrem flache und miniaturisierte Elektroden, wie sie sich mit den Verfahren der Halbleitertechnologie an den Kanalwänden prozessieren lassen, hochfrequente elektromagnetische Felder erzeugt werden, die auf Zellen eine abstoßende Kraft ausüben.

Entsprechende Elektrodensysteme lassen die Entwicklung von dreidimensionalen Feldfallen für Zellen zu, wie sie von Wolfgang Paul 1953 in die Physik zur Vermessung von Atomen im Vakuum eingeführt wurden. Im Unterschied zu diesem stärker magnetisch ausgelegten Feldfallenprinzip sind die „Zellkäfige“ aufgrund der darin befindlichen Flüssigkeiten (Nährmedien für die Zellen) und die dielektrischen Eigenschaften der Zellen durch die elektrische Feldkomponente und folglich temporäre Polarisationsprozesse bestimmt. Das System ist zudem überdämpft, so dass es zu keinen Oszillationsbewegungen der Zellen, sondern zu einer stabilen Lage im Feldminimum kommt, was sehr vorteilhaft ist. Über die Elektrodenform und -anordnung lassen sich beliebige Feld- und daraus abgeleitet Kraftverteilungen erzeugen, so dass die im Lösungsstrom sanft dahin treibenden Zellen auch gegen eine Flüssigkeitsströmung berührungslos festgehalten, abgelenkt und gruppiert werden können. Das alles sind Manipulationsfunktionen, wie sie für eine In-vitro-Handhabung einzelner Zellen benötigt werden.

Fügt man nun in Mikrokanäle eine Vielzahl solcher Elektrodensysteme ein, steuert sie mittels Computerprogrammen an und beobachtet die Zellen über hoch auflösende Mikroskopie, so lassen sich Lab-On-Chip-Systeme aufbauen, die steriles und hochpräzises Arbeiten mit Stamm- und anderen tierischen und menschlichen Zellen zulassen (Abb. 2).

Von besonderer Bedeutung für die Stammzellenkultur ist deren stressfreie Handhabung und die Vermeidung jeglicher Zellverluste, da die Zahl isolierbarer Stammzellen meist sehr gering ist, die empfindlichen Zellfraktionen in weitere Subfraktionen und in einigen Fällen zum Schluss bis zur Einzelzellklonierung aufgetrennt werden müssen. Dies alles lässt sich mit den gezeigten Mikrosystemen erreichen, die inzwischen bereits kommerziell angeboten werden (Evotec Technologies, Hamburg).

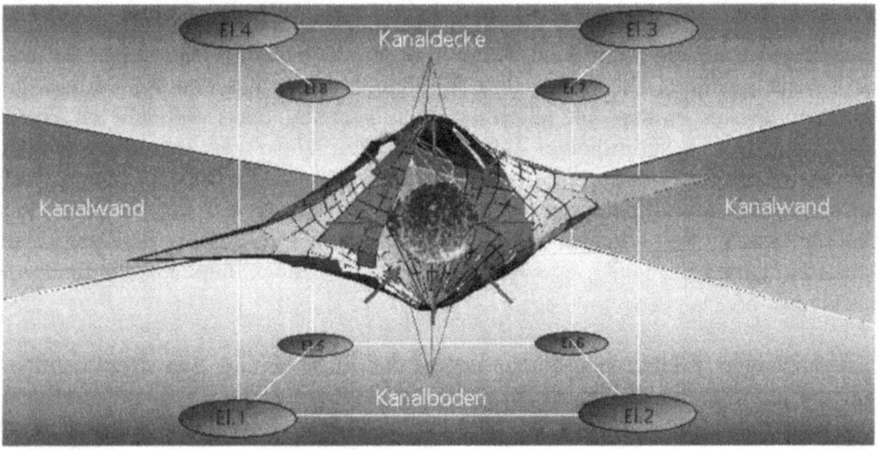

Abbildung 2: Blick in einen schematisch dargestellten Kanal, in dem Zellen (Kugel in der Mitte) in einer Lösungsströmung treiben. Bringt man an der Decke und dem Boden des Kanals jeweils vier Mikroelektroden an und betreibt sie mit Wechselspannungen im MHz-Bereich, so kann ein Feldkäfig erzeugt werden, in dem die Zellen aufgrund von Polarisationserscheinungen an den Grenzflächen (Membranen, Organellen, Zellwand etc.) in Richtung des Feldminimums (Mitte) gedrückt und dort gegen die Strömung festgehalten werden können (spitzer Gitterkörper = Fläche gleicher nach innen gerichteter Kraft). Das Phänomen wird als negative Dielektrophorese bezeichnet. Solch ein Feldkäfig für Zellen ist in seinen Seitenabmessungen nicht einmal so groß wie der Querschnitt eines menschlichen Haares.

Natürlich stellt sich die Frage, ob die hochfrequenten elektromagnetischen Felder nicht selbst wieder einen Einfluss auf die Zellen ausüben. Hierzu ist zweierlei anzumerken: Erstens, dass keine Manipulation möglich ist, ohne dass eine, wenn auch noch so geringe physikalische Beeinflussung erfolgt. Zweitens, dass ein Mechanismus zur Detektion derartige Einflüsse in den Zellen ausgebildet sein muss. Im Falle der hochfrequenten Felder (MHz-Bereich) handelt es sich um eine Einflussgröße, die im Laufe der Evolution nicht oder nur sehr temporär vorkam (sehr hochfrequente Radiofrequenzwellen). Es kann also davon ausgegangen werden, dass die Wirkung auf biologische Systeme eher unspezifisch ist (z.B. geringfügige Erwärmung). Dennoch muss ein möglicher Einfluss natürlich experimentell geprüft werden. Dazu wurden einerseits Zellen über Tage in dem sonst nur über Sekunden dauernden elektromagnetischen Feld kultiviert sowie aus derart befeldeten Stammzellen intakte Tiere (Mäuse) ausgetragen (persönliche Mitteilung der Firma Evotec in Kooperation mit der Firma Artemis). Beides verlief positiv und stellt eine empfindliche Summierung der vielfältigsten Einflüsse dar. Es kann daher davon ausgegangen werden, dass die Belastung der Zellen in den Mikroelektrodensystemen sehr gering und in der Tat unspezifisch ist.

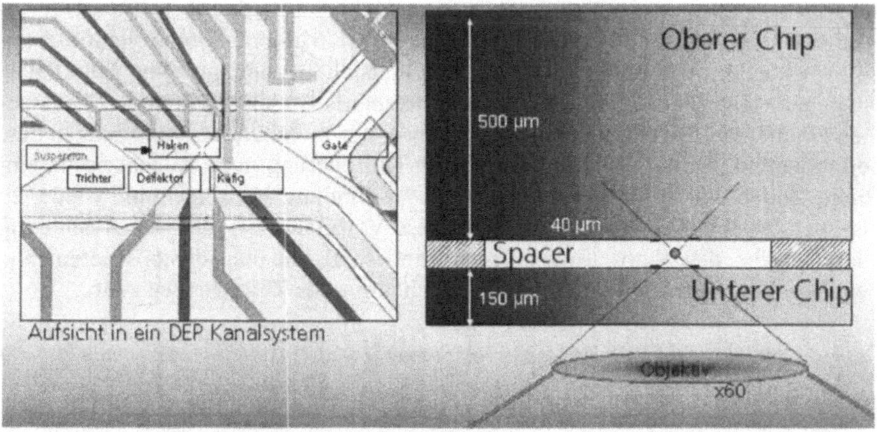

Abbildung 3: Aufsicht (links) und Querschnitt (rechts) durch ein komplexes Mikrosystem zur berührungsfreien Manipulation von Zellen, insbesondere zur Handhabung der empfindlichen Stammzellen. Die derzeit realisierten Lab-On-Chip-Systeme besitzen 20 bis 60 Elektroden, die zunächst die Zellen aufreihen, dann die nicht brauchbaren Objekte aussortieren, die selektierten Zellen in Feldkäfigen zur Vermessung kurz positionieren und zum Schluss einzeln in Wells ablegen. Um höchste optische Auflösung zu erhalten, wird eine Wand des Kanalsystems aus extrem dünnem Glas prozessiert.

Es gibt jedoch andere Aspekte, die weitere Verfahren zur Zellmanipulation erfordern: Sehr viele Zellen, insbesondere die medizinisch relevanten Stammzellen, benötigen eine Oberfläche, um sich zu vermehren. Die Manipulation ohne Oberflächenberührung kann somit für diese Zelltypen nur eine temporäre Phase, d.h. eine vorbereitende Prozedur für die nachfolgende In-vitro-Kultur, darstellen.

Kopie biologischer Oberflächen auf künstlichen Körpern

Gängig ist die Kultur von Zellen auf Plastik-, Keramik- oder Glasoberflächen, zumeist in Kulturflaschen. Diese werden mit Polymeren beschichtet oder mit biologischen Matrixmolekülen wie Fibronektin maskiert. Dies funktioniert recht gut, entspricht aber dennoch nicht dem, was Zellen im Gewebeverband vorfinden. Dort werden ihnen makromolekulare „Landschaften", bestehend aus einer Vielzahl verschiedener Moleküldomänen, angeboten, die zu komplexen Reizen führen und mit hoher Wahrscheinlichkeit den Zustand und Differenzierungsgrad der Zellen steuern.

Auf einer quadratzentimetergroßen Fläche haben Millionen von Zellen in zweidimensionaler Anordnung Platz. Zudem handelt es sich um eine Oberfläche gleicher Eigenschaften, wie sie im Gewebe ebenfalls nicht vorkommt. Dort spielen Gradienten, Muster und abrupte Wechsel der molekularen Verteilungen eine dominierende Rolle. Das Ziel der In-vitro-Kultivierung muss es daher sein, einzelne Zellen und Gruppen miteinander in Verbindung zu bringen und wieder zu trennen. Auch hier bietet die Embryogenese Vorbilder (z.B. über die Ausbildung der Gewebe des Ekto-, Endo- und Mesoderms), die uns demonstrieren, wie wichtig die exakte Positionierung der Nachbarn einer Zelle werden kann.

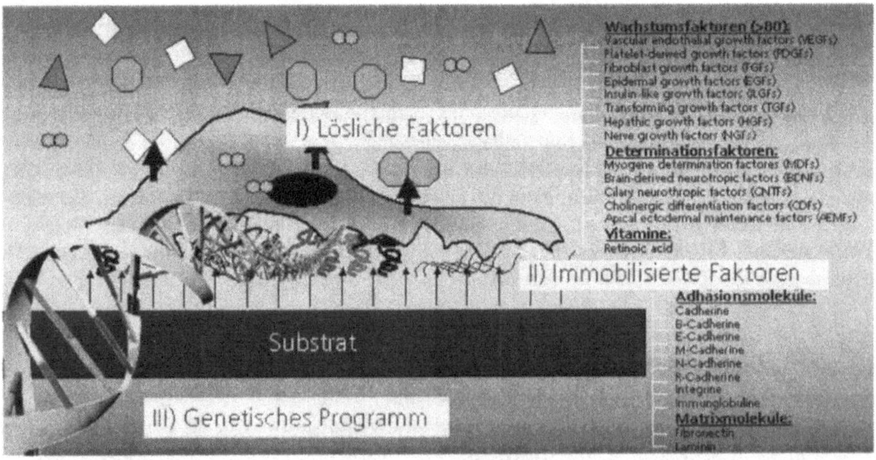

Abbildung 4: Das Differenzierungsverhalten von Zellen wird im Wesentlichen über drei verschiedene Wege bestimmt: I) Über lösliche Signalsubstanzen, II) über Makromoleküle an Oberflächen und III) die genetische Prädisposition der Zellen. Die Zahl der dabei involvierten und zzt. bekannten Wachstumsfaktoren, Adhäsions- und Matrixmoleküle übersteigt die 100 weit. Dies verdeutlicht den Ereignisraum, in dem geeignete Parameterkombinationen für die gezielte Stammzellendifferenzierung gefunden werden müssen.

Eine Lösung für das Problem der künstlichen Oberfläche für die Zellkultur könnte deren Bedeckung mit einer komplexen makromolekularen Belegung sein, wie sie den Zelloberflächen entspricht. Das bedeutet, auf einer Fläche von wenigen Quadratmikrometern Tausende von funktionalen Molekülen verschiedener Art zu immobilisieren. Zu diesem Zweck werden gegenwärtig im Rahmen eines integrierten Projekts der Europäischen Union mit 27 Partnern unter Koordination des Fraunhofer IBMT die Voraussetzungen geschaffen. Das Grundprinzip lässt sich wie folgt zusammenfassen: Die Zellen werden auf Mikrotargets kultiviert, die gerade groß genug sind, die notwendige Zahl der Zellen auf einer vorgegebenen Oberfläche aufzunehmen. Die verbleibenden Teile der Oberfläche sind so präpariert, dass Zellen nicht oder nur schwer darauf anhaften können. Auf den Oberflächenbereich zur Zellkultivierung wurden vorher Makromoleküle in verschiedener Kombination und Dichte aufgebracht. Ein Verfahren dazu ist das Stempeln mittels extrem feiner Polymermuster (Nanostempel) und zwar so, dass die Verteilung der Moleküle auf der Fläche anisotrop wird. Die Mikrotargets bestehen zudem aus Glas und erlauben daher eine exzellente mikroskopische Beobachtung der Zellen. Ihre Oberfläche ist biokompatibel, da die makromolekularen „Landschaften“ den Zelloberflächen nachempfunden werden. Die Mikrotargets besitzen des Weiteren magnetisierbare Materialbereiche, die zur individuellen Manipulation von außen dienen. In einem Labyrinth von nährlösungsgefüllten Mikrokanälen lassen sich auf diese Weise die Targets mittels kleiner automatisch geführter Magnete bewegen, sortieren, zu Gruppen arrangieren und mit Lösungen überströmen (Abb. 4 und 5). Auch das sind wiederum Aufgaben, wie sie zur definierten und hochparallelen Differenzierung und Handhabung von Stammzellen benötigt werden. Was im Laufe eines vierjährigen Großforschungsprogramms entstehen soll, ist ein Differenzierungsgerät für Zellen, das es im automatischen Betrieb mit definierten einstell- und dokumentierbaren Verfahren erlaubt, das Verhalten von Zellen systematisch zu untersuchen. Später sollen aus dem Prototyp Geräte für den klinischen Einsatz, insbesondere die Vorbereitung von Zelltherapien, entwickelt werden.

Doch auch damit wären die Probleme der In-vitro-Handhabung von Zellen nicht vollständig gelöst. Zur weiteren Verwendung in der Biotechnologie und Medizin müssen die Zellen von den Oberflächen abgelöst werden. Das erfolgt derzeit durch mechanisches Abkratzen oder überwiegend mittels enzymatischer Behandlung, z.B. mit Trypsin, einem pankreatischen Enzym. Beides stellt einen erheblichen Zellstress dar, da die sensible Zelloberfläche geschädigt wird (enzymatischer Abbau nicht nur der Haftmoleküle) und im Laufe von Stunden nach der Zellpassagierung regeneriert werden muss. Es wäre daher hilfreich, Verfahren zu entwickeln, die diesen Zellstress verringern, besser vollständig vermeiden. Auch hierzu kann ein neuer, bereits experimentell geprüfter Ansatz vorgestellt werden.

Extrem langsame Manipulation von und an Zellen

Die meisten adhärent wachsenden Zellen bewegen sich aktiv auf Oberflächen. Dies erfolgt zum Beispiel, um Kontakt zu Nachbarzellen aufnehmen zu können und Zellgruppen für die spätere Gewebebildung zu formieren. Im Mikroskop lässt sich dieser Prozess aufgrund seiner Langsamkeit allerdings nur im Zeitraffermodus erfassen und sichtbar machen. Zellen bewegen sich in der Regel nur wenige zehn Mikrometer pro Stunde. Betrachtet man die zellulären Reaktionen in ihren typischen Zeitabläufen (Abb. 6), so erkennt man, dass die zytoskelettgesteuerten Zellbewegungen im Gegensatz zu biochemischen Reaktionen sehr langsam ablaufen. Es stellt sich die Frage nach dem Sinn einer solchen Langsamkeit und zu klären ist ferner, ob sich dieser zelltypische Geschwindigkeitsbereich nicht auch für eine Reihe von Zellhandhabungen nutzen lässt.

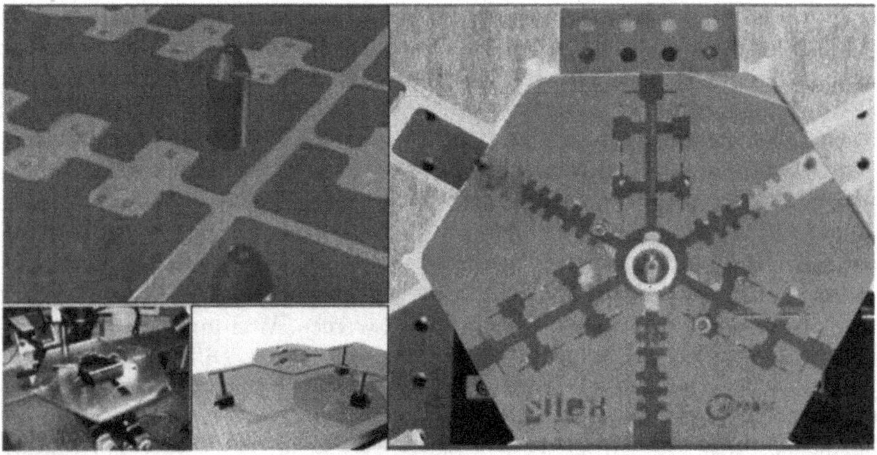

Abbildung 5: Animation (links) und erste Realisierungen (rechts) von etwa 15 cm großen, aus Glas- und Siliziumwafern bestehenden Mikrolabyrinthen, in denen sich Nährlösung befindet. In den Mikrokanälen befinden sich die Mikrotargets (hier nicht erkennbar) und auf diesen die Zellen. Mittels der links oben gezeigten Mikromagnete lassen sich diese Targets und mit ihnen die darauf wachsenden Zellen bewegen, gruppieren sowie in das Mikrosystem einfügen und entnehmen.

Offensichtlich vorteilhaft an verlangsamten Gesamtsystemreaktionen ist, dass sich Signale aufsummieren und kombinieren lassen. Dies macht das zelluläre System von zufälligen Ereignissen unabhängig. Es leuchtet ein, dass nicht jede stochastische Rezeptor-Ligand-Interaktion zu einer Zellreaktion führen darf.

Durch die Entwicklung nanometergenau arbeitender Mikromanipulatoren für die Atomic Force Microscopy (AFM) stehen seit einigen Jahren die technischen

Voraussetzungen zur Verfügung, um nun auch derart langsam mit Instrumenten an Zellen zu operieren. Erstaunlicherweise wurde dies bislang noch nicht versucht, so dass wir vor zwei Jahren Neuland betraten. Das Ziel der Experimente war es zunächst, ein Instrument in die Nähe einer adhärent wachsenden Zelle zu führen und dieser im Zeitlupentempo zu folgen. Sie sollte dann bei ihrer eher stochastischen Wanderung zu irgendeinem Zeitpunkt Kontakt mit diesem Instrument aufnehmen und zwar sehr langsam, gleichsam „physiologisch" durch eigene Bewegung. Über ein Bildauswertungssystem ließe sich dann automatisiert entscheiden, wann die Zelle auf dem Instrument angekommen ist. Nachfolgend sollte sie ohne Stress zu einer freien Kulturfläche transportierbar sein und auf das neue Substrat abwandern.

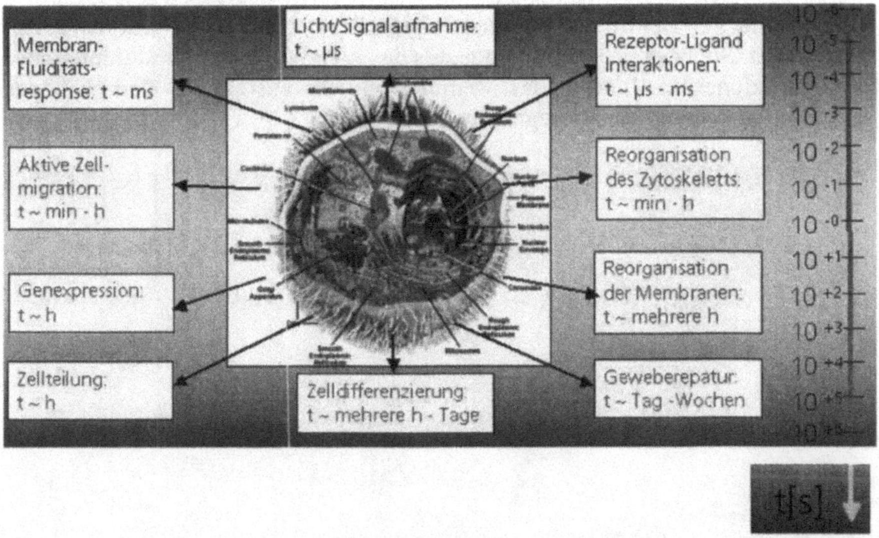

Abbildung 6: Der Reaktionsgeschwindigkeitsbereich tierischer und humaner Zellen überdeckt mehr als zehn Zehnerpotenzen. Sehr viele Prozesse laufen im Minuten- bis Stundenbereich ab. Insbesondere die Regeneration des Zytoskeletts, die aktive Zellbewegung und auch die Differenzierung von Stammzellen erfolgt vergleichsweise langsam.

Das Verfahren funktioniert in der Realität überraschend gut, vermeidet jeden Zellstress, vor allem eine Enzymbehandlung. Es dauert allerdings einige Stunden, bis einzelne Zellen transferiert sind. Dieser Nachteil wird durch Parallelisierung und die nun möglich gewordene gezielte Einzelzellauswahl, ohne Störung der Umgebungszellen, kompensiert. Eine Kernanwendung stellt das für die Stammzellenforschung und -nutzung so wichtige Einzelzellklonen dar.

Kann man Instrumente mit dieser Genauigkeit erst einmal bewegen, bieten sich eine Reihe von Versuchen an, deren Ergebnis nicht vollständig vorhersagbar ist. Auch das, ein Bestandteil wissenschaftlichen Arbeitens, führt nicht selten zu überraschenden Befunden. So auch im folgenden Versuch: Durchschneidet man eine Zelle mit einem Glasskalpell mit üblicher Geschwindigkeit (einige 100 µm oder mm/s), so zerreißt die Zellmembran und beide Teile sterben nach einigen Sekunden ab. Führt man die gleiche Manipulation mehr als 10.000 mal langsamer aus (ca. 20 µm/h) bewegen sich beide Teile, egal wie groß sie sind, getrennt auf dem Substrat weiter. In vital-letal-Färbeversuchen zeigt sich, dass beide Zellteile von einer intakten Membran umgeben sind (Abb. 8). Da nur ein Zellteil den Kern besitzt, kann auf längere Sicht auch nur dieser Teil überleben. Interessanterweise bewegt sich der kernlose Teil über Stunden amöboid, angetrieben durch das noch immer funktionstüchtige Zytoskelett wie eine vitale Zelle über die Oberfläche. Derartige versprengte Zellteile werden als „Cytekineplasten“, bezeichnet. Sie bewegen sich solange, bis der ATP-Vorrat und bestimmte Ionenkonzentrationen im Inneren des Membrangebildes ausreichen. Danach koaguliert das Plasma und die Bewegung endet.

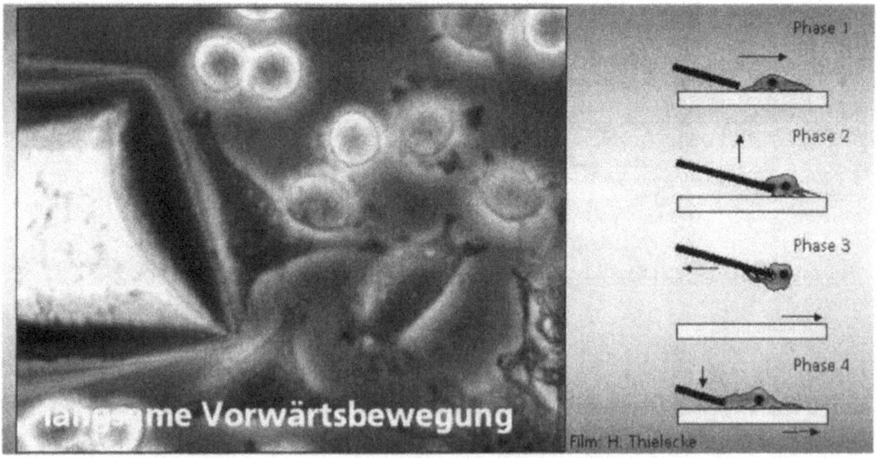

Abbildung 7: Prinzip (rechts) und Ausschnitt aus einer Videozeitraffersequenz (links), die die Entnahme und den Transfer einzelner Zellen auf Instrumenten verdeutlicht.

Das Verfahren hat durchaus eine praktische Relevanz, z.B. für die Einzelzellcharakterisierung, die für die Biotechnologie, zellbasierte Medizin und Pharmakologie in ihrer Bedeutung jährlich wächst. Die meisten hoch auflösenden und empfindlichen Einzelzellcharakterisierungsmethoden, wie Massenspektrometrie, PCR oder eine Vielzahl von Fluoreszenzmarkierung führen zum Absterben der Zelle oder bedingen deren Lyse. D.h. die Zelle, die man am Ende gut charakterisiert hat, existiert nicht mehr und kann folglich nicht weiter verwendet werden. Die aufgezeigte „Einzelzellbiopsie“ erlaubt nun die Entnahme des abgetrennten Teils und dessen Untersuchung, ohne dass der Hauptteil der Zelle mit dem Kern zerstört oder auch nur kontaminiert wird.

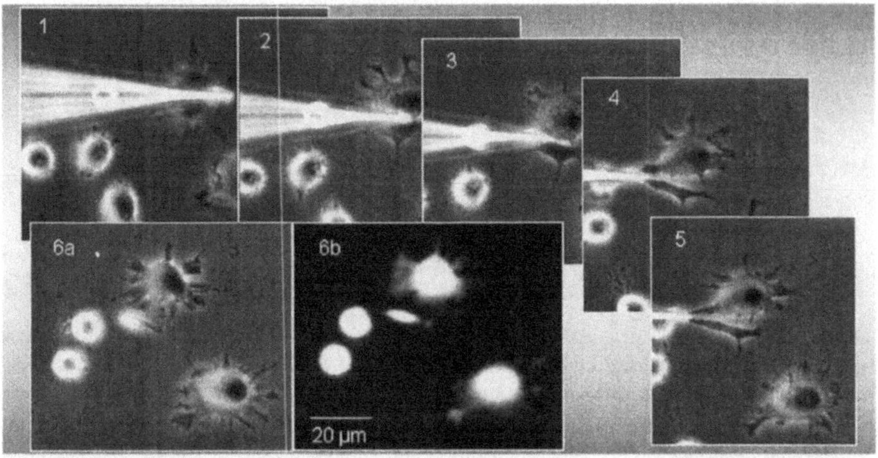

Abbildung 8: Die Ziffern 1 bis 5 bezeichnen Bilder aus einer Zeitraffervideosequenz von etwa einer Stunde, bei der eine Zelle in zwei Teile zertrennt wurde. Wie die Vitalfärbung (unten Mitte, 6b) belegt, sind beide Teile über Stunden intakt und folglich membranumhüllt.

An den abgetrennten Cytekineplasten lassen sich prinzipiell ebenfalls PCR-Daten gewinnen, Oberflächen- und zytoplasmatische Moleküle anfärben, Massenspektren aufnehmen und vieles mehr. Gelingt es, aus dem Hauptteil der Zelle eine Klonkultur zu erzeugen, so sind deren Eigenschaften bereits gut erfasst. Die Unterschiede zwischen schneller und ultra langsamer Manipulation an Zellen ist in Abb. 9 veranschaulicht.

Ebenfalls überraschende Befunde sind, dass zwei sich überlappende Zellen auf einer Kulturoberfläche durch extrem langsame Instrumentbewegung durch die Überlappungsregion zur Fusion gebracht werden können sowie Instrumente in Zellen über Stunden hin und her bewegbar sind. Auch große Organellen, wie manche Zellkerne, lassen sich durchtrennen und manipulieren. Inwieweit das von praktischer Bedeutung ist, werden die bereits begonnenen Versuchsreihen zeigen.

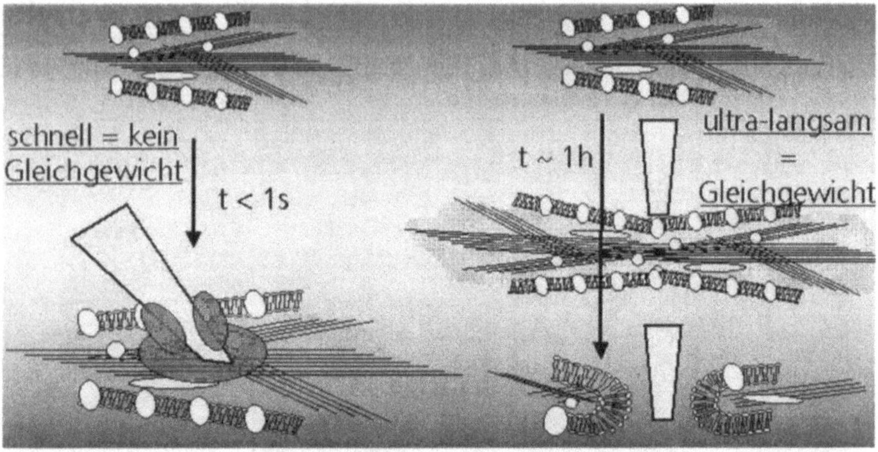

Abbildung 9: Man kann sowohl schnell (links) als auch extrem langsam (rechts) mit einem Instrument in eine Zelle eindringen. Während dafür links spezielle, sehr kleine und spitze Kapillaren benötigt werden, spielt die Geometrie bei der langsamen Bewegung eine eher untergeordnete Rolle. Bei rascher Bewegung koaguliert das Plasma und verschließt den Verletzungskanal, während bei der langsamen Bewegung genügend Zeit für Anpassungsreaktionen der Zelle (Zytoskelett als auch Membran) bleibt. Man kann dieses Verhalten auch über einen Nichtgleichgewichts- (schnell) und Gleichgewichtszustand (langsam) des Systems beschreiben.

Schlussfolgerungen und Perspektiven

Es war das Ziel des Beitrags, die Notwendigkeit und Bedeutung einer sanften Zellhandhabung für die Biotechnologie und Medizin zu begründen. Neben den erläuterten neuen Ansätzen gibt es eine Reihe erprobter Zellmanipulationsinstrumente, z.B. Laserpinzetten, akustische Partikelfallen etc. Das Ablösen der Zellen von Oberflächen unter Vermeidung einer Trypsinierung wird zur Zeit, parallel zur langsamen Zellmanipulation und Nutzung der aktiven Zellbewegung, über polymere Beschichtungen versucht, die bei bestimmten Bedingungen (pH-Wert, Temperatur) ihre Struktur verändern, so dass die Zellen ihre Haftung zur Oberfläche verlieren. Ein ebenfalls sehr Erfolg versprechender Ansatz.

Es ist daher zu vermuten, dass nicht in der Entwicklung einer einzelnen universellen Methodik, sondern in der parallelen Benutzung und Kombination von Techniken die Zukunft im Feld der Zellmanipulation liegen wird. Erst eine extrem sanfte, „physiologische“ Zellhandhabung außerhalb des Körpers wird der Regenerativen Medizin die Nutzung all ihrer Potenzen ermöglichen, da die Vitalität der Stammzellen ein Kernelement dieses Therapieansatzes darstellt. Die

Technologie- und Methodenentwicklung ist daher eine fundamentale Voraussetzung für eine klinische Umsetzung.

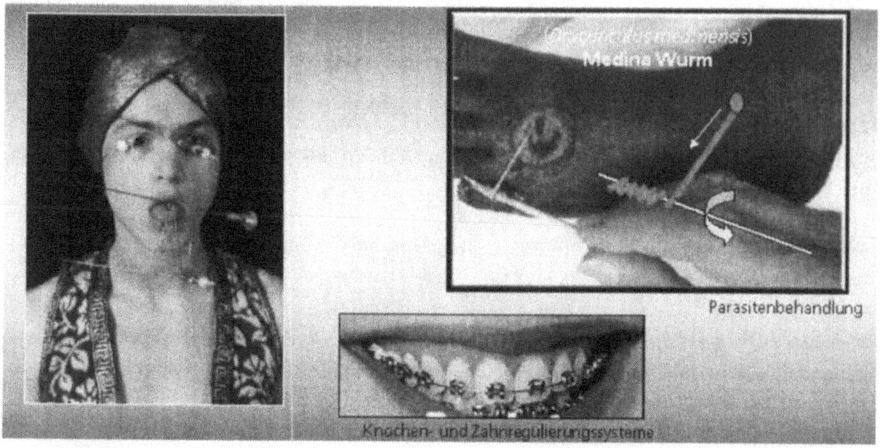

Abbildung 10: Drei Beispiele der Nutzung langsamer Bewegungen – Zahnregulation, Entfernung des Medinawurms und Durchstechen von Haut- und Muskelgeweben ohne Blutung

Im Zusammenhang mit der extrem langsamen Manipulationstechnik fragt man sich zwangsläufig, ob es nicht bereits medizinische oder andere Anwendungen gibt. Dies ist tatsächlich der Fall, wie an drei Beispielen deutlich wird. Viele von uns haben eine Zahnregulation erfolgreich absolviert, ein Prozess der sich über Monate bis Jahre hinzieht und ebenfalls nur extrem langsam durchgeführt werden kann. Ein anderes Beispiel ist die Entfernung des Parasiten *Dracunculus medinensis*, der in Ägypten seit Tausenden von Jahren über einen Stab aus dem Gewebe durch langsame Drehung herausgezogen wird. Erfolgt der Zug zu schnell, reißt der Wurm ab und regeneriert das verlorene Ende. Letztendlich ist auch das Durchstechen von Gewebepartien des Gesichts und Körpers, wie es Fakire und andere Schausteller gern zeigen, ein weiteres Resultat langsamer Bewegung und stetiger Kraftausübung.

Die Zukunft wird zeigen, welche Zellhandhabungstechniken sich durchsetzen werden. Eines steht jedoch fest: die bisher praktizierten Verfahren reichen nicht aus. Sie gehen zu stark von der Voraussetzung aus, das biologische System müsse und könne sich an alle technischen Begebenheiten anpassen. Wahrscheinlich werden wir erfolgreicher sein, wenn nicht das biologische, sondern das technische System an die zellulären Erfordernisse in seiner Oberfläche, Geometrie und Materialbeschaffenheit angepasst wird. Dass dies möglich und nicht einmal allzu schwer ist, sollten die dargestellten Zellmanipulationstechniken verdeutlichen.

Literatur

Duschl, C. / Geggier, P. / Jäger, M. / Stelzle, M. / Müller, T. / Schnelle, T. / Fuhr, G. (2004): „Versatile Chip-based Tools for the Controlled Manipulation of Microparticles in Biology using High-Frequency Electromagnetic Fields." In „Lab-on-Chips for Cellomics.": H. Andersson and A. van den Berg (Hrsg.), Springer-Verlag, pp. 83 – 122.

Mizuno, T. / Kagami, O. / Sakai, T. / Kawasaki, K. (1996): „Locomotion of Neurophil Fragments occurs by Graded Radial Extension." In „Cell Motility and the Cytoskeleton" 35 (4), pp. 289 – 297.

Stevens, M. M. / George, J. H. (2005): „Exploring and Engineering the Cell Surface Interface". Science Vol. 310, pp. 1135 – 1138.

Thielecke, H. / Impidjati, A. / Zimmermann, H. / Fuhr, G. R. (2005): „Gentle Cell Handling with an Ultra-slow Instrument: Creep Manipulation of Cells." In „Microsystem Technologies 11", pp. 1230 – 1241.

Website CellPROM: http://www.cellprom.net.

V. Wissenschaftsinstitutionen

Ulrich Teichler / Barbara M. Kehm

Mit Bachelor- und Master-Studiengängen und -abschlüssen wohin? Eine Zwischenbilanz zum Bologna-Prozess

Vielfalt der Erwartungen

Wenn sich Hochschulreformbemühungen zu „Bewegungen" verdichten, sind die Erwartungen meistens sehr vielfältig. Um 1970 zum Beispiel – in der vorangehenden großen Reform-„Bewegung" – sollten die Hochschulreformen gleichzeitig dem wirtschaftlichen Wachstum dienen, die bestehende Ungleichheit der Bildungschancen verringern, zum Aufbau eines differenzierten Systems von Studiengängen und -abschlüssen führen, die Beteiligung aller Mitgliedergruppen der Hochschulen an den Entscheidungen erhöhen und Wissenschaft in gesellschaftlicher Verantwortung stärken. Auch der „Bologna-Prozess" ist einem bemerkenswert breiten Spektrum von Erwartungen ausgesetzt.

Der operative Kern – das Reformprogramm – des Bologna-Prozesses ist äußerst übersichtlich: In erster Linie geht es um die Einführung eines gestuften Systems von Studiengängen und -abschlüssen. In der merkwürdigen Hoffnung, dass eine Führung englischsprachiger Titel (statt einer Übersetzung von landesüblichen Bezeichnungen wie Bakkalaureus und Magister) die internationale Anerkennung erleichtert, wird der Versuch unternommen, die bisherige Struktur von – relativ langen – universitären und vierjährigen fachhochschulischen Studiengängen durch drei- bis vierjährige Bachelor-Studiengänge und ein- bis zweijährige Master-Studiengänge abzulösen. Die mehr oder weniger strukturierte Qualifizierungsphase bis zur Promotion wird im Bologna-Prozess als dritte Studienphase bezeichnet. Zum operativen Kern gehört allerdings noch ein zweiter Aspekt: Ein solches System soll nicht allein in Deutschland eingeführt werden, sondern in ganz Europa. In Deutschland ist die Einführung von gestuften Studiengängen seit 1996 ein wichtiges hochschulpolitisches Thema, aber mit der „Gemeinsamen Erklärung der Europäischen Bildungsminister" am 19. Juni 1999 in Bologna geht es um „größere Kompatibilität und Vergleichbarkeit der Hochschulsysteme". Ein System „leicht verständlicher und vergleichbarer Abschlüsse" soll in Europa „innerhalb der ersten Dekade des dritten Jahrtausend" auf dem Weg zur „Errichtung des europäischen Hochschulraums" etabliert werden.

Andere operative Ziele werden genannt, ohne dass ihnen das gleiche Gewicht zugerechnet wird. Dabei sind vor allem zwei zu nennen: Die Transparenz und die Wahrscheinlichkeit der Anerkennung sollen durch die möglichst flächendeckende Vergabe von „Diploma Supplements" – international lesbare Erläuterungen der Abschlusszertifikate – und durch Einführung von Credits zur Berechnung erfolgreich abgeschlossener Veranstaltungen und Zwischenschritte des Studiums erhöht werden.

Die europäischen Länder sollen bei der Weiterentwicklung von Maßnahmen zur Qualitätssicherung zusammenarbeiten. Aber die grundlegenden Ziele dieser neuen Reform-„Bewegung" sind zweifellos weitaus vielfältiger. Dabei ist es nicht einfach, einen Katalog der Ziele oder der erwarteten Erträge des Bologna-Prozesses herauszudestillieren. Die zentralen Dokumente (zumeist dokumentiert in HRK Service-Stelle Bologna 2004) – die Sorbonne-Erklärung von vier europäischen Bildungsministern am 25. Mai 1998, die Bologna-Erklärung sowie die Communiqués der für Hochschulfragen zuständigen Minister auf den nachfolgenden Konferenzen in Prag 2001, Berlin 2003 und Bergen 2005 – lassen vielerlei Deutungen zu. Die begleitenden, mehr oder weniger offiziellen Konferenzen zur Auswertung der Erfahrungen im Einführungsprozess und zur Weiterentwicklung der Programmatik trugen teilweise zu einer Präzisierung der Ziele bei, zum Teil aber auch zu einer Ausweitung und Aufweichung. Salopp könnte man sagen, die Nachfolgekonferenzen sind der Erwartung ausgesetzt, ein immer breiter werdendes Bündel von Zielen und Maßnahmen zur Hochschulreform – alles, was jetzt gut und wichtig ist – durch Aufnahme in einen Spiegelstrich des jeweiligen Communiqués „heilig zu sprechen".

Sicherlich lässt sich mit Blick auf die verschiedenen Beschlüsse, Empfehlungen und Beratungen feststellen, dass die Bologna-Reformen in jedem Falle viererlei bewirken sollen: die weltweite Attraktivität und „Wettbewerbsfähigkeit" europäischer Universitäten zu erhöhen, die studentische Mobilität innerhalb Europas zu erleichtern, insgesamt ein differenziertes, flexibles und transparentes System von Studienangeboten zu sichern, wobei Studiengänge von kürzerer Dauer sicherlich an Attraktivität gewinnen sollen, curriculare Reformen auszulösen, wobei insbesondere „arbeitsmarktrelevante" Qualifikationen der Studierenden stärker gefördert werden und bei der Gestaltung universitärer Bachelor-Studiengänge besondere Beachtung finden sollen.

In den zentralen Dokumenten des Bologna-Prozesses wird immer wieder hervorgehoben, dass im Jahre 2010 ein „Europäischer Hochschulraum" verwirklicht sein soll. Hochschulpolitische Bemühungen sind darauf gerichtet, bis zu diesem Zeitpunkt eine konvergente Struktur von Studiengängen und -abschlüssen vollständig zu etablieren und auch andere begleitende Maßnahmen zu verwirklichen. Somit war 2005 der Zeitpunkt für eine „Halbzeit"-Bilanz gekommen. Stand der Implementierung: Wie weit sind die operativen Reformintentionen – insbesondere ein gestuftes System von Studiengängen und -abschlüssen – Gegenstand offener und möglicherweise kontroverser hochschulpolitischer Diskussion bzw. wie weit sind sie mehrheitlich von den zentralen Akteuren des Hochschulsystems akzeptiert? Wie weit ist ein gestuftes System von Studiengängen und -abschlüssen tatsächlich eingeführt? Wie weit haben sich die verschiedenen begleitenden Maßnahmen durchgesetzt?

Verwirklichung bzw. Modifikation des Reformprogramms: Wie weit sind die operativen Ziele im Implementierungsprozess stabil geblieben, präzisiert oder verändert worden? Wie einheitlich bzw. wie variantenreich entwickelt sich insbesondere die Struktur der Studiengänge und Abschlüsse in den einzelnen Ländern? Wie weit entwickelt sich in Europa eine Einheitlichkeit, „Konvergenz“ oder gar Heterogenität der Studiengangs- und Studienabschluss-Strukturen? Was schält sich als Bild von akzeptabler Vielfalt auf dem Wege zu einem konvergenten System heraus, und was liegt außerhalb? Wie einheitlich bzw. vielfältig werden die begleitenden Maßnahmen verwirklicht?

Wirkungen des Reformprogramms

Wie weit erfüllen sich die Erwartungen, die mit der Einführung der gestuften Struktur von Studiengängen und -abschlüssen vor allem verbunden sind, so insbesondere eine Erleichterung der innereuropäischen studentischen Mobilität, eine wachsende weltweite Attraktivität europäischer Hochschulen, eine erhöhte Transparenz, Flexibilität und Effizienz im Hinblick auf die Studienwege und ein Voranschreiten curricularer Reformen, die arbeitsmarktrelevante Qualifikationen der Absolventen stärken? Welche unerwarteten Wirkungen treten im Veränderungsprozess auf?

Inzwischen gibt es zahlreiche systematische Analysen zum Bologna-Prozess. Noch zahlreicher sind die Versuche einzelner Akteure und Experten, ihre Impressionen zu diesem Thema zu resümieren. Im Jahre 2005 ragen jedoch insbesondere zwei systematische Studien heraus, auf deren Basis sich eine solche Zwischenbilanz ziehen lässt: In der Studie „Trends IV: European Universities Implementing Bologna“ ziehen Sybille Reichert und Christian Tauch (2005) im Auftrag der European University Association – des Verbandes der Universitäten und der nationalen Rektorenkonferenzen in Europa – eine Bilanz. Neben der Analyse verschiedener Berichte, einer Umfrage bei nationalen Rektorenkonferenzen und neben der Kommunikation mit vielen Experten stützt sich der Bericht vor allem auf Fallstudien von 62 Universitäten, deren Reformen bei Besuchen in Augenschein genommen wurden. Die Studie setzt die Reihe der zentralen Bestandsaufnahmen fort, die in Absprache zwischen den Europäischen Bildungsministern, den Hochschulrepräsentanten und der Europäischen Kommission, dem Financier der Studie, durchgeführt werden (Haug / Kirstein und Knudsen 1999; Haug / Tauch 2001; Reichert / Tauch 2003); dabei wurde in „Trends III“ eine quantitative Bilanz zum Einführungsprozess bis zum Jahre 2002 gezogen.

Mitglieder des Kasseler Wissenschaftlichen Zentrums für Berufs- und Hochschulforschung der Universität Kassel untersuchten die Einführung von Bachelor- und Master-Studiengängen in ausgewählten europäischen Ländern (Alesi, Bürger / Kehm und Teichler 2005). In dieser vom Bundesministerium für Bildung und Forschung geförderten, ländervergleichenden Studie untersuchten sie in Zusammenarbeit mit nationalen Experten die Entwicklungen in Frankreich, den Niederlanden, Norwegen, Österreich und Ungarn im Vergleich zu Deutschland und darüber hinaus auch die Verarbeitung dieses europäischen Reformprozesses in Großbritannien, wo bereits zuvor Bachelor- und Master-Studiengänge bestanden. Dabei wurden Dokumente analysiert sowie Experten und Akteure interviewt. Dieser Studie war zwei Jahre zuvor eine ebenfalls vom Bundesministerium geförderte quantitative Bilanz zum Einführungsprozess in Deutschland vorangegangen (Schwarz-Hahn / Rehburg 2004).

Hier soll der Versuch unternommen werden, vor allem mit Hilfe dieser beiden Zwischenbilanzen, ihrer Vorgänger-Studien und weiterer Studien der Autoren zur strukturellen Differenzierung der Hochschulsysteme (Teichler 2005a, 2005b) einzuschätzen, wieweit der Bologna-Prozess vorangeschritten ist und welche Wirkungen zu erkennen sind. Dabei wird besonderer Wert darauf gelegt, die Entwicklungen in Deutschland vergleichend einzuordnen.

Stand der Akzeptanz und der Einführung

Das Reform-Klima

In dem Trends III-Bericht von 2003 hieß es, die Bologna-Reformen „have yet to reach the majority of higher education grass-route representatives who are supposed to implement them and to give them concrete meaning“ (Reichert / Tauch 2003: 7). Bei Regierungen, Hochschulpolitikern und bei den Hochschulleitungen schien sich zwar auch damals schon die Idee weitgehend durchgesetzt zu haben, dass in Europa ein System ähnlicher, gestufter Studiengänge und -abschlüsse eingeführt werden sollte; bei den Verantwortlichen für Forschung und Lehre, bei den Studierenden und in manchen Ländern auch bei Vertretern des Beschäftigungssystems aber waren diese Reformintentionen nur zum Teil akzeptiert. Manchen waren sie nicht oder kaum bekannt, Manchen nicht wichtig, und Manche nahmen diese Ideen mit Skepsis, Ablehnung oder anders gerichteten Reformintentionen auf.

Die beiden Zwischenbilanzen von 2005 kommen jedoch zu dem Schluss, dass im Jahre 2004 die europaweite Einführung einer konvergenten Struktur gestufter Studiengänge und -abschlüsse weitgehend akzeptiert ist. In Trend IV heißt es: „The findings regarding attitudes to reform in universities contrast sharply with the views expressed by institutional leaders only two years ago ... General acceptance of the need for reforms seems to be widespread in universities. Indeed, many institutions have made great efforts to 'internalise' the reform process, incorporating Bologna issues into their own institutional strategies and activities" (Reichert und Tauch 2005: 6). In der ländervergleichenden Studie heißt es: "Die Gesamtstimmung über die Einführung der gestuften Studienstruktur lässt sich als 'vorsichtiger Optimismus' charakterisieren" (Alesi u.a. 2005: I). Zur deutschen Situation wird festgestellt, dass es zu Beginn des Bologna-Prozesses unter den Akteuren und Betroffenen eine „breite Mischung" der Einschätzungen „von sehr positiv bis sehr ablehnend" gab; in der Zwischenzeit sei die Akzeptanz deutlich gewachsen, aber weiterhin seien kritische Stimmen vor allem einiger Lehrender und einiger Vertreter des Beschäftigungssystems „unüberhörbar" (Alesi u.a. 2005: IIIf.).

Das heißt, 2004 war in Europa eine Situation erreicht, in der nicht mehr in erster Linie das „ob" der „Bologna"-Reform die Diskussion bewegt, sondern eher das „wie weit" und das „wie" sowie die Fragen, welche Wirkungen zu erwarten und welche wünschenswert seien. Eine Stimmenvielfalt zwischen Enthusiasten und Skeptikern blieb zwar erhalten, aber dass sich eine konvergente gestufte Studienstruktur durchsetzen werde, wurde kaum mehr bezweifelt.

Stand der Einführung in Europa

Im Rahmen der im Jahre 2003 veröffentlichten Trends III-Studie war eine schriftliche Umfrage bei 1.800 Hochschulen der am Bologna-Prozess beteiligten europäischen Länder durchgeführt worden, auf die 45 % der angefragten Hochschulen geantwortet hatten. Ein Drittel der Hochschulen, die dazu Informationen bereitgestellt hatten, hatten bereits vor 1999 eine gestufte Studienstruktur. Gut ein Fünftel hatten sie – ob flächendeckend oder teilweise war nicht erfragt worden – bereits in den ersten drei Jahren nach der Bologna-Erklärung eingeführt. Die meisten der übrigen Hochschulen planten die Einführung einer Bachelor-Master-Struktur; nur 8 % hatten dies nicht vor (Reichert / Tauch 2003: 48f.). Insbesondere Hochschulen in Italien, Norwegen und den Niederlanden – so wird in Trends III hervorgehoben – führten die Bachelor-Master-Struktur sehr zügig ein.

In der ländervergleichenden Studie wird ebenfalls hervorgehoben, dass die Einführung der Bachelor-Master-Struktur in den Niederlanden und in Norwegen im Jahre 2004 bereits fast flächendeckend vollzogen war. In Österreich machten im

Herbst 2004 die Bachelor-Master-Studiengänge ein Viertel aller Studiengänge aus, und für 2006 wurde ein Anteil von etwa 50 % erwartet. In Frankreich dagegen war ein längerer, gestufter Prozess der Einführung in Gang gesetzt worden, und in Ungarn sollte die Einführung in großem Umfange erst nach einem mehrjährigen Vorbereitungsprozess beginnen.

Stand der Einführung in Deutschland
Nach einer Analyse der Hochschulrektorenkonferenz stieg die Zahl der Bachelor-Studiengänge an deutschen Hochschulen relativ langsam von 123 im Wintersemester 1999/2000 auf 854 im Wintersemester 2003/04. In den folgenden zwei Jahren gab es dagegen einen sprunghaften Anstieg auf 2.138 im Wintersemester 2005/06. Bei den Master-Studiengängen folgte einem langsamen Wachstum von 60 im Wintersemester 1999/2000 auf 439 innerhalb von drei Jahren anschließend eine sprunghafte Zunahme auf 1.044 im Wintersemester 2003/04, aber in jüngster Zeit war die Zunahme geringer als bei den Bachelor-Studiengängen. Im Wintersemester 2005/06 gab es in Deutschland 1.797 Master-Studiengänge.

Die Angabe, dass die neuen Studienangebote nunmehr 33,9 % aller bestehenden Studiengänge ausmachen, ist insofern irreführend, als in vielen Fällen aus alten universitären Studiengängen jeweils zwei neue Studiengänge – ein Bachelor- und ein Master-Studiengang – entstanden sind. Im Wintersemester 2004/05 waren 7,9 % aller Studierenden und 15,1 % aller Studierenden des ersten Hochschulsemesters in den neuen Studiengängen immatrikuliert; inzwischen dürften diese Werte über 10 % bzw. über 20 % erreicht haben.

Die vorliegenden Statistiken zeigen ein unterschiedliches Tempo der Einführung der neuen Studiengänge bis zum Wintersemester 2005/06: An den Kunsthochschulen waren 5,2 % und an den Universitäten 29,5 % der bestehenden Studiengänge Bachelor- bzw. Masterstudiengänge, an den Fachhochschulen dagegen 52,9 %. In den Agrar-, Sozial- und Ingenieurwissenschaften machten die neuen Studiengänge inzwischen ungefähr die Hälfte der bestehenden Studiengänge aus, in den Sprach- und Kulturwissenschaften dagegen nur etwa ein Fünftel und in Kunst und Musik kaum mehr als ein Zehntel. In Berlin, Bremen und Brandenburg gehörten bereits die Mehrzahl der bestehenden Studiengänge zum neuen System, in Bayern, Sachsen und Saarland dagegen weniger als ein Fünftel.

Bemerkenswert ist dabei vor allem, dass in Deutschland die Fachhochschulen bei der Einführung der Bachelor-Master-Struktur schneller voranschritten als die Universitäten. Für Europa insgesamt hatte die Trend-Studie von 2003 noch festgestellt, dass Universitäten die gestufte Studienstruktur schneller eingeführt hätten als andere Hochschulen (Reichert / Tauch 2003: 48). Verbreitet ist an den deutschen Fachhochschulen die Einschätzung, dass der Bologna-Prozess ihnen eine Chance zur Stärkung ihrer Position und zur Verbesserung der Beschäftigungsaussichten ihrer Absolventen biete.

Deutschland scheint ein Wechselbad im Tempo europäischer Hochschulreformtrends zu durchlaufen: „Bis Mitte der 1990er Jahre erschien Deutschland häufig als Spätkommer auf der europäischen Hochschulszene, weil es Barrieren für Reformansätze gab und von deutscher Seite nicht alle europäischen Trends als wünschenswert betrachtet wurden. Erst ab Mitte der 1990er Jahre änderte sich das Reformklima ...“ (Alesi u.a. 2005: III). Bereits 1996 wurden in Deutschland Forderungen laut, Bachelor- und Master-Studiengänge einzuführen, um die Attraktivität der deutschen Hochschulen für Studierende aus anderen Weltregionen zu erhöhen. Deutschland war eines der vier Unterzeichner-Länder der Sorbonne-Erklärung im Jahre 1998 und schuf fast gleichzeitig mit der Novellierung des Hochschulrahmengesetzes die gesetzliche Voraussetzung, dass nach entsprechenden Änderungen der Ländergesetze Bachelor- und Master-Studiengänge als Pilot-Studiengänge eingerichtet werden können. So „gehörte Deutschland für den Kern des Bologna-Prozess zu den Schnellstartern“ (Alesi u.a. 2005: III).

Inzwischen ist Deutschland jedoch ein Beispiel für einen relativ langsamen Prozess der Einführung der Bachelor-Master-Struktur. In der ländervergleichenden Studie wird deutlich gemacht, dass die im europäischen Vergleich relativ langsame Zunahme von gestuften Studiengängen in Deutschland nicht allein einer zumindest anfangs sehr kontroversen Einschätzung der gestuften Studiengangsstruktur in diesem Land zugeschrieben werden kann, sondern auch mit dem Regelungssystems für die Einführung der neuen Studiengangsstruktur zusammenhängt. Erstens hat die Entscheidung von 1998, die Tür für gestufte Studiengänge durch eine „Kann“-Bestimmung zu öffnen, zwar den Einstieg in die Strukturreform erleichtert, aber auch den Weg zu einem langsamen Implementationsprozess vorgezeichnet. Zweitens hat die Entscheidung von 1998, für die neuen Studiengänge ein Akkreditierungssystem einzuführen und die gestuften Studiengänge möglichst vor deren Einführung zu akkreditieren, in vielen Fällen die Umstellung auf Bachelor- und Master-Studiengänge retardiert. In vielen anderen europäischen Ländern ergaben sich solche Probleme nicht – sei es, weil bestehende Akkreditierungs- und Genehmigungssysteme fortgeführt wurden, oder sei es, dass nur diejenigen neuen Studiengänge bei der Einführung der gestuften Struktur sofort eine Akkreditierungsprozedur beginnen mussten, die gegenüber den Vorgänger-Studiengängen erhebliche curriculare Veränderungen vorsahen (Alesi u.a. 2005: 10).

Ausmaß von struktureller Einheitlichkeit und Konvergenz

Studiendauer
Die Bologna-Erklärung von 1999 spezifiziert nur, dass der erste Studienzyklus mindestens drei Jahre dauern soll, aber sie lässt offen, was die Höchstlänge des ersten Zyklus ist. Sie präzisiert auch nicht, wie eine vergleichbare Struktur für die Master-Ebene aussehen soll. Die Ebene der Doktorandenprogramme erhielt in den offiziellen Dokumenten überhaupt erst mit der Berliner Konferenz der Bildungsminister von 2003 Gewicht. Aus der Fülle begleitender Beschlüsse und offiziöser Konferenzen – so die Helsinki-Konferenz zum Bachelor im Frühjahr 2001 und die Helsinki-Konferenz zum Master im Frühjahr 2003 – haben sich jedoch weithin akzeptierte strukturelle Leitvorstellungen herausgebildet, die sich wie folgt charakterisieren lassen: Bachelor-Programme haben mindestens drei Studienjahre (oder in Rechnung europäischer Credits: 180 Credits) zu umfassen und sollten nicht länger als vier Studienjahre sein. Master-Studienprogramme sollten zwischen einem und zwei Studienjahren dauern. Bachelor- und Master-Programme sollten gemeinsam vierundeinhalb oder fünf Jahre erfordern. Wünschenswert ist ein flächendeckendes System gestufter Studiengänge und -abschlüsse.

Gleichgültig, ob es in einem Land einen oder mehrere Typen von Bachelor- und Master-Studiengängen und ob es in einem Land einen oder mehrere Arten von Hochschulen mit unterschiedlichen curricularen Akzenten gibt, sollte jeder Bachelor als Zugangsvoraussetzung zu jedem Master-Studium und jeder Master als Zugangsvoraussetzung zu einem Promotionsstudium akzeptiert werden.

In der Trends IV-Studie wird hervorgehoben, dass die Strukturreformen in den einzelnen europäischen Ländern keineswegs darauf ausgerichtet sind, eine weitest mögliche europäische Harmonisierung zu erreichen: „... the process of moving towards a comprehensible three-cycle system throughout Europe is a highly complex cultural and social transformation that has set off a chain of developments with their own dynamics in different contexts“ (Reichert und Tauch 2005: 6). Die ländervergleichende Studie formuliert härter: „...kann keine einheitliche Logik des Systems gestufter Studiengänge festgestellt werden“ (Alesi u.a. 2005: I) und „...dass von einer Einheitlichkeit der Studienarchitektur keine Rede sein kann“ (Alesi u.a. 2005: 7).

Zur Dauer stellt der Trends IV-Bericht (Reichert und Tauch 2005: 14) fest, dass dreijährige Bachelor- und zweijährige Master-Studiengänge am häufigsten vorzufinden sind (zu den einzelnen europäischen Ländern siehe auch Eurydice 2005). Bei den nationalen Regelungen zeigt sich jedoch, dass in manchen Ländern drei Studienjahre für den Bachelor generell vorgesehen sind, in anderen

Ländern ein Spielraum von drei bis vier Jahren gegeben ist, so z.B. in Deutschland, in einer kleinen Zahl von Ländern an den Universitäten drei Jahre und an anderen Hochschulen vier Jahre Standard sind und in einigen Ländern vier Jahre die Norm sind (so in Bulgarien, Kroatien, Griechenland, Schottland und die Türkei).

Master-Programme, die im Zuge des Bologna-Prozesses eingeführt wurden, umfassen überwiegend zwei Studienjahre (120 Credits). Studiengänge mit einjähriger oder eineinhalbjähriger Dauer sind vor allem dann anzutreffen, wenn entsprechende Bachelor-Studiengänge an der gleichen Hochschule mehr als drei Jahre umfassen. In einigen Ländern, in denen für den Abschluss beider Studiengangs-Zyklen häufig weniger als fünf Jahre vorgesehen sind (so in Schweden und an den niederländischen Universitäten), wird – so die Aussage im Trends IV-Bericht (Reichert und Tauch 2005: 16) – zunehmend argumentiert, dass sich einjährige Master-Studiengänge und eine Gesamtdauer von nur vier Jahren auf die Dauer nicht werden behaupten können. Lediglich von englischer Seite wird eindeutig gefordert, einjährige Master-Studiengänge und eine vierjährige Gesamtdauer beider Zyklen als Teil einer konvergenten europäischen Hochschulstruktur zu akzeptieren.

In der ländervergleichenden Studie werden eine Fülle von Ausnahmen gegenüber einer 3+2-Struktur aufgezeigt. Unter anderem wird in Norwegen in Psychologie und Theologie für beide Zyklen zusammen eine Studienzeit von sechs Jahren vorgesehen; das gleiche gilt in den Niederlanden für die Lehrerbildung. An österreichischen Universitäten darf die Gesamtdauer der beiden Zyklen in einem Fach nicht die Dauer der früheren Magister-Studiengänge überschreiten, also in vielen Fällen nicht länger als vier Jahre sein. In Frankreich soll in dem zweijährigen Master-Studiengang im Anschluss an dreijährige Erststudiengänge eine Selektion stattfinden; die weniger erfolgreich Studierenden sollen die Hochschule nach vier Jahren mit dem „alten“ Maitrise-Abschluss verlassen (siehe Alesi u.a. 2005: 6f.).

Beide Studien zeigen nicht, wie verbreitet die verschiedenen Zeitmodelle tatsächlich sind. Für Deutschland liegen jedoch detaillierte Daten zum Stand des Wintersemesters 2005/06 vor: An den Universitäten waren 96 % der neuen Bachelor-Studiengänge als sechssemestrige, 3 % als siebensemestrige und nur 1 % als achtsemestrige Studiengänge angeboten. Bei den Masterstudiengängen überwiegen viersemestrige mit 73 % nicht ganz so eindeutig; 16 % der Master-Studiengänge sind dreisemestrig und 11 % zweisemestrig. Bei den Fachhochschulen ergibt sich eine größere Streuung nicht zuletzt dadurch, dass viele Bachelor-Studiengänge über ein sechssemestriges Studienangebot hinaus ein Praxissemester oder -jahr vorsehen. So sind 57 % der Bachelor-Studiengänge sechssemestrig, 37 % siebensemestrig und 6 % achtsemestrig. Von den Master-Studiengängen an Fachhochschulen sehen 53 % vier Semester, 39 % drei Semester und 8 % zwei Semester vor (HRK 2005). Die Gesamtstudiendauer für ein Bachelor- und Master-Studium betrug nach einer Umfrage im Wintersemester 2002/03 in 66 % der Fälle zehn Semester, in 31 % der Fälle neun Semester, in 3 % acht Semester und nur in wenigen Fällen mehr als zehn Semester (Schwarz-Hahn / Rehburg 2004: 38f.).

Einbezogene Fachrichtungen

Laut Trends IV-Bericht scheint sich die Bachelor-Master-Struktur in fast allen Fächern durchzusetzen. Lediglich in medizinischen Fächern werde in den meisten Ländern an einem langen Studiengang von oft sechsjähriger Dauer festgehalten. Daneben würden in manchen Ländern die Lehrerbildung und einige andere Fächer aus der gestuften Struktur herausgehalten. „Overall, however, the situation is remarkably different from two or three years ago, when not only medicine, but also teacher training, engineering, architecture, law, theology, fine arts, psychology and some other disciplines were excluded from the two-cycle system in many countries" (Reichert / Tauch 2005: 13). In der ländervergleichenden Studie wird dagegen hervorgehoben, dass es in vier der sieben untersuchten Länder über die medizinischen Fächer hinaus mehrere Fächer gibt, für die keine gestufte Studienstruktur vorgesehen wird (Alesi u.a. 2005: 7 und 27).

In Deutschland war es zunächst, als die Novellierung des Hochschulrahmengesetzes von 1998 die gestuften Studiengänge lediglich als Kann-Lösungen und Pilot-Studiengänge vorsah, natürlich auch offen, ob alle Fachrichtungen in das neue Modell einbezogen werden sollten. Als die gestuften Studiengänge im Jahre 2002 durch eine erneute Novellierung des HRG zu einem Regelangebot werden sollten, stellte sich die Frage der einzubeziehenden Fächer mit größerer Dringlichkeit. Im Herbst 2003 beschloss die Kultusministerkonferenz, dass die gestuften Studiengänge in der Mehrheit der Fächer flächendeckend eingeführt werden sollten, nahm jedoch Studiengänge mit staatlichen und kirchlichen Abschlüssen sowie künstlerische Studiengänge von der obligatorischen Regelung aus. Das bedeutete nicht, dass nicht auch in diesen Fächern gestufte Studiengänge eingeführt werden konnten, wie z.B. inzwischen eine große Zahl der Bundesländer für die Lehrerbildung beschlossen haben (Alesi u.a. 2005: 27-29).

Der Stellenwert von Hochschul- und Studiengangsarten

Beide Studien, die eine Zwischenbilanz des Bologna-Prozesses ziehen, weisen darauf hin, dass in manchen Ländern die Zyklen der gestuften Studiengangsstruktur in verschiedene Typen aufgegliedert sind: Auf der Bachelor-Ebene überwiegt ein Typus, bei dem allenfalls die Bezeichnungen nach Fächern oder Fachrichtungsgruppen variieren. In einigen der Länder, die eine Zweitypenstruktur von Hochschulen haben, wird allerdings zwischen einem „academic" und einem „professional" Bachelor unterschieden; Beispiele hierfür sind Finnland, Lettland und die Niederlande (Reichert / Tausch 2005: 15).

Auf der Master-Ebene ist die Variationsbreite größer: „No European consensus exists with regard to the question of whether Master programmes should be differentiated systematically between more applied/professional on the one hand, and more research-oriented on the other" (Reichert / Tausch 2005: 16). In Großbritannien und Irland kämen Unterscheidungen zwischen „taught" und „research" Masters sowie zwischen Masters „with thesis" und „without thesis" hinzu. In der ländervergleichenden Studie wird darauf verwiesen, dass in einigen Ländern auch Unterscheidungen zwischen disziplinären und interdisziplinären oder zwischen konsekutiven und weiterbildenden Master-Studiengängen gemacht werden (Alesi u.a. 2005: 7f.).

Doktoranden-Programme werden in den beiden Zwischenbilanzen verständlicherweise kaum angesprochen, da sie jenseits der Erwähnung in der Sorbonne-Erklärung von 1998 und in dem Communiqué der Berliner Konferenz von 2003 kaum zu einem zentralen Diskussions- und Aktionsbereich des Bologna-Prozesses geworden sind. Die ländervergleichende Studie verweist jedoch auf Ansätze in einigen Ländern, neben dem üblichen wissenschaftsorientierten Doktor einen „professional doctor" einzuführen. In der Trends IV-Studie wird betont, dass trotz unterschiedlicher Vorstellungen über das wünschenswerte Maß der Strukturierung eine gemeinsame Richtung der Reformen erkennbar sei: „... the common characteristics of ongoing reforms concerning doctoral provision seem to focus on more orientation, more guidance, more integration, more training of professionally relevant skills as well as clearer institutional structures to allow for more exchange and critical mass" (Reichert / Tauch 2005: 38).

Deutschland gehört zweifellos zu den Ländern, in denen formale Differenzierungen zwischen verschiedenen Master-Studiengängen besonders elaboriert sind: Unterschieden wird zwischen stärker forschungsorientierten und stärker anwendungsorientierten Studiengängen, zwischen konsekutiven und nicht-konsekutiven Studiengängen, weiterbildenden Studiengängen und schließlich MBA-Studiengängen; darüber hinaus ist festzuhalten, ob Master-Studiengänge an Fachhochschulen den Zugang zum höheren Dienst eröffnen oder nicht. Dies alles ist bei der Akkreditierung zu klassifizieren (siehe Alesi u.a. 2005: 27f.).

Deutlich wird aus beiden bilanzierenden Studien, dass derartige Profil-Klassifizierungen von Studiengängen der neuen Struktur eher, aber nicht ausschließlich in den Ländern anzutreffen sind, in denen das Hochschulsystem nach zwei oder mehr Hochschultypen gegliedert ist. In der ländervergleichenden Studie wird hervorgehoben, dass die Einführung des gestuften Systems in diesen Ländern zumeist zu einer größeren „Funktionsüberschneidung und damit zu einer Annäherung“ der Hochschultypen geführt habe (vgl. Alesi u.a. 2005: I).

Strukturreformbegleitende Maßnahmen und Aktivitäten

Diploma Supplement und Europäisches Credit System
In der Bologna-Erklärung von 1999 wurden neben der Reform der Studiengangsstruktur zwei Instrumente explizit genannt, die die Verwirklichung der Ziele dieser Erklärung unterstützen sollten: das Diploma Supplement, Credit Systeme (ähnlich dem ECTS). Damit griffen die für Hochschulfragen zuständigen Minister auf zwei bereits seit langem von supranationalen Instanzen geförderte Maßnahmen zurück. Die Vergabe eines international verständlichen Zusatzdokuments zu dem üblichen, beim erfolgreichen Studienabschluss überreichten Zertifikat, wurde seit 1988 von der UNESCO und dem Europarat empfohlen, und die Europäische Kommission förderte seit 1989 im Rahmen des ERASMUS-Programms die Berechnung und Buchung der Studienleistungen mit Hilfe von Credits, dem so genannten European Credit Transfer System (ECTS). Bei beiden handelt es sich primär um Instrumente der „Buchführung“, die aufgrund der Annahme gefördert wurden, dass eine klarere Buchung von Studienleistungen deren Ankerennung im Falle von grenzüberschreitender Studien- und beruflicher Mobilität wahrscheinlicher machen; im Falle von Credits ist damit darüber hinaus zugleich empfohlen, das System der Leistungsprüfungen primär studienbegleitend zu arrangieren.

Zum Diploma Supplement hebt der Trends IV-Bericht hervor, dass es grundlegende Vorbehalte nur in Einzelfällen gibt. Ansonsten werden primär Fragen der Einführung – so insbesondere Fragen der erforderlichen Datensammlung und Administration sowie der damit verbundenen Kosten – angesprochen. Die Trends IV-Studie resümiert den Stand der Einführung wie folgt: „A majority of higher education institutions appears to be able to comply with the specification in the Berlin Communiqué that the Diploma Supplement be issued to every graduate by the end of 2005” (Reichert / Tauch 2005: 23f.). Im Jahre 2004 sei dies bereits in sieben Ländern verwirklicht; bei 17 Ländern sei dies im Jahre 2005 zu erwarten, während es in sechs der in die Untersuchung einbezogenen Länder – darunter Deutschland – nicht klar sei, wann mit einer vollständigen Einführung zu rechnen sei (Reichert / Tauch 2005: 24). Die ländervergleichende Studie verweist auf so große Unterschiede im Stand der Einführung (Alesi u.a. 2005, 16f.), dass eine baldige mehr oder weniger flächendeckende Einführung als nicht absehbar erscheint. Nach einer Erhebung von Eurydice (2005: 24-27) hatten fast alle Länder, die das Diploma Supplement noch nicht eingeführt hatten, vor, im Jahre 2005/06 dafür die rechtliche Grundlagen zu schaffen.

In Deutschland hatten von den Hochschulen, die auf eine Umfrage der Hochschulrektorenkonferenz Information bereit stellten (56 % aller Hochschulen), bis zum Herbst 2004 nur 13 % das Diploma Supplement für alle Studiengänge und weitere 13 % für mindestens die Hälfte der Studiengänge eingeführt. 40 % hatten es für eine Minderheit der Studiengänge und 34 % gar nicht etabliert (HRK Service-Stelle Bologna 2005: 261f.).

Wieweit Credit Systems zur Erleichterung der Anerkennung bei grenzüberschreitender Mobilität in den am Bologna-Prozess beteiligten Ländern bestehen, lässt sich angesichts von zwei konzeptionellen Vagheiten nicht feststellen (siehe dazu Reichert / Tauch 2003: 66 - 72). Erstens nannte die Bologna-Erklärung mit ECTS verständlicherweise nur ein Beispiel von Credit Systemen, von denen viele nationale Varianten schon vor der Förderung von ECTS im Rahmen des ERASMUS-Programms existiert hatten; für diese Länder bzw. Hochschulen stellt sich lediglich die Frage, ob sie mehr als die Umrechnung ihrer jährlich vorgesehenen Zahl der Credits auf 60 ECTS unternehmen müssen, um eine ECTS-Kompatibilität zu sichern. Zweitens besteht kein einheitliches Konzept, was im Rahmen des Bologna-Prozesses ein Credit System über die gestückelte Buchführung von Studienleistungen noch zu beinhalten hat: eine lernzeitbezogene Berechnung der Studienleistungen sicherlich, aber noch etwas darüber hinaus (siehe dazu ausführlicher Schwarz / Teichler 2000)?

In den Aussagen zum Stand der Einführung schreibt der Trends IV-Bericht lediglich diese Vagheiten fort: „Meanwhile, ECTS is being widely used for ‚student transfer', and generally seems to work well. However, it is still often perceived as a tool to translate national systems into a European language, rather than as a central feature of curriculum design" (Reichert / Tauch 2005: 7). In der ländervergleichenden Studie wird zwar betont, dass Credits überall zumindest als mögliches Instrument eingeführt sind, aber es wird auf zwei Akzente nationaler Credit- bzw. Prüfungssysteme hingewiesen, die eine europäische Kompatibilität von Credits relativieren: In mehreren der untersuchten Länder behalten die Abschlussprüfungen bei der Gesamtbewertung der Studienleistungen großes Gewicht, und die britischen Universitäten klassifizieren die Credits in der Regel nach Ebenen, z.B. nach Studienjahr bzw. nach einführenden und fortgeschrittenen Lehrveranstaltungen (Alesi u.a. 2005: II und 15f.).

Weitere unmittelbar mobilitätsorientierte Maßnahmen

In den der Bologna-Erklärung nachfolgenden Communiqués der für Hochschulfragen zuständigen Minister werden verschiedene Maßnahmen gefordert, die grenzüberschreitende Mobilität anders als über die generelle Gestaltung der Studiengangsstruktur, der Curricula, Prüfungen, Modi des Lehrens und Lernens, Zertifizierung o.ä. zu fördern. So werden im Bergener Communiqué von 2005 befürwortet bzw. gefordert: Aktivitäten, die sich unmittelbar auf die Anerkennung von Studienleistungen im Falle der Mobilität richten, so die Ratifizierung der Lissaboner Anerkennungskonvention von 1997 und die Entwicklung von nationalen Aktionsplänen zur Verbesserung der Anerkennung. So wird berichtet, dass 36 der 45 am Bologna-Prozess offiziell beteiligten Länder die Lissaboner Konvention ratifiziert haben; der Ausbau von Joint Degrees, d.h. von einzelnen Hochschulen unterschiedlicher Länder gemeinsam entwickelte Studiengänge und gemeinsam getragene Studienabschlüsse; Maßnahmen zum Abbau direkter Mobilitätshindernisse, so die Erleichterung der Visa-Vergabe zur Erteilung von Arbeitsberechtigungen, der Ausbau der internationalen Nutzung von Stipendien und generell Aktivitäten zur Ermutigung der studentischen Mobilität.

Die beiden Zwischenbilanzen gehen auf diese Themen nicht ausführlich ein. Die Trends IV-Studie stellt fest, dass nach dem Trendbericht von 2003 das Interesse von Rektorenkonferenzen und Regierungen an Fragen von Joint Degrees noch „medium to low" gewesen sei, und das habe sich inzwischen bei der Mehrzahl der Länder geändert: Auch schließe nur in einer Minderheit der europäischen Länder das offizielle Regelwerk von Gesetzen und anderen Regelungen die Vergabe gemeinsamer Abschlüsse aus. Allerdings seien kaum Informationen vorhanden, wie viele solcher Programme etabliert worden seien; auch sei bisher ungelöst, wie angemessene Verfahren der Evaluation und Akkreditierung für grenzüberschreitende Studienprogramme entwickelt werden könnten (Reichert / Tauch 2005: 17).

Arbeitsmarktrelevante Qualifizierung durch das Bachelor-Studium

Zweifellos finden im Kontext der Einführung der gestuften Studiengangsstruktur und der Verbreitung der oben genannten begleitenden Maßnahmen – Diploma Supplement und Credit Systems – eine Fülle weiterer Veränderungen in der Gestaltung von Curricula, Lehre und Studium statt. Dabei bestehen offenkundig sehr große Interpretationsunterschiede, wieweit solcherlei Aktivitäten mehr oder weniger offizielle und abgestimmte Bestandteile des Bologna-Prozesses sind und wieweit sich diese angesichts der Einführung gestufter Studiengänge und neuer Buchungsmethoden von Studienleistungen wie Diploma Supplements und Credit Systems mehr oder weniger systemnotwendig ergeben oder nur ergänzend „draufgesattelt" werden.

Die Bologna-Erklärung empfiehlt keinerlei weitere generellen Veränderungen in der Gestaltung des Studiums mit dem Ziel, grenzüberschreitende Mobilität in Europa zu erleichtern. Aber sie bekundet die Absicht, das System „leicht verständlicher und vergleichbarer Abschlüsse“ mit den Zielen zu gestalten, „die arbeitsmarktrelevanten Qualifikationen der europäischen Bürger ebenso wie die internationale Wettbewerbsfähigkeit des europäischen Hochschulsystems zu fördern“; sie fordert, dass auch der Studienabschluss nach dem ersten Zyklus eine für den europäischen Arbeitsmarkt relevante Qualifikationsebene attestiert. Im Communiqué von Berlin im Jahre 2003 wird die Zusammenarbeit von Hochschulen und Vertretern des Beschäftigungssystems bei der Entwicklung der Curricula ebenfalls empfohlen.

Aus den beiden hier diskutierten, im Jahre 2005 veröffentlichten Zwischenbilanzen des Bologna-Prozesses wird erstens deutlich, dass die generelle Akzeptanz des Bachelors auf dem Arbeitsmarkt in den Ländern, die eine gestufte Studiengangsstruktur neu eingeführt haben, keineswegs als gesichert betrachtet wird. In der ländervergleichenden Studie wird unterstrichen, dass die Beschäftigungsaussichten von universitären Bachelor-Absolventen – im Gegensatz zu solchen von anwendungsorientierten Hochschulen – unsicher und prekär seien (Alesi u.a. 2005: II, 6 und 36-38). Im Trends IV-Bericht wird als eine Barriere hervorgehoben, dass die staatlichen Instanzen in vielen Ländern ihre Rekrutierungs- und Karriere-Strukturen noch nicht entsprechend der veränderten Struktur der Studienabschlüsse verändert hätten (Reichert / Tauch 2005: 7).

Die beiden Studien verweisen – mit unterschiedlicher Akzentsetzung – auf vier Kontroversen und Vorbehalte: Umstritten ist, ob und in welchem Maße das curriculare Profil der Erststudiengänge stärker als zuvor auf berufliche Verwendung ausgerichtet werden sollte, etwa durch berufsspezifische Spezialisierung, ein anwendungsorientiertes Programm, praxisorientierte Akzente oder – wie in Deutschland im Rahmen der Akkreditierung gefordert – durch die gezielte Vermittlung von „Schlüsselqualifikationen“. Nicht selten wird die Befürchtung geäußert, dass dies zu Lasten der wissenschaftlichen Qualität gehen würde. Im Prager Communiqué von 2001 wurde deshalb eine Harmonisierung dieser Ziele gefordert: „... developing study programmes combining academic quality with relevance to lasting employability“.

Oft wird befürchtet, dass Absolventen dreijähriger universitärer Studiengänge kein Niveau von Befähigungen erreicht haben könnten, dass sie hinreichend auf hochqualifizierte Berufstätigkeiten vorbereitet. Deswegen wird es häufig auch vorgezogen, die universitären Bachelor-Studienangebote generell und als wissenschaftliche Grundlegung anzulegen. Den Studierenden wird entsprechend empfohlen, die Hochschule nicht mit einem Bachelor zu verlassen, sondern ein Master-Studium anzuhängen.

Die Einführung gestufter Studiengänge wird nicht selten als Versuch interpretiert, für die Mehrheit der Studierenden die Gesamtstudiendauer und damit auch das Qualifikationsniveau der Absolventen insgesamt abzusenken; dies solle durch eine arbeitsmarktorientierte Akzentsetzung der Bachelor-Studiengänge beflügelt werden.

Schließlich scheinen bei der curricularen Gestaltung der Studiengänge, um die berufliche Relevanz des Bachelor-Abschlusses zu sichern, Entscheidungen verbreitet, die dreijährigen Studiengänge stofflich so voll zu stopfen, dass möglichst eine ähnliche Qualifikationsebene wie früher bei den langen universitären Studiengängen erreicht wird. Dies wird als ein Unterfangen kritisiert, das die Qualität des Studiums untergräbt. Andere sehen darin mangelnde Akzeptanz der Logik der neuen gestuften Studiengangsstruktur, bei der das beim Bachelor-Abschluss gewöhnlich erreichte Qualifikationsniveau keineswegs mit jenem der alten universitären Langstudiengänge gleichzusetzen sei.

Die Diskussion wird dadurch noch zusätzlich verwirrt, dass sich für diese Thematik der englische Begriff „employability" durchgesetzt hat und in die nationalen Diskussionen vieler europäischer Länder hineinschlägt. Dieser Begriff ist – selbst in seiner deutschen Übersetzung als „Beschäftigungsfähigkeit" – völlig irreführend, weil er in der deutschen wie europäischen arbeitsmarktpolitischen Diskussion mit der Bedeutung belegt ist, was getan werden kann, um für schwer vermittelbare Personen überhaupt einen Zugang in das Beschäftigungssystem zu erreichen. Obendrein akzentuiert er alles, was mit Absorption auf dem Arbeitsmarkt, Status oder Beschäftigungsbedingungen verbunden ist, aber kaum die – in der Bologna-Erklärung wohl gemeinte – Frage der substanziellen Beziehungen von Studiengangsprofil und beruflicher Tätigkeit, d.h. die Frage der professionellen Relevanz der Studiengänge (siehe dazu Teichler 2005a: 315ff.).

Andere studienbezogene Maßnahmen und Aktivitäten

Rückblickend können wir feststellen, dass die Bologna-Erklärung im Jahre 1999 von einem recht großen Optimismus getragen war, dass mit der Einführung gestufter Studiengänge und -abschlüsse eine weitreichende strukturelle Ähnlichkeit der Studiengänge erreicht werde und dass sich dabei auch die Niveaus und Profile der Studiengänge soweit ähnlich entwickeln würden, dass damit die Mobilität in Europa erleichtert und die Chance zur Anrechung von Studienleistungen, die in anderen europäischen Ländern erzielt worden sind, wachsen würde. Bereits das Prager Communiqué von 2001 konzedierte jedoch, dass auch mit der Einführung gestufter Studiengänge und -abschlüsse eine relative große strukturelle Variationsbreite fortbestehen werde, und rechtfertigte dies als Stärke der europäischen Vielfalt. Ohne dass dies im Communiqué ausgesprochen worden war, schien auch das Vertrauen darauf geringer geworden zu sein, dass eine ähnliche Struktur der Studiengänge eine wirkungsvolle Voraussetzung für die gegenseitige Akzeptanz von Studienleistungen sein werde. So kann es nicht überraschen, dass sich seit 2001 die Empfehlungen mehrten, die Strukturreform durch Maßnahmen zu begleiten, die auf die Substanz der Studiengänge zielen. Inzwischen scheint an europäischen Hochschulen die Vorstellung weite Verbreitung gefunden zu haben, dass alles das, was in Fragen der Studienreform dem „Zeitgeist" entspricht, durch den Bologna-Prozess gefordert oder gefördert werden sollte. Sicherlich trifft es zu, dass viele Hochschulen die Einführung der gestuften Studiengänge und -abschlüsse nutzen, „um über Modernisierungen ihrer Curricula insgesamt nachzudenken" (Alesi u.a. 2005: II). Auch sind manche der angestrebten Veränderungen in Substanz und Organisation von Studiengängen eng mit der Logik von Credit Systems verbunden, d.h. einer der von Beginn an geforderten organisatorischen Begleitmaßnahmen zur Erleichterung der Mobilität. Aber manche der genannten Reformthemen – dazu gehörten studentenzentriertes Lernen, „learning outcome"- und „competence"-basierte Bewertung von Studienleistungen, Modularisierung, Anerkennung nicht-formaler Qualifikationen, Anrechnung früherer Lernleistungen – sind von den Communiqués der Minister nicht „heilig gesprochen" worden. Der Trends IV-Bericht scheint in der Aufnahme und Erläuterung von Informationen zu solchen Themen zu unterstellen, dass diese samt und sonders integraler Bestandteil des Bologna-Prozesses seien.

Tatsächlich wandte sich das Prager Communiqué von 2001 – als erster Schritt zu einer substanziellen Flankierung der Strukturreform – der „Qualitätssicherung" zu, wobei es zugleich die Sicherung einer hohen Qualität als Ziel sui generis und der Vergleichbarkeit von Studienleistungen und -abschlüssen nannte: „Ministers recognised the vital role that quality assurance systems play in ensuring high quality standards and in facilitating the comparability of qualifications throughout Europe." Die Minister forderten die Hochschulen und die Qualitätssicherungs-Agenturen der europäischen Länder auf, bei der Entwicklung von Qualitätsbewertungsverfahren zusammenzuarbeiten und dazu Erfahrungen auszutauschen. Auch empfahlen sie den Instanzen der Qualitätssicherung und der Anerkennung von Leistungen mobiler Studierender, miteinander zu kooperieren. Nicht akzeptiert wurden von der Versammlung der Minister dagegen Vorschläge, ein europäisches Qualitätssicherungssystem aufzubauen, das für die Evaluierung bzw. Akkreditierung von Studienangeboten in den europäischen Ländern zuständig sein sollte. In den Berliner und Bergener Beschlüssen wurden die Prager Vorschläge fortgeschrieben und weiterentwickelt. Im Bergener Communiqué von 2005 hieß es unter anderem: „We adopt the standards and guidelines for quality assurance in the European Higher Education Area as proposed by ENQA ... We welcome the principle of a European register of quality assurance agencies based on national review."

Im dritten Trends-Report von 2003 wird die These vertreten, die erhobenen Daten zeigten, dass „improvement of academic quality“ nunmehr neben der Vorbereitung der Absolventen auf den Arbeitsmarkt als „the most important driving force of the Bologna Process“ gesehen werde (Reichert / Tauch 2003: 73). Im Trends IV-Report werden Fragen der Qualität sehr ausführlich behandelt. Wiederum wird hervorgehoben, dass den Hochschulen Fragen der Qualität im Rahmen des Bologna-Prozesses besonders wichtig seien. Seitens der Hochschulen sei der Qualitätsverbesserung vor allem Grenzen in den vorhandenen Ressourcen und im Ausmaß der Hochschulautonomie („the extent to which institutions can decide and plan their own future“) gesetzt (Reichert / Tauch 2005: 32).

Als zweiten Schritt zur substanziellen Flankierung der Strukturreform rief das Berliner Communiqué von 2003 auf, nationale Qualifikationsrahmen (national qualifications frameworks) zu entwickeln. In dem Bergener Communiqué von 2005 heißt es dazu ausführlicher: “We adopt the overarching framework for qualifications in the EHEA, comprising three cycles (including, within national contexts, the possibility of intermediate qualifications), generic descriptors for each cycle based on learning outcomes and competences, and credit ranges in the first and second cycles. We commit ourselves to elaborating national frameworks for qualifications compatible with the overarching framework ... by 2010 ...”. Der Trends IV-Bericht stellt fest, dass bis Ende 2004 wenig Fortschritte in der Entwicklung nationaler qualifications frameworks gemacht worden seien, allerdings sei zu bedenken, dass es in vielen Ländern anders geartete curriculare Standards gebe (Reichert / Tauch 2005: 18).

Zwischenbilanz mit Blick auf die Ziele

Zur „Halbzeit“ auf dem Wege von der Bologna-Erklärung im Jahre 1999 und dem bis zum Jahre 2010 zu realisierenden „Europäischen Hochschulraum“ kann verständlicherweise mehr darüber gesagt werden, wieweit die operativen Reformprogramme umgesetzt worden sind, als darüber, wieweit die mit den operativen Reformprogrammen verfolgten Ziele verwirklicht worden sind. Der Trends IV-Bericht konzentriert sich fast ausschließlich auf die operative Umsetzung; selbst wenn der Terminus „impact“ verwendet wird, geht es fast immer um die operative Umsetzung. Die Autoren weisen jedoch wiederholt darauf hin, dass gesetzliche Regelungen für die Einführung formaler Maßnahmen und die tatsächliche Umsetzung der formalen Maßnahmen – wie die gestufte Studienstruktur, Credits und Diploma Supplements – allein nicht die Anerkennung erhöhen und somit die Mobilität erleichtern und auch nicht allein die Qualität verbessern und zu arbeitsmarktrelevanten Qualifikationen führen. Sie fordern deshalb, Fragen der Curricula und der Lehr- und Lernprozesse, so zum Beispiel

„a pedagogical shift to student-centered learning" (Reichert / Tauch 2005: 6), einen höheren Stellenwert im Bologna-Prozess zu geben. Darüber hinaus fordern sie die Regierungen auf, den Universitäten mehr Autonomie einzuräumen, weil dann größere Fortschritte im Bologna-Prozess erreicht würden (Reichert / Tauch 2005: 8 und 44f.).

Die ländervergleichende Studie (Alesi u.a. 2005: II-V) äußert sich resümierend zu folgenden Bereichen potenzieller Wirkungen der Bologna-Reformen:

Eine größere Einheitlichkeit der nationalen Hochschulsysteme in Europa wird erreicht, und innerhalb der einzelnen Länder wächst die Funktionsüberschneidung der bestehenden Hochschultypen. Aber es sei die Frage, ob eine solch große Ähnlichkeit entstünde, dass dadurch die Mobilität erleichtert werde.

Ob das gestufte Studiensystem die mit seiner Einführung weithin gehegten Erwartungen, die Studiendauer zu verkürzen und den Studienabbruch zu verringern, erfüllen werde, könne im Jahre 2005 noch nicht beurteilt werden.

Die Zahl der mobilen Studierenden aus anderen Weltregionen hat innerhalb der letzten Jahre zugenommen, aber es ließe sich schwer beantworten, ob und inwieweit dies auf die neuen Studienstrukturen zurückzuführen sei.

Weithin werde angenommen, dass – im Gegensatz zu den ursprünglichen Erwartungen – mit dem Fortschreiten des Bologna-Prozesses die inner-europäische studentische Mobilität vielfach sogar zurückginge. Das sei darauf zurückzuführen, dass die strukturelle Einheitlichkeit nicht in dem erwarteten Maße zunehme, Unterschiede in curricularen Akzenten und wissenschaftlicher Qualität fortbestünden und dass die Curricula von Bachelor-Studiengängen „stofflich so dicht" angelegt würden, dass „Studierende davon abgehalten werden, eine temporäre Auslandsstudienphase zu absolvieren" (Alesi u.a. 2005: II).

Mobilität in Europa scheint auch deshalb nicht in dem erwarteten Maße zu wachsen, weil eine Zielverschiebung erkennbar ist: Es stehe nunmehr „die Gewinnung ausländischer Studierender stärker im Vordergrund als das Auslandsstudium der eigenen Studierenden" (Alesi u.a. 2005: V).

Verbreitet seien schließlich Sorgen, dass die universitären Bachelor-Absolventen großen Problemen auf dem Arbeitsmarkt ausgesetzt seien.

Selbst wenn die ländervergleichende Studie in erster Linie argumentiert, dass es noch zu früh sei, die Erträge des Bologna-Prozesses über die strukturellen und formalen Veränderungen hinaus zu beurteilen, legt sie mit verschiedenen Hinweisen auf die Befunde die Vermutung nahe, dass die Erträge der Bologna-Reformen deutlich bescheidener ausfallen werden, als zu Beginn erwartet worden war.

Abschließende Überlegungen

Für den Bologna-Prozess gilt ebenso wie für die europäischen Programme, die unter der Ägide der Europäischen Kommission stehen (so das SOKRATES-Programm), dass ein „Monitoring" der Reformpläne, ihrer Umsetzung und ihrer Wirkungen einen höheren Stellenwert hat, als das in der Mehrheit der europäischen Länder bei ähnlich bedeutsamen Reformen auf nationaler Ebene der Fall ist. Nicht zuletzt, weil Reformprozesse auf europäischer Ebene schwerer zu lenken und schwerer zu überblicken sind als auf nationaler Ebene, gibt es auf europäischer Ebene eine dichtere Beobachtung und Reflexion der Reformprozesse.
Zur „Halbzeit" zwischen der Bologna-Erklärung von 1999 und der intendierten Verwirklichung eines „europäischen Hochschulraums" bis zum Jahre 2010 wurden zwei größere Zwischenbilanzen vorgelegt. Die eine setzt die „Trends"-Berichte fort, die seit 1999 unter Koordination von Hochschulrektoren, Regierungsvertretern und der Kommission durchgeführt werden; die zweite wurde ergänzend von der deutschen Regierung initiiert und gefördert. Beide Studien sind geeignet, den Wandel der hochschulpolitischen Stimmungslage aufzuzeigen und die operativen Entwicklungen in den Grundzügen zu skizzieren. Und in den Grundlinien kommen sie zu gleichartigen Befunden: Grundlegende Vorbehalte gegenüber den zentralen Programmpunkten des Bologna-Prozesses haben im Laufe der Zeit hochschulpolitisches Gewicht verloren: Zur „Halbzeit" geht es kaum mehr um das „ob", sondern vor allem um das „wie weit" und „wie" der gestuften Studiengänge und begleitender formaler Maßnahmen.

Die Einführung von gestuften Studiengängen und die Verbreitung von ECTS oder damit kompatiblen Credit Systemen und des Diploma Supplements schreiten fort, allerdings in unterschiedlichem Tempo und mit vielerlei besonderen Akzenten.

Insgesamt ist ein Trend zu einer größeren Konvergenz der Systeme zu beobachten, aber das Maß der strukturellen Einheitlichkeit ist deutlich geringer als anfangs erwartet.

Im Laufe des Bologna-Prozesses – und parallel zur wachsenden Einsicht, dass das Maß struktureller Einheitlichkeit nicht so groß wird wie anfangs erwartet – nehmen im Rahmen des Bologna-Prozesses bzw. ergänzend zu ihm Aktivitäten zur Steigerung der Konvergenz der substanziellen Gestaltung der Studiengänge, so in den curricularen Akzenten, in der Gestaltung der Lehr-, Lern- und Prüfungsmodi sowie in der Qualitätssicherung zu.

Diese Kernaussagen ergänzen und interpretieren die beiden bilanzierenden Studien allerdings unterschiedlich. Die Trends IV-Studie interpretiert die Entwicklungsprozesse in manchen Fällen mit euphemistischer Wortwahl. Sie sagt kaum etwas, wieweit mit fortschreitender Umsetzung des Reformprogramms auch die damit anfangs erwarteten Wirkungen eintreten. Und sie scheint von der Hoffnung getragen, dass die erwarteten Wirkungen weitaus stärker erreicht werden können, wenn im Bologna-Prozess Aktivitäten zur substanziellen und prozessualen Gestaltung von Lehre und Studium verstärkt und die Autonomie der Hochschulen erhöht werden. Der Einwand liegt nahe, dass eine Einheitlichkeit der Vorgehensweise bei Fragen der Qualität, der Profile und der Lehr- und Lernkonzepte noch weniger zu erwarten ist als bei strukturellen Fragen. Auch bleibt in der Studie unklar, wieweit Gestaltungspotenziale und -aktivitäten des Hochschulmanagements mit denen für die Gestaltung der Lehre zuständigen Hochschullehrerinnen und Hochschullehrer harmonieren bzw. konfligieren.

Die ländervergleichende Studie vermisst im fortschreitenden Prozess eine „einheitliche Logik“ des Systems bzw. eine „Einheitlichkeit der Studienarchitektur“; sie erwartet offenkundig ein Höchstmaß von Konvergenz, um die damit verbundenen Ziele von Transparenz, Mobilitätserleichterung u.a.m. verwirklichen zu können. Sie versucht stärker eine Zwischenbilanz der Wirkungen zu ziehen: In vielen Fällen sei das zwar noch zu früh, aber erkennbar sei, dass die Fortschritte im Bologna-Prozess kaum mobilitätserleichternde Wirkung in Europa zeitigten und dass die Förderung des temporären Auslandsstudiums der eigenen Studierenden an vielen Hochschulen aus dem Blick geraten sei. Einzuwenden ist sicherlich, dass ein gewisses Maß struktureller Vielfalt schon mit Beginn des Bologna-Prozesses als erwartbar und wünschenswert galt; der Bologna-Prozess fordert lediglich ein Maß von Konvergenz, das geeignet ist, Transparenz und Anerkennung zu erhöhen.

Die Unterschiede zwischen den beiden Studien machen darauf aufmerksam, welche Vagheiten und Ungeklärtheiten im Bologna-Prozess bestehen – sei es, dass sie nicht hinreichend bedacht werden, oder sei es, dass unüberbrückbarer Dissens bei den Akteuren besteht: Erstens ist zu fragen, welches Ausmaß an Vielfalt struktureller Lösungen als ein „konvergentes“ System funktionieren kann und wo „Divergenz“ einsetzt? Wie breit sind die „Zonen des gegenseitigen Vertrauens“/“zones of mutual trust“ (siehe Le Mouillour und Teichler 2004: 97f.), so dass verschiedene Lösungen als mehr oder weniger äquivalent angesehen werden können, und wo sind die Grenzen solcher Zonen erreicht? Kann man zum Beispiel annehmen, dass ein Master, der auf insgesamt vierundeinhalb

Studienjahren basiert, als ungefähr äquivalent mit einem Master nach fünfjährigem Studium angesehen werden kann, ein Master nach insgesamt vier Jahren dagegen ein geringeres Qualifikationsniveau anzeigt, oder kann sich die Zone des Vertrauens auf vier bis fünf Jahre beziehen?

Zweitens ist zu fragen, in welchem Maße überhaupt eine relative Konvergenz aller Bachelor-Studiengänge und -abschlüsse und aller Master-Studiengänge und -abschlüsse in Qualität und Profil gewünscht wird? Je mehr angesichts der Talente der Studierenden, der Ressourcen der Hochschulen und der Anforderungen des Beschäftigungssystems eine große Differenzierung für nützlich und unabdingbar gehalten wird, desto weniger können Maßnahmen der strukturellen und auch der studiengestaltenden Konvergenz tatsächlich die Chancen der Mobilität erhöhen. Gibt es hier einen Konflikt zwischen dem, was als europäisch wünschbare Kompetenzen angesehen wird, und dem, was Mobilität fördert? Muss man etwa in Kauf nehmen, dass die studentische Mobilität nur für einen begrenzten Teil ähnlicher Studienprogramme erleichtert wird, weil ansonsten die Differenzierung nach Qualität und Profilen wächst und nicht durch Maßnahmen zur Förderung der Anerkennung zu überbrücken ist? In diesem Zusammenhang ist auf die Aussage vieler Experten zu verweisen, dass die Ziele des Bologna-Prozesses und des Lissabon-Prozesses im Hinblick auf das wünschenswerte Ausmaß der Differenzierung des Hochschulsystems gegensätzlich sind (siehe z.B. van Vught / van der Wende und Westerheijden 2002).

Damit verbunden ist – drittens – zu fragen, wie weit strukturelle Konvergenz gefördert wird, um gegenüber der gegebenen inhaltlichen Vielfalt von Qualität und Profilen die Anerkennung etwas wahrscheinlicher zu machen, oder wie weit strukturelle Konvergenz ein Instrument zur Vergrößerung der substanziellen Konvergenz in Qualität und Profilen sein soll.

Ebenfalls eng damit verbunden ist – viertens – die Frage, ob der Bologna-Prozess mit der zunehmenden Hinwendung zu Fragen von Qualität, Curricula sowie Lehren, Lernen und Prüfen ein ähnliches Maß an Konvergenz verfolgen kann wie bei Fragen der Struktur der Studiengänge und der Dokumentation von Studienleistungen in Credits und Diploma Supplements, oder ob hier eine Vielfalt zu akzeptieren ist, die kaum zu erhöhter „Vergleichbarkeit" beitragen kann.
Fünftens: Wie weit erfordern – so muss man nach einiger Zeit fragen – Bemühungen, die europäischen Hochschulen weltweit für Studierende attraktiv zu machen, ähnliche, wie weit aber auch ganz andere Maßnahmen als Bemühungen, in Europa die Mobilität zu erleichtern? Nicht selten ist die Kritik zu hören, dass eine Erhöhung der Attraktivität für Studierende aus aller Welt, sieht man von der Einführung von Bachelor- und Master-Abschlüssen ab, im Bologna-Prozess völlig an den Rand geraten ist (siehe z.B. Muche 2005).

Insgesamt lässt sich feststellen, dass die Wirkungen der Maßnahmen, die im Rahmen des Bologna-Prozesses ergriffen werden, deshalb schwer einzuschätzen sind, weil sie in einen weiteren Kontext von Hochschule und Gesellschaft eingebettet sind. Deswegen wird zum Beispiel auch in der ländervergleichenden Studie festgestellt, dass die Bologna-Reform für eine Fülle von Reformen in der Gestaltung des Studiums zum Anlass genommen wird, die nicht ohne weiteres als Teil des Bologna-Prozesses angesehen werden können. Oder in der optimistischen Sprache des Trends IV-Reports: „The reform wave in European higher education seems to go even further and deeper than the Bologna reforms themselves" (Reichert / Tauch 2005: 41). So lassen sich die Maßnahmen, die der Mobilitätserleichterung und erhöhter weltweiter Attraktivität der europäischen Hochschulen für Studierende dienen sollen, nur bedingt nach diesen Zielen optimieren, weil auch andere Ziele auf der Tagesordnung stehen und der Zeitgeist der Reformbestrebungen auch andere Maxime setzt. Umgekehrt lässt sich eindeutig zeigen, wieweit die tatsächlichen Entwicklungen von Mobilität und Attraktivität durch die „Bologna"-Maßnahmen bedingt sind oder von anderen Maßnahmen und Entwicklungen, die diese überlagern.

Der Bologna-Prozess ist sicherlich ein irreversibler Prozess: Um 2010 werden wir in Europa noch mehr und möglicherweise fast flächendeckend gestufte Studiengänge und -abschlüsse haben, mehr Credits, mehr Diploma Supplements bzw. deren terminologische Nachfolger, mehr Zusammenarbeit in Qualitätsfragen, mehr Beschreibungen von zu erwartenden Kompetenzen am Ende eines Studiengangs und ähnliches. Aber je weiter das operative Reformprogramm voranschreitet, desto offener ist, was das im Hinblick auf Konvergenz bedeutet und was von den erwarteten Wirkungen eintritt. Wie hoch das Ausmaß struktureller Konvergenz und wie hoch das Ausmaß substanzieller Konvergenz sein werden, wie groß die Zonen des gegenseitigen Vertrauens für Äquivalenz und die Erleichterung inner-europäischer Mobilität sein werden und wie attraktiv schließlich die europäischen Hochschulsysteme weltweit geworden sein werden, ist weiter zu beobachten. Mit Sicherheit ist zu erwarten, dass auch wieder neue Maßnahmen zu bedenken sein werden, um gerade den ursprünglich mit der Bologna-Erklärung betonten Zielen näher zu kommen: Wenn sich zum Beispiel der Befund erhärtet, dass sich die inner-europäische Mobilität unter den vorherrschenden Trends der curricularen Gestaltung von Bachelor-Studiengängen verringert, dann stehen neue Richtungen von Reformen zur Debatte. Der Bologna-Prozess ist sicherlich nicht das Ende der Geschichte von Reformen zur Stärkung von Mobilität an und weltweiter Attraktivität von Hochschulen in Europa.

Literatur

Wir veröffentlichen diesen Nachdruck mit der freundlichen Genehmigung der Zeitschrift „Das Hochschulwesen“. Die Erstveröffentlichung erschien in: Das Hochschulwesen. Forum für Hochschulforschung, -praxis und -politik, 54. Jahrgang, 2/2006, Bielefeld, S. 57 – 67.

Alesi, B / Bürger / Kehm, B.M. und Teichler, U. (2005): Bachelor- und Master-Studiengänge in ausgewählten Ländern Europas im Vergleich zu Deutschland. Bonn und Berlin: Bundesministerium für Bildung und Forschung.

Eurydice (2005): Focus on the Structure of Higher Education in Europe 2004/05. National Trends in the Bologna Process. Brussels.

Haug, G. / Kirstein, J. and Knudsen, I. (1999): Trends in Learning Structures in Higher Education. Copenhagen: Danish Rectors' Conference Secretariat.

Haug, G. and Tauch, C. (2001): Trends in Learning Structures in Higher Education (II). Helsinki: National Board of Education.

Hochschulrektorenkonferenz (2005): Statistische Daten zur Einführung von Bachelor- und Masterstudiengängen. Wintersemester 2005/2006. Bonn: HRK (Statistiken zur Hochschulpolitik, 2/2005).

HRK Service-Stelle Bologna (2004): Bologna-Reader. Texte und Hilfestellungen zur Umsetzung der Ziele des Bologna-Prozesses an deutschen Hochschulen. Bonn: Hochschulrektorenkonferenz (Beiträge zur Hochschulpolitik, 8/2004).

HRK Service-Stelle Bologna (2005): Diploma Supplement. Funktion – Inhalte – Umsetzung. Bonn: Hochschulrektorenkonferenz (Beiträge zur Hochschulpolitik, 4/2005).

Le Mouillour, I., and Teichler, U. (2004): "Making European Credit Transfer Work". In: Actes du symposium Construction des qualifications europeénnes. Paris and Strasbourg : Mission éducation-économie-emploi/Béta-Céreq – Université Louis Pasteur, pp. 93-102.

Muche, F., ed. (2005): Opening up to the Wider World. The External Dimension of the Bologna Process. Bonn: Lemmens.

Reichert and Tauch, C. (2003): Trends 2003. Progress Toward the European Higher Education Area. Brussels: European University Association.

Reichert and Tauch, C. (2005): Trends IV: European Universities Implementing Bologna. Brussels: European University Association.

Schwarz: und Teichler, U. (Hrsg.) (2000): Credits an deutschen Hochschulen. Kleine Einheiten – große Wirkung. Neuwied, Kriftel und Berlin.

Schwarz-Hahn: und Rehburg, M. (2004): Bachelor und Master in Deutschland. Empirische Befunde zur Studienstrukturreform. Münster.

Teichler, U. (2005a): Hochschulstrukturen im Umbruch. Eine Bilanz der Reformdynamik seit vier Jahrzehnte. Frankfurt/Main und New York.

Teichler, U. (2005b): Hochschulsysteme und Hochschulpolitik. Quantitative und strukturelle Dynamiken, Differenzierungen und der Bologna-Prozess. Münster.

Van Vught, F. / van der Wende, M. and Westerheijden, D. (2002): „Globalisation and Internationalisation: Policy Agendas Compared". In: Enders, J. and Fulton, O., eds. Higher Education in a Globalising World. Dordrecht, pp. 103-120.

Jürgen Hesselbach

Und sie bewegt sich doch! – Strukturwandel an der Technischen Universität Carolo-Wilhelmina zu Braunschweig

„Eppur si muove" (Und sie – die Erde – bewegt sich doch). Diesen Satz soll Galileo Galilei 1633 gemurmelt haben, als er nach seinem Prozess vor der heiligen Inquisition den Gerichtssaal verließ. Im Prozess war er gezwungen zu beteuern, dass er mit seinen wissenschaftlichen Erkenntnissen Unrecht habe. Als er jedoch hinausging, bekräftigte er seine Weltsicht: Und sie bewegt sich doch.

Auf Universitäten bezogen existiert häufig das Vorurteil, es handele sich um träge, unbewegliche Institutionen, die sich neuen Aufgaben gar nicht oder zu langsam anpassen könnten. Von außen gibt es Kritik, Forderungen und verschiedenste Aufgabenstellungen. Heute müssen Hochschulen zwar nicht mehr der Inquisition gegenüber treten, sie sind aber (in Niedersachsen) dem Ministerium für Wissenschaft und Kultur, der wissenschaftlichen Kommission, der zentralen Evaluationsagentur (ZEVA) und nicht zu vergessen der Öffentlichkeit Rechenschaft schuldig. Diese Institutionen geben der Universität zum einen den gesetzlichen Rahmen, in dem sich eine Universität bewegen darf, zum anderen stellen sie Hochschulen wie der Carolo-Wilhelmina, die sich auch den Rahmenbedingungen des gesellschaftlichen Wandels anzupassen haben, neue Aufgaben und Herausforderungen. Aber diese Akteure behindern bzw. beschneiden teilweise auch durch halbherzige Reformen und ungünstige Rahmenvorgaben Veränderungen und Freiheitsgrade der Universitäten. Dieser Beitrag soll zeigen, in welche Richtung die Technische Universität Braunschweig unter diesen Voraussetzungen steuert.

Die Technische Universität (TU) Braunschweig und ihr Umfeld

Die meisten Technischen Hochschulen wurden in Deutschland Mitte des 19. Jahrhunderts im Zuge der Industrialisierung ins Leben gerufen. Mit der Industrialisierung geht die Verwissenschaftlichung der Technik einher, auch die technische Ausbildung wurde akademisiert. Dies war einer der Erfolgsfaktoren der wirtschaftlichen Entwicklung im neu gegründeten Deutschen Reich. Die staatliche Universität entwickelte sich zum Erfolgsmodell des 19. Jahrhunderts. Heute ist dieses Modell in Reinform nicht mehr zeitgerecht. Alte Stärken müssen hervorgehoben, gleichzeitig aber neue Wege gegangen werden, damit die Universität nicht in „ihrem Kern verrottet" (manche Kommentatoren meinen ja, sie sei dies längst).

Die TU Braunschweig blickt mit ihrem Gründungsjahr 1745 als Collegium Carolinum auf eine lange Tradition unter den technischen und naturwissenschaftlichen Universitäten Deutschlands zurück. Im 19. Jahrhundert bildete sich der Schwerpunkt in den Naturwissenschaften heraus, so dass die Universität 1878 in Herzogliche Technische Hochschule Carolo-Wilhelmina umbenannt wurde. Carolo-Wilhelmina steht heute als traditionsreiche, forschungsorientierte Technische Universität in einer guten Ausgangsposition für neue Herausforderungen bereit. Sie bietet ein breites und vertieftes Angebot. Mit ihren leistungsstarken und gut ausgestatteten Forschungs- und Lehreinheiten ist sie zunehmend in ein hervorragendes wissenschaftliches und wirtschaftliches Umfeld in der Region eingebunden. Die TU Braunschweig besteht aus zehn Fakultäten, d. h. aus acht technischen bzw. naturwissenschaftlichen sowie aus zwei geistes- und sozialwissenschaftlichen Fachbereichen. Zurzeit nutzen etwa 13.000 Studierende das Lehrangebot. Die TU hat 2.600 Beschäftigte und arbeitet mit einem Haushaltsvolumen von 200 Millionen Euro, davon stammen circa 45 Millionen Euro aus Drittmitteln für Forschungsprojekte.

Zum Vergleich: Die ETH Zürich hat bei 12.500 Studierenden ein Budget von 600 Millionen Euro. Zürich hat demnach gegenüber dem Landeszuschuss für die TU Braunschweig (ca. 155 Millionen) die vierfachen finanziellen Mittel zur Verfügung. Im Wettbewerb bedeutet dies zunächst einen Nachteil für die TU. Mit begrenzten Mitteln gilt es den richtigen Weg zu finden: Der Anspruch des Steuerzahlers, dass mit seinem Geld das Beste in Lehre, Forschung und Wissenstransfer erreicht wird, muss ebenso erfüllt werden, wie der Anspruch der Studierenden, dass sie optimal für das Leben, besonders das Arbeitsleben vorbereitet werden. Nicht zu vergessen ist auch die Aufgabe, zur Wettbewerbsfähigkeit der Bundesrepublik beizutragen. Mit begrenzten Mitteln sind keine großen Sprünge zu machen, ist Bewegung schwer zu bewerkstelligen, aber wir sind gleichwohl auf dem Weg und versuchen vor allem, unsere Forschungskapazitäten durch Kooperationen und Verbünde zu stärken.

Die Forschungsregion Braunschweig

Einen weiteren Schritte hin zu einer Zusammenarbeit der Technischen Universität am 26. Januar 2006 wurde im Senatssaal der TU Gründung der „*TU 9 - German Institutes of Technology*“ vollzogen. Der zunächst nur lose Zusammenschluss der Technischen Universitäten, die schon vor 1900 existierten, wurde damit institutionalisiert. Gemeinsam wollen neben unserer TU acht weitere ebenso traditionsreiche Universitäten als Ansprechpartner für Politik und Wirtschaft agieren, universitären Wandel gestalten und in der Zusammenarbeit Qualitätsstandards erarbeiten, um so insbesondere die Position der ingenieurwissenschaftlichen Ausbildung in Deutschland zu erhalten und zu verbessern. Die TU Braunschweig unterstützt mit den weiteren Mitgliedern der „TU 9-Gruppe“ den Bologna-Prozess, in dem die Universitäten die Umstellung der Bildungsabschlüsse auf Bachelor und Master gegenseitig akzeptieren und fördern. Diese Umstellung bedarf neuer Strukturen, für deren Erarbeitung Ressourcen bereitgestellt und zusätzliche Kapazitäten geschaffen werden müssen.

Braunschweig wird in einer Veröffentlichung der Deutsche Bank Research im Jahr 2005 als „heißeste Forschungs- und Entwicklungsregion Europas“ bezeichnet. Das liegt vor allem an einer engen Zusammenarbeit verschiedener Forschungsinstitutionen in der Region Braunschweig. Zu nennen sind exemplarisch die Biologische Bundesanstalt für Land- und Forstwirtschaft, die Bundesforschungsanstalt für Landwirtschaft, das Deutsche Zentrum für Luft- und Raumfahrt, das Fraunhofer-Institut für Schicht- und Oberflächentechnik, das Georg-Eckert-Institut für Internationale Schulbuchforschung, die Gesellschaft für Anlagen- und Reaktorsicherheit, die Gesellschaft für Biotechnologische Forschung, die Herzog August Bibliothek Wolfenbüttel, die Hochschule für Bildende Künste oder die Physikalisch-Technische Bundesanstalt. Eingebettet in dieses Forschungsumfeld ist die Technische Universität mit einem relativ breiten und spezialisierten FuE-Angebot. Es gilt aber auch: „Braunschweig ist als Wissenschaftsstandort noch relativ unbekannt“, so das Urteil der Jury aus dem Wettbewerb „Stadt der Wissenschaft“. Hier gilt es u. a. anzusetzen. Wir müssen deutlicher machen, dass in den aufgeführten Forschungseinrichtungen insgesamt 7.000 Beschäftigte tätig sind. Hinzu kommen über 5.000 Mitarbeiter in der VW-Forschung. Der größte Teil dieser Mitarbeiter hat seine Ausbildung an der TU Braunschweig absolviert. Braunschweig ist damit schon lange eine „Stadt der Wissenschaft“, nur jenseits der Region wissen dies viel zu wenige. Marketingdefizite könnte man also fragen. Und weiter: Gehört der Technischen Universität die Zukunft? Und wenn ja, wie muss sie aus heutiger Sicht im Wettbewerb unter dem Aspekt knapper werdender öffentlicher Mittel aufgestellt werden?

Warum überhaupt Wettbewerb?

Wettbewerb wird in der aktuellen Hochschullandschaft immer wichtiger. Es gibt Stimmen für mehr Wettbewerb, genauso wie es Kritiker gibt, die nicht glauben, dass die Übertragung von marktwirtschaftlichen Verhältnissen und Prinzipien auf die Universitäten einen Innovationsschub bringen kann. Da aber die Universitäten nicht frei sind von den Einflüssen anderer Bereiche der Gesellschaft, ist Wettbewerb notwendig und innovationsfördernd. Dies gilt insbesondere für die Wettbewerbsfähigkeit der Regionen. Beispiele für wirtschaftlich erfolgreiche Regionen sind der Raum München und der Raum Stuttgart, jeweils versehen mit einer exzellenten Technischen Universität. Die Technischen Universitäten sind also per se ein Wirtschaftsfaktor, und dies in mehrfacher Hinsicht. Sie fungieren als Lieferant des akademisch ausgebildeten, wissenschaftlichen Nachwuchses für Forschungseinrichtungen wie für Konzerne. Sie erzeugen und liefern verwertbares Wissen, Technologie- und Wissenstransfer in die Wirtschaft findet laufend statt. Dieses Wissen wird auch von potenziellen Unternehmensgründern im Hochtechnologiebereich in Arbeitsplätze umgesetzt. Angesichts des demografischen Wandels wird es in Zukunft um die Frage gehen: Wie können wir junge Leute in der Region halten sowie noch besser in die Region locken?

Im Folgenden sollen drei Aspekte zur wettbewerbsfähigen Gestaltung der Universität konzentriert betrachtet werden:

- Hochschulmanagement
- Veränderungen der Studienstruktur
- Profilierung im Wettbewerb der Universitäten (Exzellenzinitiative, Clustergespräche, Consortium Technicum)

Veränderungen in der Organisation und im Management

Seit mehreren Jahren versucht die niedersächsische Landesregierung Probleme der Hochschulen, verursacht durch sinkende finanzielle Zuwendungen, aber auch durch die mangelnde Flexibilität der gremiengesteuerten Organisation, durch Anlehnung an die Verwaltungs- und Leitungsstrukturen von Wirtschaftsunternehmen in den Griff zu bekommen. Einzelne Beispiele hierfür sind in den vergangenen fünf Jahren die Umstellung der Hochschulen auf Landesbetriebe mit jährlicher Bilanzpflicht analog zu den großen Kapitalgesellschaften, der Globalhaushalt mit der Einführung des kaufmännischen Rechnungswesens unter Nutzung von SAP sowie – mit dem Hochschulgesetz von 2003 – die Stärkung der Kompetenzen des Präsidiums und die Einführung eines Hochschulrates, einer Art von Kontrollgremium, vergleichbar den Aufsichtsräten von Kapitalgesellschaften. Hinzu kommt ab 2007 die Umsetzung der nächsten Novellierung des Hochschulgesetzes von 2003.

Hinter vielen der geschilderten Maßnahmen und gesetzlichen Regelungen steckt der verständliche Wunsch nach mehr Transparenz bei der Verwendung öffentlicher Mittel sowie nach Verbesserung der Steuerungsmöglichkeiten der Hochschulen. Doch gesetzlichen Änderungen begegnete bereits 1969 beispielsweise Professor Wilhelm Hennis in seinem Buch „Die deutsche Unruhe, Studien zur Hochschulpolitik" mit Skepsis: „Es ist Aberglaube, geradezu eine schrullige Idee, zu glauben, dass Probleme der deutschen Universität vor allem neue Hochschulgesetze verlangen.“ Neue Regelungen schaffen zumindest im Übergang zunächst einmal neue Probleme, die kurz skizziert werden sollen.

Neue gesetzliche Regelungen führen zu neuen bzw. unzureichend gelösten Problemlagen

Die Umstellung der Hochschulen von Landesanstalten zu Landesbetrieben ist beispielsweise problematisch, weil sie, konsequent zu Ende gedacht, eine viel größere Autonomie der Hochschulen erfordern würde, als wir sie heute haben. Vorgaben bei der Professorenbesoldung und die Konstruktion eines Mischbetriebes von Kameralistik und betriebswirtschaftlicher Buchführung schränkt unsere Handlungsfähigkeit ein, ebenso wie die fehlende Bauherreneigenschaft, ein fehlendes Berufungsrecht u.a.m. Kombiniert werden zum Teil die Nachteile beider Systeme – Anstalt und Betrieb.

Prinzipiell hat das Präsidium in allen wesentlichen Fragen das letzte Wort. Die Vizepräsidenten verfügen über Ressortverantwortung und unterliegen der Richtlinienkompetenz des Präsidenten. Jedoch ist die Bestellung von nebenamtlichen Vizepräsidenten mit zweijähriger Amtszeit ohne reale Ressortverantwortung eine Fehlkonstruktion des Oppermannschen Gesetzes von 2003. Mit der Konsequenz individuell unterschiedlicher Reibungsverluste zwischen den nebenamtlichen Vizepräsidenten und den Bereichen der Zentralverwaltung, repräsentiert durch den hauptamtlichen Vizepräsidenten.

Die Position des Präsidenten ist gestärkt und wird durch das zu erwartende novellierte NHG weiter gestärkt. Aber: Die Heilserwartungen in die Gestaltungsmacht von Hochschulpräsidenten wird sofort relativiert, betrachtet man Vorgänge wie an der Universität Göttingen im Bereich der Sozial- und Politikwissenschaften in diesem Winter 2005/06. Hier werden marginale, aber unliebsame Strukturentscheidungen, begünstigt durch ungeschickte Formulierungen des Hochschulleiters, bundesweit mit einer unangemessenen Instrumentalisierung deutscher Geschichte diffamiert. Auch dies ist ein Beispiel für den fundamentalen Unterschied zu einem Wirtschaftsbetrieb.

Insgesamt hat die Entscheidungsstruktur an Hochschulen, bestehend aus Präsidium, Senat, Hochschulrat, Fakultäten und Ministerium noch keinen neuen stabilen Zustand erreicht. Beruhigend ist allenfalls, dass dies ein bundesweites Phänomen ist, bei dessen Deutung vermutlich Organisationssoziologen und -psychologen hilfreich sein können.

Wandel der Studienstruktur

Gemäß der so genannten Bologna-Beschlüsse zur Schaffung eines einheitlichen europäischen Bildungsraumes haben wir an unseren Hochschulen mit der Umstellung unserer bisherigen Diplom- und Magisterstudiengänge auf die konsekutive Bachelor-/Master-Struktur begonnen. Der Bachelor soll als drei- oder vierjähriges Studium mit einem berufsbefähigenden Abschluss ausgelegt und von Universitäten, Fachhochschulen sowie Berufsakademien angeboten werden. Ob dieser Abschluss in der Praxis nicht nur berufsbefähigend sondern auch berufsqualifizierend sein wird, muss die Zeit zeigen. Der Master soll ein spezialisierendes Studium nach dem Bachelor sein, das ein- oder zweijährig aufgebaut und auf jeden Fall berufsqualifizierend sein wird. Den Master werden Universitäten und bestimmte Fachhochschulen anbieten.

An der Umstellung selbst geht kein Weg vorbei. Die Diskussion dazu wird aber aus verschiedenen Positionen interessengeleitet geführt:

- *Die Fachhochschulen* versprechen sich von der Umstellung eine Angleichung an die Universitäten (Nivellierung) aus Prestigegründen wie durchaus auch aus handfesten materiellen Interessen (Ressourcen und Vergütung).

- Die Position *der Industrieunternehmen* zur Berufsqualifizierung des Bachelor ist leider nicht eindeutig, kann es vermutlich auch nicht sein, weil es den Idealabsolventen für alle Unternehmensgrößen und Branchen noch nie gegeben hat.

- Die Vorstellungen einiger *Länder* (und hier insbesondere der Finanzminister) sind hier mehr als beunruhigend. Als Ziel schwebt manchen Akteuren eine 50 %-Übergangsquote vom Bachelor- zum Masterprogramm vor. Diese Halbierung des universitären Forschungs- und Innovationspotenzials würde das Ende der Technischen Universitäten als forschungsintensive Bildungseinrichtungen bedeuten.

In einem Interview mit der „Welt“ äußerte sich Arendt Oetker, Präsident des Stiftungsverbandes für die deutsche Wissenschaft, auf die Frage zum Bachelor der Fachhochschulen wie folgt: „Ich denke wir werden ein breites Facharbeiterniveau erreichen, das wir durch Qualifikation international vergleichbar machen (...) Wir unterscheiden künftig die Ingenieure, die die Fachhochschule als Master verlassen vom Bachelor, der in Zukunft ein besserer Facharbeiter oder Geselle ist (...) Und diese Bachelor, diese guten Gesellen, werden das Rückgrat der deutschen Automobil-, Maschinenbau-, elektrotechnischen Industrie sein. Erst recht, wenn wir mit den niedrigen Preisen, insbesondere der Asiaten, mithalten wollen. Dafür halte ich den Bachelor für ein gutes Instrument.“ Diese Aussage bedarf keiner weiteren Interpretation. Ob die Fachhochschulen Arendt Oetker hier zustimmen werden, ist fraglich. Vermutlich werden im Zuge der Umstellung über die Jahre Fachhochschulen ohnehin überflüssig oder eben in Universitäten umgewandelt werden.

Die TU plant in verschiedenen Bereichen qualifizierte Masterstudiengänge und bietet einen universitären Bachelor. Die spannende Frage für uns wie für die anderen Universitäten und ihre Fachbereiche wird sein, welches Fach darf Bachelor und/oder Master anbieten. Die „TU 9 hat als gemeinsame Position, insbesondere für die Ingenieursausbildung, postuliert: „Der Bachelor öffnet alle Türen, der Master ist das Ziel.“ Die Masterurkunde erhält einen Zusatz, dass der Titel dem Diplom-Ingenieur entspricht. Ähnlich verfahren Karlsruhe, Dresden und Darmstadt. Zusammen mit den beiden anderen technisch orientierten Hochschulen in Niedersachsen werde ich versuchen das auch für die TU zu erreichen.

Unterstreichen wollen wir insbesondere für Absolventen von Ingenieurstudiengängen Folgendes: Der Abschluss Dipl.-Ing. genießt international eine hohe Reputation. Dabei ist es egal, ob die Absolventen aus Stuttgart oder Braunschweig kommen, sie alle verfügen mit dem Dipl.-Ing. über ein ortsunabhängiges Gütesiegel ganz eigener Art. Es soll damit nicht zum Ausdruck gebracht werden, dass der Bachelor nicht anerkannt werden soll oder nicht von Bedeutung für die Hochschule ist. Es muss einfach im Zielfokus von forschungsstarken Universitäten bleiben, dass Studierende beim Eintritt in das Studium den Master vor Augen haben und anstreben. Um dies zu erreichen, muss der Master einen hohen Stellenwert haben und wissenschaftlich gestärkt werden.

Die Bologna-Erklärung von 1999 eröffnet den Mitgliedstaaten ausdrücklich die Möglichkeit, kulturelle Besonderheiten bei der Schaffung eines gemeinsamen europäischen Hochschulraumes geltend zu machen. Ein Beispiel für die Nutzung kultureller Besonderheiten finden wir in Bayern an der dortigen TU München. Generell ist es das Ziel der TU in möglichst vielen Bereichen einen fundierten Master anbieten zu können. Um auf flexiblere Anforderungen zu reagieren, wird aber nicht nur in den naturwissenschaftlichen Bereichen der Master angeboten, sondern auch zum Ziel erklärt, interdisziplinär Stärke zu entwickeln.

Das Lehrangebot in den Geistes- und Erziehungswissenschaften ist auch für eine TU wichtig. Im Kontext der ingenieur- und naturwissenschaftlichen Kernfächer ist auf ein leistungsfähiges geisteswissenschaftliches Angebot nicht zu verzichten. Die ETH Zürich z. B. verfügt über insgesamt 15 Professuren der verschiedensten sozial- und geisteswissenschaftlichen Ausrichtungen. Durch die Lehramtsausbildung für Gymnasien, aber auch für Grund-, Haupt- und Realschulen sind die Anforderungen an ein geisteswissenschaftliches Angebot an unserer TU quantitativ umfangreicher. Neben der Lehramtsausbildung bietet die TU interdisziplinäre Studiengänge im Bereich der Geistes- und Sozialwissenschaften an. Es wird beispielsweise einen Master der technisch-wissenschaftlichen Kultur geben, ebenso wie einen Master für Organisationskulturen und Wissenstransfer.

Wettbewerb und Profilierung

Immer schon haben die Technischen Universitäten um Forschungs-Drittmittel, Reputation und Studierende konkurriert. Dieser Wettbewerb wird sich drastisch verschärfen und sich, wie bereits erwähnt, auch auf die Zuweisung der Landesmittel ausdehnen. Ziel der TU Braunschweig wird es sein, lehrorientierte Bereiche stärker an der Forschung zu orientieren, sowie die bisherige regionale und nationale Ausrichtung der Carolo-Wilhelmina zu internationalisieren.

Bei dieser Gelegenheit wird man sich von der Lebenslüge der Gleichartigkeit aller universitären Hochschulen verabschieden müssen. Der Begriff „universitas" bezeichnet nämlich nicht die Gesamtheit der Fächer, sondern die Gesamtheit der Lehrenden (Forschenden) und Lernenden. Entsprechend ist der universitäre Charakter einer Hochschule nicht an der Breite ihres Fächerspektrums festzumachen, sondern an ihrer Fähigkeit zu exzellenter Forschung. Damit verbunden ist leider auch die Aufgabe von Fächern und damit die Verlagerung von Ressourcen. Ohne Frage wird es im Rahmen der wachsenden Konkurrenz von bundesweit etwa 120 Universitäten zur Konzentration kommen, so dass in den nächsten Jahren immer weniger konkurrenzfähige und damit ernstzunehmende Universitäten übrig bleiben. Es werden voraussichtlich rund 30 Universitäten sein, die beim Wettbewerb um Forschungsmittel halbwegs mithalten können. Zentrales Element des Wettbewerbs ist dabei die Forschungsfähigkeit. Die Konsequenz wird sein, dass das bisherige Fächerspektrum mit Lehre und Forschung unter den finanziellen Randbedingungen nicht mehr wettbewerbsfähig aufrechterhalten werden kann. Ceterum censeo: Der universitäre Charakter, auch unserer Technischen Universität, wird sich an der zukünftigen Fähigkeit zu exzellenter Forschung und nicht an der Breite des Fächerspektrums entscheiden.

Forschungsschwerpunkte der TU Braunschweig

Die TU hat auf der Basis einer Situationsanalyse Stärken und Schwächen ihrer Fächer identifiziert und Entwicklungspotenziale analysiert. Da die Wettbewerbssituation zwischen den Hochschulen eine klare Schwerpunktbildung erfordert, werden wir die zehn Fakultäten der TU auf sechs reduzieren, um zu größeren und autonomeren Einheiten zu kommen. Sie sollen die leistungsfähigen Fächer stärken, unter anderem durch eine besser aufeinander abgestimmte Berufungspolitik, die eine gemeinsame zukünftige Ausrichtung der zusammenwachsenden Bereiche und damit eine gemeinsame Entwicklungsplanung ermöglicht.

Die fünf zukünftigen Forschungsschwerpunkte der TU werden sich aufgliedern in

- Bauen und Umwelt
- Lebenswissenschaften
- Informations- und Kommunikationstechnik
- MikroNano-Produktion
- Mobilität und Verkehr

Beispielsweise werden unter dem Dach der Lebenswissenschaften die Fächer Chemie, Biologie, Pharmazie sowie Psychologie mit der Biologie als Leitwissenschaft vereint. Ein weiterer Schwerpunkt wird die neue Fakultät Architektur, Bauen und Umwelt, die die ehemaligen Fachbereiche Bauingenieurwesen, Architektur sowie das Fach Geoökologie beherbergen wird.

Den Begriff der Region breiter fassen

Exzellenz ist das wichtigste Stichwort in puncto Profilierung der Hochschule, denn der Bund und die Länder beabsichtigen mit einer Exzellenzinitiative starke Hochschulen zu stärken und zu fördern. Das Ergebnis der ersten Auswahlrunde (Aufforderungen zur Antragstellung in der Exzellenzinitiative) im Januar 2006 nach Bundesländern zeigt, dass 70 % der in der Förderlinie 'Zukunftskonzepte' ausgewählten Universitäten in Baden-Württemberg und Bayern liegen werden. Diese werden in den Medien und der Öffentlichkeit als „Elite-Universitäten" 2ahrgenommen. Darüber hinaus stammen insgesamt 41 % der in der ersten Auswahlrunde erfolgreichen Antragsskizzen aus diesen Bundesländern, nur 19 % der Antragsskizzen entfallen auf Norddeutschland. Dieses Ergebnis zeigt zum einen ein deutliches Nord-Süd-Gefälle und andererseits den großen Handlungsbedarf für die norddeutschen Universitäten auf.

Die weiteren Überlegungen zur Profilierung der Hochschulen können nicht losgelöst von regionalen Gegebenheiten sowie dem universitären Umfeld angestellt werden. Der Präsident der TU München, Professor Herrmann, der in letzter Zeit besonders erfolgreich in Erscheinung getreten ist, hat hierzu erklärt: „Will jede Universität mit ihren Stärken international aufgestellt sein, dann beansprucht das universitas-Prinzip heute nota bene mehr Raum – zum Beispiel den bayrischen –

als zu Humboldts Zeiten. Wer für jede einzelne Hochschule auf universitas besteht, der defokussiert sie zum Ruin.“ Übertragen auf Niedersachsen bedeutet dies, dass eine inhaltliche Abstimmung der Forschungsschwerpunkte der Technischen Universitäten Braunschweig, Clausthal und Hannover erforderlich ist.

Die Universitäten Hannover, Braunschweig und Clausthal sind direkte Konkurrenten im Wettbewerb um die Studierenden aus der Metropolregion, um Forschungsgelder von Bund und Land, um Mitarbeiter, zum Beispiel Professoren, und zukünftig auch um Landesmittel (formelgebundene Mittelzuweisung). Dies zeigt, warum eine inhaltliche Abstimmung der Universitäten in ihren Kernfächern nur sehr begrenzt durchführbar ist. Die Profile der Universitäten sind zu ähnlich und die Stärken liegen in ähnlichen Bereichen. Diese Problematik stellt die Region vor neue Aufgaben und Herausforderungen für die weitere Entwicklung im niedersächsischen Raum. Die Idee einer niedersächsischen Hochschule im Sinne des universitas-Prinzips auf größerem Raum wäre die angemessene Antwort für die Zukunft.

Keine Universität belegt bundesweit in allen Fächern eine Spitzenposition. Es zeigt sich, dass breite Fächerspektren auf hohem Niveau nicht mehr zu halten sind. Deshalb sind Schwerpunktsetzungen notwendig. Diese sind verbunden mit der Verlagerung von Ressourcen von nicht ausgelasteten Fächern zu nachgefragten Kernfächern. Das Ziel muss sein, Schwerpunkte zu stärken und innerhalb der Region die Konkurrenz zu verringern, so dass gebündelt Exzellenz entstehen kann. Leider sind aktuell keine gemeinsamen und übergeordneten Ziele des Landes erkennbar, die einen Fächerabgleich zwischen den genannten die Universitäten erleichtern könnten. Es ist anzunehmen, dass die Hochschulstrukturpolitik und die dazugehörigen Finanzmittel oft unter dem Aspekt regionaler Wirtschaftsförderung eingesetzt wurden und werden, was die Situation nicht erleichtert. Weitsicht wäre hier gefragt und angebracht.

Zusammenfassung

Es ergeben sich verschiedene Aufgabenstellungen für die Zukunft. Kurzfristig müssen die niedersächsischen Hochschulen vom Land fordern, dass Ziele für die Hochschulen ausgearbeitet und definiert werden. Ist das erklärte Ziel Exzellenz oder etwas anderes? Im Falle des Ziels der Stärkung einzelner Schwerpunkte in Richtung Exzellenzinitiative bedeutete dies, die Berufungsfähigkeit der niedersächsischen Universitäten zu verbessern, Ausstattung und Bausituation der Hochschulen eingeschlossen. Mittelfristig müssen gewisse Grundsätze aufgegeben werden. Hierzu gehört das Ende der Fiktion der Gleichartigkeit der universitären Hochschulen. Fächerabgleiche müssen zielorientiert und sinnvoll durchgeführt werden, um die Wettbewerbsposition bundesweit zu verbessern.

Die Profilierung der Technischen Universität Braunschweig hat die Ganzheit der Forschung zum Ziel und nicht die Ganzheit der Fächer. Diese Positionsstärkung nach innen muss nach außen ergänzt werden durch eine Verstärkung der institutionellen Vernetzung der technisch orientierten Hochschulen in Niedersachsen. In der langfristigen Perspektive könnte dies die Weiterentwicklung des Consortium Technicums, der bisher eher losen Kooperation der Universitäten Braunschweig, Clausthal und Hannover, in eine „Niedersächsische Technische Hochschule NTH" vielleicht im Jahr 2020 bedeuten. Der Präsident der TU München, Professor Herrmann, antwortete auf die Frage, wie lange man brauche, um eine Hochschule grundlegend zu verändern: „Mindestens zehn Jahre!" Deshalb erscheint ein Zieljahr 2020 gar nicht so sehr aus der Luft gegriffen.

Eine Universität zu bewegen, zumal in die „richtige" Richtung, ist fraglos eine Herkulesaufgabe. Der frühere niedersächsische Wissenschaftsminister Thomas Oppermann hat einmal gesagt: „Die Veränderung einer Hochschule ist vergleichbar mit der Verlagerung eines Friedhofes. Es fehlt die aktive Mitarbeit von unten." Dies trifft jedoch nicht exakt den Kern des Problems. Das Problem ist vielmehr, es wirken zu viele mit und meistens zielen sie nicht in eine Richtung. Jeder Wandel löst Widerstände aus, aber es gibt keine Alternative zum Wandel. So bleibt der Satz von Erich Fried treffend: „Wer will, dass die Welt so bleibt, wie sie ist, will nicht, dass sie bleibt.". Darum sollte auch der Wandel der Technischen Universität Braunschweig als Chance verstanden werden: Und sie bewegt sich doch!

Die Autoren

Prof. Dr. Herwig Birg studierte an der TH Stuttgart, der Hochschule für Gestaltung in Ulm sowie an der FU Berlin, wo er 1970 in Volkswirtschaftslehre promovierte. 1979 wurde er im Fachbereich für Gesellschafts- und Planungswissenschaften der TU Berlin habilitiert. 1981 übernahm er die Professur für Bevölkerungswissenschaft an der Universität Bielefeld, dort war er bis zu seiner Emeritierung als geschäftsführender Direktor des Instituts für Bevölkerungsforschung und Sozialpolitik tätig.

Prof. Dr. Christoph Butterwegge studierte Rechtswissenschaft, Philosophie, Psychologie sowie Sozialwissenschaften an der Ruhr-Universität Bochum. Promotion und Habilitation erfolgten 1980 und 1990 an der Universität Bremen. 1998 wurde er an die Universität Köln als Professor für Politikwissenschaft berufen. Er ist geschäftsführender Direktor des Seminars für Sozialwissenschaften der Universität Köln und leitet die Abteilung für Politikwissenschaft.

Prof. Dr. Günter Rolf Fuhr studierte von 1971 bis 1975 Elektrotechnik und Halbleitertechnologie in Dresden. Ab 1978 schloss sich das Studium der Biophysik in Berlin an, wo er 1981 promoviert und 1985 habilitiert wurde. 1992 erging ein Ruf an die Wirtschaftsuniversität Wien und 1993 an das Institut für Biologie der Humboldt-Universität Berlin. Von 1994 bis 2004 plante und leitete er neun Polarexpeditionen. 2000 war er Mitgründer des Zentrums für Biophysik und Bioinformatik an der Humboldt-Universität Berlin. Seit 2001 hat er den Lehrstuhl für Biotechnologie und Medizintechnik an der Universität des Saarlandes inne, zugleich leitet er das Fraunhofer-Institut für Biomedizinische Technik.

Prof. Dr. Jürgen Hesselbach studierte von 1968 bis 1975 Maschinenbau an der Universität Stuttgart. 1980 erfolgte die Promotion. Von 1982 bis 1988 arbeitete er für die Robert Bosch GmbH, zuerst als Leiter der Entwicklungsgruppe „Steuerungssysteme für Industrieroboter“, später als Leiter der Produktabteilung „Automatisierungssysteme“. Ab 1987 war er als Honorarprofessor an der Stuttgarter Universität tätig, 1990 folgte er dem Ruf an die Technische Universität Braunschweig. Dort ist er seither Leiter des Instituts für Werkzeugmaschinen und Fertigungstechnik. Von 2002 bis 2004 war er Vizepräsident und seit dem 1. Januar 2005 ist er Präsident der Technischen Universität Carolo Wilhelmina.

Prof. Dr. Gerald Hüther ist Neurobiologe und leitet die Abteilung für Neurobiologische Grundlagenforschung an der Psychiatrischen Klinik der Universität Göttingen. Schwerpunkte seiner Tätigkeit sind der Einfluss psychosozialer Faktoren und psychopharmakologischer Behandlungen auf die Hirnentwicklung, auf

Angst und Stress sowie auf emotionale Bindungen. Er ist sowohl Mitgründer von Win-future.de, einem Netzwerk für Erziehung und Sozialisation, als auch Mitorganisator der „Göttinger Kinderkongresse".

Prof. Dr. Barbara M. Kehm ist Universitätsprofessorin für Hochschulforschung am Internationalen Zentrum für Hochschulforschung in Kassel, INCHER-Kassel der Universität Kassel. Sie studierte von 1975 bis 1982 Germanistik, Geschichte und Philosophie an der Ruhr-Universität Bochum. 1982 legte sie das 1. Staatsexamen für das Lehramt in Deutsch und Geschichte ab und war von 1986 bis 1989 als Lektorin des Deutschen Akademischen Austauschdienstes an der University of Sussex, Brighton in Großbritannien tätig. Es folgte die Promotion an der Ruhr-Universität Bochum 1989 und mehrere Anstellungen als wissenschaftliche Mitarbeiterin, unter anderem von 1996 bis 2003 am Institut für Hochschulforschung Wittenberg an der Martin-Luther-Universität Halle-Wittenberg.

Prof. Dr. Klaus Kocks studierte von 1970 bis 1976 Wirtschafts- und Sozialwissenschaften sowie Germanistik und Philosophie an der Ruhr Universität Bochum. Von 1977 bis 1981 war er als Lehrer an einem Gymnasium und als Lehrbeauftragter an der Ruhr Universität Bochum tätig, hier wurde er auch promoviert. Von 1981 bis 1996 arbeitete er in der Energiewirtschaft, dabei größtenteils in leitenden Positionen der Presse- und Öffentlichkeitsarbeit. Bis 2001 war er Mitglied des Vorstandes der Volkswagen AG und in dieser Funktion für den Geschäftsbereich Kommunikation verantwortlich. Er ist geschäftsführender Gesellschafter der CATO Sozietät für Kommunikationsberatung (seit 2002) und des VOX POPULI Meinungsforschungsinstitutes (seit 2004). Zusätzlich ist er als Lehrbeauftragter an der Fachhochschule Osnabrück tätig.

Prof. Dr. Harald Künemund studierte Soziologie an der FU Berlin. Dort arbeitete er von 1987 bis 2004 als wissenschaftlicher Mitarbeiter in der von Professor Dr. Martin Kohli geleiteten Forschungsgruppe „Altern und Lebenslauf" (FALL). Promotion und Habilitation folgten 1999 bzw. 2004. Nach einer Vertretung der Professur für Methoden der empirischen Sozialforschung an der Universität Erfurt ist er nun als Professor für empirische Alternsforschung und Forschungsmethoden am Institut für Gerontologie der Universität Vechta tätig.

Prof. Dr. Christine Landfried studierte von 1968 bis 1973 Politische Wissenschaft, Geschichte und Völkerrecht an der Universität Heidelberg sowie 1973/74 in Harvard, Massachusetts. Von 1975 bis 1977 war sie als Assistentin bei der Werner-Reimers-Stiftung in Bad Homburg tätig. In den Jahren 1980 bis 1989 nahm sie einen Lehrauftrag der Universität Heidelberg wahr, 1986/87 arbeitete sie als Korrespondentin des Süddeutschen Rundfunks. 1984 und 1989 erfolgten

Promotion und Habilitation in Heidelberg. 1990 wurde sie auf den Lehrstuhl für Vergleichende Regierungslehre an der Universität Hamburg berufen. Es folgten Forschungsaufenthalte am Europäischen Hochschulinstitut in Florenz (1995/96) und am Wissenschaftskolleg Berlin (1996/97). Seit 1997 ist sie Vorsitzende der Deutschen Vereinigung für Politische Wissenschaft.

Prof. Dr. Klaus Lompe studierte Wirtschafts- und Sozialwissenschaften an der Universität Köln, wo er 1964 promovierte. 1970 erfolgte die Habilitation an der TU Berlin. Seitdem ist er Professor für Politikwissenschaft an der TU Braunschweig. Darüber hinaus ist er für zahlreiche Institutionen der politischen Administration auf Bundes- und Länderebene tätig.

Prof Dr. Ronald Schettkat ist Professor für Volkswirtschaftslehre und seit 2004 Leiter des Lehrstuhls für Wirtschaftspolitik an der Bergischen Universität Wuppertal. 2003/04 gehörte er als Fellow dem Ökonomenteam der Russel Sage Foundation in New York an. Davor hatte er den Lehrstuhl für Wirtschaftswissenschaften an der Universität Utrecht in den Niederlanden inne. Er nahm zahlreiche Gastprofessuren und Forschungsaufenthalte wahr, so u. a. an der Stanford University und der University of California at Berkeley, am Netherlands Institute for Advanced Study, an den Universitäten Bologna und Modena sowie am Wissenschaftszentrum Berlin. Zudem berät er zahlreiche Institutionen und Organisationen wie z. B. die OECD, die ILO, die Europäische Kommission, die Bundesregierung und den Bundestag.

Prof. Dr. Ulrich Teichler schloss 1968 sein Studium der Sozialwissenschaften an der Freien Universität Berlin ab, 1976 erfolgte die Promotion an der Universität Bremen. Von 1965 bis 1978 war er als freier bzw. wissenschaftlicher Mitarbeiter am Max-Planck-Institut für Bildungsforschung in Berlin tätig. 1978 folgte er dem Ruf auf die Professur für Berufs- und Hochschulforschung an der Universität Kassel, für die er von 1980 bis 1982 zugleich als Vizepräsident tätig war. Es folgten zahlreiche Auslandsaufenthalte z. B. an der Northwestern University in Evanston, USA, am College d'Europe in Brügge, Niederlande, am National Institute for Educational Research an der Universität Nagoya in Tokyo sowie an der Hiroshima Universität in Japan.

BEITRÄGE ZUR POLITIKWISSENSCHAFT

Band 1 Maria M. Müller-Sorge: Journalismus - Offenheit und Konformität. Die Politische Tagespresse in der Bundesrepublik. 1975.

Band 2 Hans Heinrich Rass: Britische Außenpolitik 1929-1931: Ebenen und Faktoren der Entscheidung. 1975.

Band 3 Maria Huber: Strategien der Entwicklungspolitik. Ein Beitrag zur Kritik der Entwicklungsökonomik. 1975.

Band 4 Jürgen Hentze: Nationalismus und Internationalismus bei Rosa Luxemburg. 1975.

Band 5 Detlef Klotz: Länderparlamentarismus: Bürgernähe als Chance? Zur hochschulpolitischen Entscheidungsfindung im Landtag von Baden-Württemberg 1956-1968 am Beispiel des Hochschulgesetzes von 1968. 1975.

Band 6 Dieter-Dirk Hartmann: Volksinitiativen. 1976.

Band 7 Ulrich Heyder: Der sozialwissenschaftliche Systemversuch Eduard Heimanns. Darstellung und Kritik der Möglichkeit einer einheitlichen Theorie der modernen Wirtschafts- und Sozialsysteme. 1977.

Band 8 Jost F. Noller: Theorie und Praxis der Apartheid. Eine Analyse der Grundlagen und Bedingungen der Politik der 'Getrennten Entwicklung' in Südafrika. 1977.

Band 9 Annemarie Bopp-Schmehl: Konflikt und Demokratie. Eine Auseinandersetzung mit Kompromiß- und Gleichgewichtsvorstellungen moderner Politiktheorien. 1977.

Band 10 Günter Pumm: Kandidatenauswahl und innerparteiliche Demokratie in der Hamburger SPD. Eine empirische Untersuchung der Kandidatennominierungen für die Bundestagswahl 1969, die Bürgerschaftswahl 1970, den Senat und die Deputationen. 1977.

Band 11 Werner Hugger: Gesamtsystemplanung und Reform des Gesundheitswesens der Bundesrepublik Deutschland. 1977.

Band 12 Peter Wordelmann: Simulation von Systemveränderungen. Möglichkeiten und Grenzen einer Planungsmethode, dargestellt am Beispiel des Ausbildungssektors. 1978.

Band 13 Werner Lang: Kooperative Gewerkschaften und Einkommenspolitik. Das Beispiel Österreichs. 1978.

Band 14 Michael J. Seifert: Sozialer Konflikt. Eine Analyse der Entstehungsbedingungen politischer Bewegungen. 1978.

Band 15 Erhard Zahn: Objektivierung und Vergegenwärtigung als Probleme der politischen Bildung. Untersuchungen zur Komplementarität zweier Wissenschaftsbegriffe. 1979.

Band 16 Barbara Pommerehne-Häß: Die Reformprogramme für die Heimerziehung. Chancen für eine Demokratisierung der öffentlichen Erziehung? 1979.

Band 17 Ingeborg E. Schäfer: Umlandverband Frankfurt/M. Entscheidungsprozesse bei der Entstehung einer Stadt-Umland-Verwaltung. 1979.

Band 18 Robert Lederer: Neokonservative Theorie und Gesellschaftsanalyse. 1979.

Band 19 Dieter Mohrhart: Elternmitwirkung in der Bundesrepublik Deutschland. Ein Beitrag zur politisch-historischen und pädagogischen Diskussion. 1979.

Band 20 Petra S. Hartmann-Laugs: Die politische Integration der Mexiko-Amerikaner. Eine Analyse des mexikoamerikanischen Wahlverhaltens in den Jahren 1960-1974 unter Berücksichtigung sozioökonomischer Variablen. 1980.

Band 21 Wulf W. Hartmann: Die Vietnam-Generation und das amerikanische Parteiensystem. Das Wahlverhalten der akademischen Jugend Kaliforniens und der USA in den Wahlen 1972 und 1974: Eine Analyse mit intra- und intergenerationellem Vergleich unter besonderer Berücksichtigung der ideologischen Entwicklung und der Implikationen für Parteien und Parteisysteme. 1980.

Band 22 Christoph Huhle: Vom Nahziel Kommunismus zu den Grenzen des Wachstums? Sowjetische Kommunismus-Konzeptionen seit 1961. 1980.

Band 23 Marie-Maria Kallen: Die Messung von Fortbildungswirkungen in der öffentlichen Verwaltung. Analyse und Fallstudie zu den Bedingungen und Grenzen der Fortbildungsevaluierung in der öffentlichen Verwaltung. 1980.

Band 24 Gerhard Ziegler: Das Verbraucherinteresse und seine Durchsetzbarkeit. Eine kritische Untersuchung über die restriktiven Bedingungen von Verbraucherarbeit in der Bundesrepublik Deutschland. 1980.

Band 25 Hans-Peter Jäger: Eduard Bernsteins Panorama. Versuch, den Revisionismus zu deuten. 1981.

Band 26 Eva Kronenwett: Beschäftigungsorientierte Regionalpolitik. Möglichkeiten und Probleme einer beschäftigungsorientierten Umgestaltung der Regionalpolitik. 1983.

Band 27 Liesel Hollmann: Wissenschaftliche Beratung der Politik, dargestellt am Beispiel von IPEKS. Integriertes Planungs-, Entscheidungs- und Kontrollsystem für eine Landesregierung. 1983.

Band 28 Dörte Rasch: Kooperation im Unitarismus. Dargestellt am Beispiel französischer Raumordnungspolitik (1967 - 1981). 1983.

Band 29 Gisela Färber: Das rationale Budget. Voraussetzungen und Konsequenzen für ein funktionsfähiges Haushaltswesen der öffentlichen Hand. 1984.

Band 30 Wolfgang Weinz: Gewerkschaften und Arbeitsbeziehungen in der Republik Irland. 1984.

Band 31 Gregor Halmes: Regionenpolitik und Regionalismus in Frankreich 1964 - 1983 (unter besonderer Berücksichtigung der Dezentralisierungspolitik der Linksregierung seit 1981). 1984.

Band 32 Klaus Günther: Politisch-soziale Analyse im Schatten von Weimar. 1985.

Band 33 Dieter Rehfeld: Bestimmungsfaktoren der Energiepolitik in der Bundesrepublik Deutschland. Zugleich ein Beitrag zur aktuellen Diskussion staatlicher Willensbildungs-, Entscheidungs- und Funktionsmuster. 1986.

Band 34 Jens Borchert: Legitimation und partikulare Interessen. Zur gesellschaftlichen Funktion und institutionellen Struktur des Kongresses im amerikanischen Interventionsstaat. 1987.

Band 35 Benedikt Widmaier: Die Bundeszentrale für politische Bildung. Ein Beitrag zur Geschichte staatlicher politischer Bildung in der Bundesrepublik Deutschland. 1987.

Band 36 Thomas Saalfeld: Das britische Unterhaus 1965 bis 1986. Ein Parlament im Wandel. 1987.

Band 37 Werner Reh: Politikverflechtung im Fernstraßenbau der Bundesrepublik Deutschland und im Nationalstraßenbau der Schweiz. Eine vergleichende Untersuchung der Effizienz und Legitimation gesamtstaatlicher Planung. 1988.

Band 38 Wolfgang Schmidt-Streckenbach: Die Stellung der Länder in der Entwicklungspolitik der Bundesrepublik Deutschland. 1988.

Band 39 Manfred Bartosch: Die Rolle der finanziellen Forschungsförderung bei der Entstehung von neuen, technologisch und wirtschaftlich bedeutsamen Innovationen. Theoretische Überlegungen und Fallstudien aus den high-tech-industries in den USA. 1989.

Band 40 Horst Siegemund: Parteipolitik und "Sprachenstreit" in Belgien. Die Auswirkungen der Gegensätze zwischen der niederländischen und der französischen Sprachgemeinschaft in Belgien auf die traditionellen Regierungsparteien des Landes. Eine Untersuchung zur Entwicklung einer gesellschaftlichen Konfliktlinie in der belgischen "consociational democracy" und zum Versuch ihrer politischen Institutionalisierung. 1989.

Band 41 Andreas Busch: Neokonservative Wirtschaftspolitik in Großbritannien. Vorgeschichte, Problemdiagnose, Ziele und Ergebnisse des 'Thatcherismus'. Mit einem Vorwort von Klaus von Beyme. 1989.

Band 42 Andreas Mehler: Die nachkolonialen Staaten Schwarzafrikas zwischen Legitimität und Repression. 1990.

Band 43 Maximilian von Beyme: Kulturpolitik unter den Sozialisten in Frankreich von 1981 bis 1986. 1990.

Band 44 Beatrix Bursig: Die Regionalpolitik der Europäischen Gemeinschaft, unter besonderer Berücksichtigung integrationstheoretischer Überlegungen. 1991.

Band 45 Susanne Knorre: Soziale Selbstbestimmung und individuelle Verantwortung. Hugo Sinzheimer (1875-1945). Ein politische Biographie. 1991.

Band 46 Thomas Rautenberg: Möglichkeiten einer arbeitnehmerorientierten Konzeption zur "Technologiefolgenabschätzung" (Technology Assessment). 1991.

Band 47 Carl Böhret: Nachweltschutz. Sechs Reden über politische Verantwortung. 1991.

Band 48 Peter Müller: Die politische Macht der Mafia. Bedingungen, Formen und Grenzen. 1991.

Band 49 Carl Böhret/Michael Hofmann: Umweltverträglichkeit. Test von Umweltrecht im Planspiel. 1992.

Band 50 Moritz Müller-Wirth: Die Debatte um die Parlamentsreform in Italien von 1971-1988. Mit einem Vorwort von Kurt Sontheimer. 1992.

Band 51 Andreas Wellenstein: Privatisierungspolitik in der Bundesrepublik Deutschland. Hintergründe, Genese und Ergebnisse am Beispiel des Bundes und vier ausgewählter Bundesländer. 1992.

Band 52 Willi Herbert: Wandel und Konstanz von Wertstrukturen. 1993.

Band 53 Carl Böhret: Funktionaler Staat. Ein Konzept für die Jahrhundertwende? 1993.

Band 54 Andreas Klocke: Sozialer Wandel, Sozialstruktur und Lebensstile in der Bundesrepublik Deutschland. 1993.

Band 55 Kyu-Young Lee: Zivilgesellschaft als Ansatzpunkt für den Umbruch der sozialistischen Systeme in Osteuropa? Das Beispiel Polen. 1994.

Band 56 Gerald Paschen: Regierungsmehrheit und Opposition in der demokratischen Konsolidierung Spaniens. 1994.

Band 57 Helge-Lothar Batt: Kooperative regionale Industriepolitik. Prozessuales und institutionelles Regieren am Beispiel von fünf regionalen Entwicklungsgesellschaften in der Bundesrepublik Deutschland. Mit einem Vorwort von Klaus von Beyme. 1994.

Band 58 Hermann Hill / Helmut Klages (eds.): Trends in Public Sector Renewal. Recent Developments and Concepts of Awarding Excellence. 1994.

Band 59 Matthias Beyerle: Staatstheorie und Autopoiesis. Über die Auflösung der modernen Staatsidee im nachmodernen Denken durch die Theorie autopoietischer Systeme und der Entwurf eines nachmodernen Staatskonzepts. 1994.

Band 60 Michael Hofmann: Der Faktor "Zeit" als zentrales Element des politisch-administrativen Managements. 1995.

Band 61 Patrick Horst: Haushaltspolitik und Regierungspraxis in den USA und der Bundesrepublik Deutschland. Ein Vergleich des haushaltspolitischen Entscheidungsprozesses beider Bundesrepubliken zu Zeiten der konservativen Regierungen Reagan/Bush (1981-92) und Kohl (1982-93). 1995.

Band 62 Harald Schlüter: Vom Ende der Arbeiterjugendbewegung.Gewerkschaftliche Jugendarbeit im Hamburger Raum 1950-1965. 1996.

Band 63 Annette Elisabeth Töller: Europapolitik im Bundestag. Eine empirische Untersuchung zur europapolitischen Willensbildung im EG-Ausschuß des 12. Deutschen Bundestages. 1995.

Band 64 Hermann Hill / Helmut Klages / Elke Löffler (Eds.): Quality, Innovation and Measurement in the Public Sector. 1996.

Band 65 Michael Hofmann / Werner Jann / Peter Wordelmann (Hrsg.): Spuren in die Zukunft. Zukunftsorientierte Problemlösungen auf dem Prüfstand. Beiträge zum 60. Geburtstag von Carl Böhret. 1996.

Band 66 Götz Konzendorf: Folgen der "Heranalternden Gesellschaft" und Ansatzpunkte aktiver Politik – mit einer Fallstudie zur Mittelstadt Speyer. 1996.

Band 67 Bettina von Harder: Die Interdependenzen zwischen Währungsunion und Politischer Union in der Europäischen Union des Maastrichter Vertrages. Ökonomische Funktionsbedingungen – nationale Souveränität – Integrationsautomatismus. 1997.

Band 68 Antje Blöcker / Ulrich Heyder / Birgit Mangels-Voegt (Hrsg.): Die Reformfähigkeit von Staat und Gesellschaft. Festschrift für Klaus Lompe zum 60. Geburtstag. 1997.

Band 69 Yvette Gerner: Die Europäische Union und Rußland. Unterstützung der EU für die Transformationsprozesse in Rußland am Beispiel des technischen Hilfsprogramms Tacis. 1997.

Band 70 Michael Haus: Demokratischer Kommunitarismus: Michael Walzers politische Philosophie. 1998.

Band 71 Uta Devries: Amnesty International gegen Folter. Eine kritische Bilanz. 1998.

Band 72 Katja Thimm: Die politische Kommunikation Jean-Marie Le Pens. Bedingungen einer rechtspopulistischen Öffentlichkeit. 1999.

Band 73 Ja-Sook Park: Transformation in einem geteilten Land. Vom marxistisch-leninistischen System der DDR zum freiheitlich-demokratischen System der BRD. 9. November 1989 bis 3. Oktober 1990. 1999.

Band 74 Dirk Frenzel: Kulturelle Eye-dentity. Die Kulturpolitik der EU am Beispiel der Filmförderung. 1999.

Band 75 Stefanie Virginia Gerlach: Staat und Kirche in der DDR. War die DDR ein totalitäres System? 1999.

Band 76 Micha Hörnle: What's Left? Die SPD und die British Labour Party in der Opposition. 2000.

Band 77 Jörg Knieling: Leitbildprozesse und Regionalmanagement. Ein Beitrag zur Weiterentwicklung des Instrumentariums der Raumordnungspolitik. 2000.

Band 78 Maria Behrens: Staaten im Innovationskonflikt. Vergleichende Analyse staatlicher Handlungsspielräume im gentechnischen Innovationsprozeß Deutschlands und den Niederlanden. 2001.

Band 79 Esther Bettina Neunreither: Die Interessenvertretung der Regionen bei der Europäischen Union. Deutsche Länder, spanische Autonome Gemeinschaften und französische Regionen. 2001.

Band 80 Barbara Renne: Die Europäische Wirtschafts- und Währungsunion zwischen Anspruch und Wirklichkeit. Ist die EWWU des Maastrichter Vertrages ziel- und funktionsadäquat verfaßt? 2001.

Band 81 Joachim Piehl: Machtwechsel 1982. Handlungsbedingungen und Regierungstätigkeit in zentralen Politikfeldern in der Ära der sozial-liberalen Koalition. 2002.

Band 82 Robert Weimar/Guido Leidig: Evolution, Kultur und Rechtssystem. Beiträge zur New Political Ecology. 2002.

Band 83 Natascha Füchtner: Die Modernisierung der Zentralverwaltung in Großbritannien und Deutschland. Strategien konservativer und sozialdemokratischer Regierungen. 2002.

Band 84 Birgit Mangels-Voegt: Kooperative Steuerung in einer diskursiven Umweltpolitik. 2002.

Band 85 Manfred Bitter: Strukturveränderungen auf der mittleren staatlichen Verwaltungsebene der Länder. Der rheinland-pfälzische Weg der Verwaltungsmodernisierung. 2004.

Band 86 Tobias Bräunlein: Integration der Gesetzesfolgenabschätzung ins Politisch-Administrative System der Bundesrepublik Deutschland. 2004.

Band 87 Timo Freudenberger: Indiens Föderalismus und Ökonomie im Umbruch. 2005.

Band 88 Bernd Sondermann: Parteienfamilie ohne Zusammenhalt? Programmatische Gegenreden von CDU, CDA und Tories auf die neue Sozialdemokratie. 2006.

Band 89 Charles Philippe Graf Dijon de Monteton: Die „Entzauberung" des Gesellschaftsvertrags. Ein Vergleich der Anti-Sozial-Kontrakts-Theorien von Carl Ludwig von Haller und Joseph Graf de Maistre im Kontext der politischen Ideengeschichte. 2007.

Band 90 Matthias Bohnet / Henning Hopf / Klaus Lompe / Herbert Oberbeck (Hrsg.): Wohin steuert die Bundesrepublik? Einige Entwicklungslinien in Wirtschaft und Gesellschaft. 2007.

www.peterlang.de

Kolibri 360 GmbH
Ferdinand-Jühlke-Straße 7
99095 Erfurt, Deutschland
produktsicherheit@kolibri360.de

Druck:
CPI Druckdienstleistungen GmbH
im Auftrag der
Kolibri 360 GmbH
Ferdinand-Jühlke-Str. 7
99095 Erfurt